兽医临床误诊误治与纠误丛书

兔病

误诊误治与纠误

TUBING WUZHEN WUZHI YU JIUWU

苏建青　主编

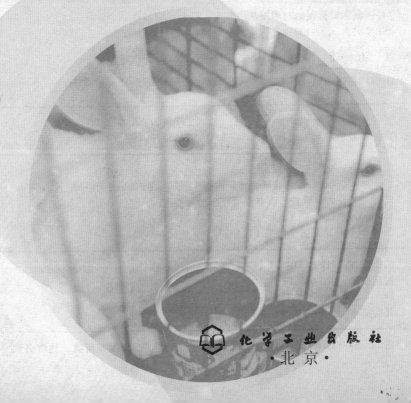

化学工业出版社

·北京·

本书介绍了兔病诊疗失误概述，兔病诊疗技术，兔传染病、寄生虫病、普通病、营养代谢病、中毒病的误诊误治及纠误。每种疾病介绍容易混淆的他病、误诊误治的案例分析、误诊误治造成的后果、正确诊断的技巧与方法、防治的解决方案等。在编写过程中，既注重科学性、实用性、系统性，又着重突出操作简便、易学易懂，力求让广大养兔者一看就懂、一学就会、用后见效。本书可供兔场饲养者、兔场兽医及兽医教学、科研人员参考使用。

图书在版编目（CIP）数据

兔病误诊误治与纠误/苏建青主编 . —北京：化学
工业出版社，2012.5
（兽医临床误诊误治与纠误丛书）
ISBN 978-7-122-13717-3

Ⅰ. 兔⋯　Ⅱ. 苏⋯　Ⅲ. 兔病-诊疗　Ⅳ. S858.291

中国版本图书馆 CIP 数据核字（2012）第 038182 号

责任编辑：邵桂林　　　　　　　　文字编辑：向　东
责任校对：陶燕华　　　　　　　　装帧设计：杨　北

出版发行：化学工业出版社
　　　　　（北京市东城区青年湖南街 13 号　邮政编码 100011）
印　　装：大厂聚鑫印刷有限责任公司
850mm×1168mm　1/32　印张 9　字数 267 千字
2012 年 7 月北京第 1 版第 1 次印刷

购书咨询：010-64518888（传真：010-64519686）
售后服务：010-64518899
网　　址：http://www.cip.com.cn
凡购买本书，如有缺损质量问题，本社销售中心负责调换。

定　　价：25.00 元

前　言

我国是畜牧业大国，养兔业是畜牧业中不可缺少的重要组成部分，对国民经济的发展起着重要作用。随着养兔业的发展，现代化、集约化和规模化养殖已成为养兔业发展的必然趋势，但是在疾病诊断和治疗方面还存在着相当大的差距，诊断和治疗方面的失误时有发生，严重影响了养兔业的发展。

众所周知，误诊是临床上普遍存在的一种现象，临床上只要有诊断，就可能有误诊发生，误诊现象始终伴随着诊断的全过程。正确的诊断也不能保证正确的治疗，误治是关系到疾病治愈率的关键。现有的教科书在疾病的诊断和治疗方面进行了较多的论述，这对疾病的正确诊断和治疗起到了不可磨灭的作用。但是，其中从反面揭示疾病误诊和误治的原因，以及关于误诊和误治方面教训的论述还很少。既然误诊和误治现象和世界上其他事物一样，就必定有其自身的客观规律，要想减少和避免它，就必须对其发生、发展的规律进行深入细致的了解、研究和努力揭示其规律；通过反面的研究，总结失误教训与对策，并结合兽医学新进展和广大兽医师实践经验提出具体防范措施，避免今后在医疗工作中发生失误。

为保障养兔业的健康稳定发展，要求畜牧兽医工作人员必须与时俱进，提高业务水平，减少诊断和治疗失误，确保诊疗的准确性。我们通过查阅大量的文献和资料，结合自己临床实践和体会，对兔病的误诊和误治现象加以剖析，从诊断、治疗、鉴别诊断、误诊分析、误治分析及防范措施等方面进行了论述，以期对临床工作者有所启示，努力减少并避免误诊和误治的发生。本书总共包括七章，第一、三、四、七章由苏建青编写，第二章由褚秀玲编写，第五章由李俊霞编写，第六章由张晓云编写。另外，在本书编写时参阅了大量参考资料，调查走访了一些临床兽医和养殖户，由于篇幅有限，在此不一一列出，感谢他们对本书编写提供的建议和帮助。

由于我们的水平有限，再加上时间仓促，不妥和不足之处在所难免，希望同仁给予批评指正。

编者

2012 年 1 月

目　录

绪论

畜牧业在国民经济中占有很高的比重，而养兔业又是畜牧业中不可缺少的组成部分。改革开放以来，我国的养兔业得到了充分的发展。兔是小体型动物，对饲养条件适应性广，对饲料条件要求不高，具有容易饲养管理，投资少、收益高的特点。养兔周期短，1只母兔平均1年产5胎，最高可达10胎，胎产率平均可达7只，年平均繁殖35只以上，幼兔到6个月又可配种繁殖，周转很快。肉兔生长发育快，75日龄体重可达2～3kg。兔以食草为主，以粮为辅，是典型的高效节粮型动物，是解决人口、粮食、肉食矛盾的最佳选择和今后畜牧业发展的重要方向。兔肉是高蛋白、高赖氨酸、高磷脂、低脂肪、低胆固醇、低能量，即"三高三低"优质动物食品，既有营养作用，又有保健功效。世界粮农组织有关专家称，21世纪兔肉是人类获得动物蛋白的主要来源之一，世界肉食供应的1/3将来源于兔肉。兔皮轻柔温暖，其价格低廉，是兽皮市场之佼佼者，在大力提倡保护野生动物物的今天，兔皮制品大有市场。群众把养兔效益客观评价为："家兔是摇钱树，谁养好了谁就富。""养兔不缺油和盐，月月都有零花钱。""养兔吃青草，不掏分文就得宝。"在我国广大农村，特别是"老、少、边、穷"地区，养兔是脱贫致富的重要门路。兔产品也是我国传统的出口商品。因此，养兔业的国际、国内市场潜力很大，具有广阔的发展前景，对农民早日实现小康、促进国民经济发展具有十分重要的意义。

家兔和其他动物一样，当其受到体内外各种不良因素的作用，也会发生疾病。疾病是严重影响养兔业发展的重要因素之一，在家兔生产中因疾病导致兔子死亡是一个普遍存在的问题。全国每年有10％以上的家兔因患各种疾病而死。家兔具有个体小、耐受性差、易死亡的特点，引起家兔疾病发生的因素很多，如病原微生物的侵袭、调养管理失调、饲养密度过大及兔舍湿度过高、家兔本身的免疫机能低下、气候剧变及长途运输等。特别是家兔的传染病和寄生虫病，一旦发生，危害极大，可在短时间内导致家兔大批死亡，造成重大的经济损失。家兔系食草动物，经消化道传染的一些传染病很少见，而且性情温顺，活动范围不广，直接接触传染性疾病也不多。但是家兔生性喜爱干燥、凉爽和清洁，如果兔房潮湿、通风不良、污秽，卫生防疫不善，则可引起多种传染病、寄生虫病发生，如大肠杆菌病、沙门菌病、巴氏杆菌病和病毒性腹泻、球虫病等，尤其在幼兔更为多见。即使是一般的兔病，也会使家兔的体质下降，影响兔皮、兔毛、兔肉的产量和质量，严重者失去利用价值。准确诊断疾病，积极采取措施，有效地控制疾病发生，才能保障家兔产业良好的经济效益，并使其持续发展。

兽医诊断是兽医通过病史调查、临床检查和实验室化验，将结果进行综合分析，得出一个可能发生的疾病，而后逐项比对、鉴别，得出初步结论，依据诊断制定防治方案，再进行实践性防治，论证其正确性的过程。正确的判断将会得出正确的诊断，也就为正确的治疗奠定了必要的基础；错误的判断将引起临床的误诊，也就可能导致误治。误诊和误治是临床诊断和治疗中经常发生的事情。造成误诊误治的原因有很多，如人类对疾病认识的不可知性，疾病的复杂性，诊断方法的限制性，兽医人员医疗水平的高低等。尽管现代医学的诊断治疗方法日新月异，但在临床实践中，由于某些主观或客观原因影响造成的误诊、误治，仍是当前临床工作中直接影响医疗质量的一个重大问题。特别是对于危害严重的传染病，由于医生的误诊和误治，不仅给畜主造成严重的经济损失，而且耽搁了病情，使治愈率明显下降，不能不视为失职。近年来，吸取误诊、误治的教训，研究误诊、误治的原因，采取防止误诊、误治的对策，是临床兽医必须解决的一个课题。

第一章 概述

兽医诊疗失误是研究兽医临床中的错误诊断和错误治疗发生的规律和防范措施的一门学科，它与兽医诊断学、治疗学相对应，从兽医诊断学、治疗学的另一个侧面来分析、研究兽医诊疗中未能获得正确诊断和治疗的各种内在的与外在的原因，其目的是提高兽医诊疗水平，保证畜牧业安全生产，提高畜牧业的经济效益和社会效益。

误诊是兽医对疾病本质错误的认识或对病因的错误分析，而做出了错误的诊断，导致制订出错误的治疗方案，发生误治，造成经济损失，是兽医工作的大忌。误诊常见的情况有把有病诊断为无病，把无病诊断为有病；把甲病诊断为乙病，把乙病诊断为甲病；病兔并发或继发两种疾病以上，只考虑一种疾病而漏诊其他疾病。起源于西方现代医学所形成的诊断学，主要告诉人们如何正确地认识疾病。实际上，对每一个疾病的诊断，都存在着阻碍它确立的因素，这就是我们通常所说的误诊误治原因。第一，在临床实际工作中，我们所面临的疾病既有共性，又有个性，即没有临诊症状完全相同的两个病，完全不同的两个病又具有相同的临诊症状。第二，我们在临床上看病几乎都是从一点介入了解、掌握病情，由点到面的认识疾病问题，相当于在整体中进行"抽样"，不能完整获得整个病程的资料和见到疾病的全部过程。第三，临床中使用的各种诊断、治疗方法都具有利弊、得失，致使临床工作中几乎普遍存在着矛盾。第四，主治兽医的知识水平、临诊经验和思维方式等差异，也会得出不同的结果。总之，无论从疾病方面，诊断方法方面，还是从主治兽医方面来说，误诊和误治都是不可避免的。

因此，误诊误治是个古老的医学话题。自从医学开始形成，就有在当时条件下诊断和治疗是否正确的问题。医生们对误诊误治现象的研究，也同样具有悠久的历史，如各种诊断学理论和方法的出现，就是为了减少和避免误诊。一个好的兽医应尽量减少误诊和误治的发生。如果医生只掌握正面的诊断和治疗知识，只懂得用书上的常规办法诊治病兔，是远远不够的。还必须掌握反面的诊疗常识，懂得如何在复杂的诊疗过程中避免发生错误。这样，才有可能成为"最大限度减少误诊的临床医学家"。下面我们就一些常见的误诊和误治的原因进行讨论，并给出一些避免和纠正的方法。

第一节 误诊常见的原因

准确诊断，尽早治疗是成功治疗患兔疾病的关键。因此，在临床诊断和治疗中，要尽量做到早诊断、早治疗。但是，误诊和误治经常发生，每年由于误诊或误治给畜主造成极大的经济损失，给患兔造成极大的精神创伤。特别是对群发的家兔传染病和中毒病，误诊不仅会造成严重的经济损失，更经常由于误诊耽误病情，造成不必要的经济损失。

随着医学与相关学科的发展，各种现代化仪器不断进入临床，诊断手段有了极大进步与提高，但临床误诊现象仍然十分普遍，误诊已成为提高医疗质量的一大障碍。就目前医疗水平而言，许多疾病，包括疑难病症，只要能取得早期的、正确的诊断，就能获得理想的治疗效果。因此，解决误诊问题，已成为提高治愈率、降低死亡率的关键问题。

造成误诊的原因有很多，如疾病本身的复杂性和多变性、诊断的技术设备和手段的完善与否、疾病发展过程中的不同性、临床医师本身的技术水平和经验多寡以及临床医师职业责任心等是造成疾病误诊的多方面因素。可以将引起误诊的原因分为主观因素和客观因素。误诊的主观因素主要包括，第一是医生的主观责任因素，诸如规章制度不健全、违纪违规、责任心差、渎职、缺乏医德等。第二是主观技术因素，如组织管理、基本技能、业务水平欠缺等。第三是主观心理因素，这与医生的年龄、资历、道德修养及文化素质有关。一个医生不可能在其一生行医生涯中始终保持着良好的身心状况，有时心理失衡会导致对疾病的认知偏差。第四是医生的临床思维方法，也直接影响着对疾病诊断的准确性。在误诊的主观原因中，临床医师对诊断的综合分析及过程中不正确的逻辑思维方式是引起误诊的重要因素，但也不可忽视客观因素和技术因素。误诊的客观因素更为复杂，主要有病

4

兔的因素、疾病的因素、社会环境的因素、医学发展水平及医疗设备条件等。在误诊的客观因素中，最重要且最复杂的，当属疾病本身的因素。

一、疾病的复杂性

1. 疾病的复杂性

疾病的临床表现是指疾病在发生、发展、变化过程中表现出来的症状、体征和一些辅助检查体现出来的异常结果。根据典型的临床表现，很多疾病并不难诊断，但在实际情况中，许多病兔并不拥有教科书上讲授的典型症状。因为疾病的发展是由不成熟逐渐发展为成熟，由不全面（部分）逐渐显示出全面（整体）。每一个病都有它的发生、发展和转归的过程，每个过程其临床症状和体征不完全相同，甚至差异较大。疾病的临床症状因其发病的时间、疾病类型、个体反应程度、致病因素的数量和性质、疾病所处的发展阶段不同而不同。每个疾病都有急性、亚急性、慢性之分，也有轻度、中度和重度的程度不同，并有早期、中期和晚期之别，还有同病异症和异病同症现象存在。医生可能在疾病的任何阶段接触病兔，可能在疾病的初期，中期，也可能在疾病的末期。不同时期的疾病表现必然会存在着较大差别。特别在疾病初期阶段，表现出的临床征象显然是不完全的。虽然我们希望观察到疾病的全过程，但实际中是很难做到的。并且，有时临床表现和疾病的本质不一致。这与相同的致病因素作用于不同的个体，引起不同个体反应性差异及临床诊疗时的时间性差异等因素有关，常导致出现的症状有差异，有的临诊见到典型症状，有的症状不明显，甚至根本不出现相应的症状。有的疾病在发展过程中会出现假象，以歪曲、颠倒的形式反映疾病本质。例如中医的热症在一定阶段，也可以出现四肢湿冷、脉沉等真热假寒证候；很多病都会出现相似的症状，给疾病诊断带来困难。有的病兔同时患有两种以上疾病，有的是并发，也有的是继发病。临床上极易发现一种病的典型症状，导致只考虑一种病的治疗方案，而忽视并发或继发病。临床检查，一些症状与另一些症状相互矛盾的情况也会给诊断带来困难。疾病是不断发展变化的，人们对疾病的认识也是永无穷尽的，只要有认识疾病的过程就会有误诊。这是人类认识过程发展规律所决定的。

2. 诊疗对象的复杂性

首先兽医要面对种类众多的动物，每一种动物都具有自身的解剖、生理和遗传特点，差别极大。即使是同一种动物，由于每个动物个体敏感性不同，抵抗力不同，加之它的年龄、性别、神经类型等不同，疾病的发生、病理特点也不同，同一种病其临床表现也不一样。每一个病的病性、病情、病程不同，其临床症状也不同。如营养差的比营养好的抗病力差，这些反应均表现在各个病的初期、中期和晚期。个体差异也表现在对药物的反应上，首先，每个动物有机体对药物敏感性和毒性反应是有差异的，比较明显的是对麻醉药反应的差异；其次，兽医诊疗对象不会自述病情、病程，完全靠畜主介绍和临床兽医仔细地系统地观察与检查等，这些都给兽医诊疗带来极大的困难，尤其综合征的出现，难以准确判定。

二、资料的完整性和可靠性

临床资料的完整性对大夫确诊疾病至关重要，资料越完整，对疾病的了解越多，也就越容易确诊疾病。临床资料的完整性受诊断时间的限制、条件的限制、检查方法的限制和畜主责任心的制约。如临床接触的病兔的体征仅仅是整个病程的一部分，询问畜主得到的也是发病过程中的一部分资料；在诊疗之前已在其他兽医院诊疗过，但用过什么药物畜主不清楚，有时只知道打过针。临诊时，由于某些原因没有仔细、系统地检查和询问畜主，而遗漏一些主要症状。因此，诊断有时完全是根据某些片面的证据而得出，很容易发生误诊。由畜主提供的病史，难免有遗漏、主观、虚构、夸大或缩小等成分；体格检查手法的准确程度和辅助检查资料的误差（技术性、假阳性）等均对资料的可靠性有影响。即使使用先进仪器，误差只是有所减少，并没有消失。资料的可靠性也对疾病的诊断影响很大，有时候由于责任和利益的关系，有的畜主并没有说真话，甚至说假话，因此，要认真辨别畜主提供的资料，结合临床诊断给以取舍，以免造成误诊，影响治疗。

三、诊断手段和方法的限制性

对疾病的早期正确诊断，是决定治疗成功的关键因素。但是，特别是在疾病的早期诊断上，由于疾病的特征症状还没有出现，所以病兔表现出来的症状几乎是千篇一律。因此，目前虽然有许多先进的检测技术和方法，但是对于疾病的早期诊断，还是很困难的。很多病的病理变化相似，如心、肝、肾等实质器官出现充血、出血等病理变化；有的因死亡较快，其病理变化不明显或不典型而一时无法确诊，特别是那些最急性的传染病和普通病。由于诊断时间和诊断条件的原因，很多检测条件受到限制，特别是一些基层兽医站，医疗条件比较简单，没有较好的诊疗场地，仪器又十分缺乏。每一种诊断方法都有其适用范围和局限。如 X 线检查时，X 线通过畜体经组织或病灶的吸收，投到荧光屏时产生明、暗不同的影像。电压高低、电流强弱会影响影像的清晰度。X 线诊断还与疾病本身有关，有些不同性质的疾病在 X 线片上所显示的阴影有某些共同之处，即同征异病，如肺结核和肺脓肿，在 X 线片上的影像很相似。组织切片常不能正确反映病理变化，在显微镜下见到的只是机体局部病变的瞬间现象，很难通过局部、一时的现象去把握疾病发展变化的全过程，所以难免带有很大的主观性和片面性。实验室各类检查都涉及标本、仪器、试剂、检验方法与技术水平等几个方面是否正确，一旦某一环节出现误差，则影响检验结果而造成误诊。化验中的同果异病是很多的，绝不能化验出某一种结果就认定是某一种病，还必须结合临床症状进行全面的分析。影响因素有被检标本是否符合要求，化学试剂的纯度、浓度、有效时间是否符合要求，测试仪器是否灵敏、是否有故障、操作程序是否正确等；操作人员是否认真，操作技术是否熟练等，都能影响化验结果。只有排除这些因素的影响，化验的结果方可正确。所以，任何仪器检查的结果都不是绝对的，它既受仪器本身的性能、型号、质量的影响，又受操作者的技术和经验的限制，还有疾病许多复杂因素的影响，因此，必须结合临床症状和其他检验进行综合分析，否则就易发生误诊。

四、医生自身的原因

医生自身的原因是临床中导致误诊的主要原因，主要包括以下几种情况。

1. 基础医学知识不扎实

临床医师必须扎实地掌握家兔各器官系统的解剖、病理、生理、生化的基础知识，必须掌握不同年龄各器官系统的变化，牢固掌握解剖学、形态学、生理、病理、生化、免疫等重要的参数，不掌握正常的界限参数就不能发现异常情况。因此要求临床医师要掌握越来越多的自身范围专业知识；同时又要具有其他相关范围的医学知识。只有各种知识的综合运用，临床医师才能做出正确的诊断、治疗和判断预后。随着社会科学文化的进步，临床医学发展的趋势是：一方面不断地在更深层次上揭示疾病的发生、发展与转归的内在规律，使分科越来越细；另一方面又是各学科进一步相互联系和结合发展，多学科的协同攻关。因为只有这样，才能适应医学科学发展的需要，才有利于临床上各种重大疑难问题的解决。作为一个临床兽医不仅要深入掌握本专业的知识，而且要掌握与本专业有关的相关知识。如发热的病兔，不但要考虑感染性疾病，也要考虑到非感染疾病。临床医生除具有较扎实而深入的本专业知识和方法外，也必须掌握一定相关学科的知识及方法，才能去伪存真，基本掌握诊断的准确性。

2. 临床经验不足，对疾病缺乏全面正确的认识

有的临床医生不以疾病诊断标准为依据，或对诊断标准不熟悉会将已具备诊断条件的病例形成误诊。疾病的早期，主要症状及体征尚未出现，临床表现常与其他疾病相混淆。如对其缺乏足够的警惕，刚发病还未诊断清楚就给予不适当的治疗，因而干扰病情发展，使症状相对较轻或不出现，这些都易造成误诊。另外，由于临床经验不足，对疾病各种不典型症状表现认识不足或对某些疾病出现的少见症状及特殊临床表现认识不清，也易造成误诊。对少见病而临床表现又较为复杂，或虽是常见病，因临床表现多样而缺乏特征性时，也易误诊。

临床诊断的基础是要有足够的临床知识，一个临床知识十分贫乏的人，是难以进行有效临床诊治的。对疾病不认识或认识很肤浅，就会使整个疾病的识别思维出现空白点（暗点），从而拘泥于常见病，不能认识症状的本质，注意不到关键的临床症状和证病变化，出现误诊。

五、医生操作的原因

很多误诊的原因是医生在执行诊断过程中发生的，多是医生的固

定思维、不负责任或不细心引起的，这类误诊应该尽量避免。

1. 病史采集不全面，不细致，不正规

在化验设备条件较好的医疗单位，临床医师过分依赖实验室和器械、仪器，不重视询问病史，往往形成草率了事，忽视对以往和本次发病有关的病史及不典型症状的询问；忽视对流行病学，遗传因素，营养保健，精神等方面的了解及询问。对危重急诊，询问时抓不住重点，关键问题往往被其他情况所掩盖，从病史中，根本看不到有关起病诱因、发病形式。主要病情和病程的演变过程，诊断、鉴别诊断与治疗的变化等情况从病历上反映不出来，有的医生，只写用药后有利的一面，而很少写不利或产生副作用的一面，因而无法进行深入细致的分析，从而造成误诊。对疑难复杂病例，询问病史缺乏广度与深度。有的医生，生搬硬套，不能把书本知识和临床实际有机地结合在一起，缺乏灵活性，缺乏科学性。采集来的病史残缺不全，难以进行深入细致的分析和讨论，是造成误诊的重要原因。

有人做过统计，临床上绝大多数疾病，通过详细全面的病史询问，就能初步得出较为正确的诊断，可见其地位之重要。某些疾病的早期，病兔仅有一般症状，而缺乏客观体征，这个时期，体检和实验室检查，甚至精密的仪器检查，都可能一无所获，而详细全面地询问病史，常可提供诊断线索。

2. 缺乏认真地搜集资料，主观臆断

唯物辩证法认为，正确的诊断只能来自周密的调查研究。闭门造车，脱离临床实际，主观武断，乃是正确诊断之大敌。有部分医务人员，对疾病的昨天和今天、主要症状与次要症状，缺乏周密的调查研究，不是力求疾病材料的完整性，而是抓住一点，不计其余凭主观想象作结论；有人片面夸大自己的主观印象不愿听取别人的意见，对病兔畜主的陈述不重视；根据次要症状，否定他人的正确结论，造成自己的错误诊断。

3. 体检时不按正规要求，是造成误诊的重要原因

体检是诊断疾病不可缺少的步骤，是病史的验证与补充，这项基本功的掌握，对提高医疗质量十分有意义。既要求从头到尾、从左到右、由前及后的系统检查，更要围绕病史与体检所见，进行重点与追踪检查。为使检查准确、细致与全面，以防止漏误，可以系统地反复

9

检查，以排除体位、空腹或饱餐、排便及排尿前后等因素的影响，也可参照器械检查的结果来对照检查。这样才能大大减少误诊的可能，也是锻炼和提高体检基本功的好机会、好方法。近年来，由于各种各样的医疗先进仪器的问世，特别是检查手段的提高，在相当一部分临床医生中，出现了忽视基本体格检查的错误倾向。在临床实际工作中，部分临床医师疏忽大意、挂一漏万、毫无认真之意，常满足于某一阳性体征的发现，便草率地停止对其他部位进行检查；临床上对腹痛的检查，腹股沟区部位的检查常常被疏忽或遗漏；不坚持视、触、叩、听的检查程序，不按正规要求去操作。还有无原则的迁就畜主，一些必要的检查没有做成，致使误诊。由此可见，由于体检的失误和不全面，往往耽误病兔的治疗，或危及病兔的生命，必须引起每一个临床医生的高度重视。

4. 观察能力不够

观察的粗疏是影响临床诊断正常确立的致命障碍。敏锐的观察力是一个临床医生必备的能力之一，也是提高诊断水平的重要基础。在疾病诊断中，兽医临床观察深度不够，没有抓住事物的本质，以致出现诊断失误。如果能够主动地摆脱思维定势的影响，深入思考，就会发现有很多无法解释的现象，如急性乳腺炎而没有明显的全身发热表现。细致的观察不仅仅是增加我们的获取信息，而且更重要的是促进我们头脑的思维速度和转化程度，从而提高我们的思维精度，使我们的临床判断能力大大提高。特别是医生在进行体格检查时，容易犯的毛病就是一旦发现了某些典型体征能够与畜主的叙述相吻合，就满足于现实，以偏概全，很少再去费脑筋寻求其他蛛丝马迹，漏诊掉其他重要的体征。

5. 过分依赖仪器检测结果

随着医学科学的迅速发展，诊断技术也有了很大的提高。超声波、心电图和X线等先进仪器的使用，正在临床上发挥着重要的作用，利用这些仪器，可以克服主观上的局限性，使平常肉眼观察不到的显现在眼前。从而大大丰富了感性认识的内容。同时，各种实验室辅助检查方法也不断涌现。然而，各种辅助检查方法都没有彻底摆脱其局限性。因为它们致命的薄弱点是从某一个侧面或角度去检查病兔，所以与临床医生面对病兔所做的全面病史了解和体格检查相比，自然会显得局限得多。任何辅助检查结果都具有一定的相对性，这里所说的"相对性"是指结果的准确性是相对的，并非是绝对的。因为各种辅助检查结果都会一方面受检查人员（包括检查结果的识别，检查标本的采集、收取等）技术水平的影响；另一方面受外界环境、技术设备和检查方法本身等各种变量因素的影响。所以，有时出现不应该出现的结果（假阳性），有时应该出现的结果反不出现（假阴性）。有些疾病的某一阶段在仪器上一时还显示不出来。作为一名合格的临床医生，首先应该坚定不移地相信自己，相信自己获取的第一手资料；其次才是科学地选用各种各样的辅助检查方法，并对其检查结果能够做出科学的判断。

不恰当地选择辅助检查项目及检查时间，不仅不能反映病情，还会影响病情分析，是造成误诊的重要因素。有的医生单凭经验看病，过分地提倡少化验、少检查，有时必要的检查项目也常被忽略。有的医生诊断的思维能力与掌握辅助检查的知识欠缺，根据辅助检查一次阴性，就否定诊断，对心电图、X线及超声波等检查，不作必要的复查，因而缺乏动态观察，造成误诊。

对各项辅助检查的资料，忽视同临床表现的联系，仅局限于某种检查的阳性或阴性结果，因而难以做出全面合理的分析。自己做出的诊断，不能完全解释检查所得的资料，不深入研究也不采取其他相应的检查，仅根据阴性或阳性结果来判定诊断。如腹部发现包块，X线提示有肿块，即认为是腹腔肿瘤。以后手术证实为腹腔结核性粘连包块而误诊。

任何辅助检查的诊断意义都有相对的一面。如血清谷丙转氨酶升高，对早期诊断肝细胞损害很有意义。然而心肌梗死、肾梗死、肌肉萎缩等病变亦可使转氨酶明显升高。相反，急性重症肝炎引起急性肝萎缩时，转氨酶可以降低。所以，辅助检查的诊断意义，必须在具体的分析中才能加以肯定。如果不加分析地把检测的结果等同于诊断的结果，就可能导致错误。

六、兽医临床辩证思维能力不足，造成误诊的发生

临床上诊断的正确与否同诊断医师学术水平的高低、临床经验的多寡、责任心的强弱以及与患兔的个体差异、病情变化的复杂性均有

明显的关系。但临床医师在诊断时，正确的逻辑思维则是影响诊断是否正确的重要因素。引起误诊的诸多原因中，医生的临床思维是重要原因之一。临床思维是临床医师运用已有的理论和经验，对疾病现象进行调查、分析、综合、判断和推理等一系列的认识过程，它贯穿于整个医疗过程之中。正确的临床思维能够使疾病获得及时的、正确的诊断，错误的或不恰当的临床思维则会导致错误的诊断结论。因此、临床思维与误诊有着密切的关系。

临床思维是以医生所拥有的临床感性资料为基础的。即使是同一客观对象不同医生所获得的感性资料无论在量或质的方面都可以不同。以这些不同的感性资料为基础，建立起来的诊断思维起点也就不同。诊断思维起点的不同，主要决定于经验的积累，理性知识的储备和思维方式的不同。同时，也决定于患兔客观上所表现的感性资料的数量和质量。医生的临床经验越丰富，理性知识储备越多，所搜集到的感性资料就越全面；医生头脑储备的概念越准确，搜集到的资料就越清晰、越可靠，越不容易被表面现象所迷惑。医生对疾病的临床表现与病因、病理变化的联系把握也就越大，搜集到的资料就越有价值。建立在全面的、可靠的、有价值的感性资料基础上的诊断思维的起点，是临床中作出正确诊断的首要条件。造成误诊误治的思维根源主要有这样几种情况：思维倒转、先入为主、思维惯性、思维狭窄、形而上学、思维形式单调和思维偏执等。

1. 经验主义的临床诊断思维

临床医学在很大程度上来说是一门经验性较强的学科，临床医师在长期的临床实践过程中积累了丰富的经验，这些经验在临床实践过程中往往能指导医师正确地进行资料的收集和分析判断，使对患兔的诊断能较快地确立。一个经验丰富的医师在见到患兔第一面时，从直觉上往往对患兔的诊断已有八九分的把握，经过几个重点的检查就可以确立正确的诊断。但是，临床经验只是临床医师从自己有限的医疗实践过程中总结、归纳出来的，这种经验可能会受到实践的各种条件如时间、地点、数量及医师本人的知识水平和思维方式的局限，因为临床经验本身具有局限性，并非是万能的。在临床工作中，医师只能利用自己的经验指导临床诊断的程式，引导认识的深入，而不能将自己的经验绝对化，仅凭借自己的经验去诊断疾病，忽视对患兔病史、体征及检验结果的理性思考、分析，否则就可能陷于"经验主义"的泥坑，在临床诊断过程中主观臆断、敷衍了事、不求甚解，最终造成误诊。

2. 主观主义的认识论

在各自的临床实践中，每个医生可以积累各自的临床经验，有成功的经验也有失败的教训。这些经验和教训通常来讲是宝贵的，但疾病是多变的，病情有时比较复杂，如果你的临床经验和客观实际情况相脱离，那么，这种经验便会在临床实践中造成主观认识上的错误。主观主义的临床思维与辩证唯物主义认识论恰恰相反，它不去客观地反映事物的本身，而是先入为主的要客观适应自己的主观意识。在这种错误思维的指导下，医生往往只抓住病史或检查中的一点，结合自己的片面经验，贸然做出诊断。并在以后的观察和检查中，都按照先入为主的主观印象加以取舍，暗示畜主，按照自己的思维和想象叙述病史。体检中的体征和结论符合自己的诊断，就视为依据，不符合的一律不用。这种主观主义的思想方法，不可避免地把诊断引向错误，造成误诊。

3. 片面的诊断思维

临床上有许多病兔，病情十分复杂。由于主治医生的思维方法主观片面，人为过分强调或满足于某些个别症状与体征，以此作为诊断依据，而忽略了其他病史和检查结果。在诊断疾病时，面对复杂的病情，不去全面考虑，而只顾及一点，不计其余。在复杂的疾病面前，既有主要疾病，又有伴发疾病和症状；既有旧病、又有新近发生的症状，各种症状互相渗透，并互相影响，使得临床表现特别复杂。有的主治医生或是不愿听取其他医生的正确意见，或不以发展眼光看待病情变化，对原诊断未能做出重新估价和修正，致使诊断失误。或由于主治医生的临床经验不足分析片面，满足于个别医学文献的引证，作为诊断之依据，而忽视了一般情况下要参考绝大多数的医学文献报道作为诊断依据，因而误诊。

4. 只看局部，忽视整体

畜体是由各个不同组织、器官和系统彼此联系、互为依存的有机整体。在医学科学研究中，人们为了认识生命的本质，精心考察机体的某个方面或某个部分往往把考察的对象，从本来相互联系的整体中，暂时分割为彼此不同的独立部分；把本来是连续的过程，暂时划分为彼此无关的段落，以便从一个部分一个层次来把握事物的多样联系和多种属性，深入事物的内部，弄清它们的结构，了解它们的基本特征，掌握它们的内部规律。从现代医学科学来看，畜体的整体与局部、形态与功能、生理与病理、理化因素和生命活动，都不是彼此孤立的，而是互相联系不可分割的。疾病是按照其自身的规律发生与发展的，并不是根据人为的专科、专业的分割而局限于某一专科之内；传染病专科医师如果只将自己的临床知识局限于传染病学，忽略对其他学科的医学知识的学习就有可能将自己的思维局限于传染病专科，甚至是传染病学的某一分支专业之中，形成局限于分支的局部范围，对全身整体状况视而不见的倾向，在临床工作中就容易发生误诊误治，给患兔带来痛苦。

5. 只见现象，忽略本质

临床现象在很大程度上反映出疾病的本质，临床医师往往通过对临床现象的分析、推断出疾病的本质。但是现象并不完全代表本质，临床现象只是疾病的表面特征和某一方面的具体表现形式，是临床医师认识疾病本质的起点和线索。临床医师只有对临床表面现象进行深入的研究，才能认识疾病的本质。有的临床医生，对事物的认识仅局限在现象上，不去追求它的本质。现象是事物的外在表现，如疾病的各种症状等；本质隐藏在现象之中，在疾病中人们不易察觉的器质性或功能性变化，即属于这种情况。两者既对立又统一。在临床诊断中，各种症状是医生认识疾病的出发点，但认识不能仅仅停留在这些现象上面。在临床实践中，我们常常看到由于病变部位及病情发展的阶段不同，患兔表现不同的临床症状，而这些症状在别的疾病中也同样存在，因此掩盖了疾病的本质。另外，对所获资料，缺乏结合临床的综合分析与讨论，而偏重于表面现象，做出了错误的诊断。

6. 诊断思维的僵化和教条

疾病在家兔体内是一个不断发展和变化的病理生理过程，随着病理生理的变化，临床症状也在不断地发生着变化。例如，疾病原有的主要矛盾，在诊治过程中，可以转化为次要矛盾，而表现出的病变，则上升为疾病的主要矛盾。因此，必须在整个疾病的演变过程中，经常不断地考察和验证自己的诊断，力求正确地诊治疾病。在临床实践中，多数医生能勇于实践，勇于探索，耐心、细致地反复进行分析研究和判断推理，找出疾病演变的规律，分清矛盾的主次，达到揭示疾病本质的目的。可是，当前确有一些临床兽医尤其是基层临床医生，他们面对复杂多变的病情，却思维停滞、一筹莫展，今天是这样的印象诊断，过上几个月后，甚至若干年后，还是这样的印象诊断，既不深入地学习探讨，也不追溯疾病的本末。有的医生不能从变化了的实际情况出发，改变自己的结论，而是因循保守，维持原有结论，一味重复别人的诊断。这种形而上学的思想方法对诊断疾病有害。

7. 只见常见病，不见少见病

所有的医师都知道在临床诊断过程中的一个基本原则是"无常见病，转少见病"，但是部分兽医只注重考虑或只满足于常见病的诊断，而忽视少见、罕见病变发生的可能，结果造成误诊、漏诊，延误患兔的治疗。此外，在临床上值得注意的是，所谓"常见病"或"少见病"只是一个相对的概念。譬如，野兔热在流行区域可能是一种"常见病"，而在非流行区域就是一种"少见病"，但是出于目前快速交通的日益发展，人口流动率的日益增加，这种以区域划分的"常见病"与"少见病"之概念也日益模糊；尽管在临床诊断过程必须遵循"无常见病，转少见病"的治疗原则，但临床医师绝不能将此原则绝对化，否则极易造成误诊。临床医师在进行诊断时应该认真分析患兔的病史、体征及检查结果，从患兔的具体病情进行全面的考虑，不忽略患兔的每一个潜在的诊断线索。在诊断之前或诊断之后都要认真地将患兔的每一个临床表现与现有的诊断进行反复权衡对比，及时发现与所谓"常见病"的诊断不同之处，只有这样才能进行正确的诊断。

总之，兽医诊疗失误的原因繁多，不管是有经验的老兽医，还是没有临床经验的年轻兽医；不管条件简陋的基层兽医站，还是设备精良的兽医院都有诊疗失误的发生，疑难病可因病情复杂而发生失误，常见病可因这种或那种原因而失误。我们应将这些诊疗失误进行总结、归纳，找出其诊疗失误的内在规律，使其能正确指导兽医临床实践，降低诊疗失误率，保证畜牧业安全生产，造福于人民。

第二节　误治常见的原因

误治不仅给畜主造成不必要的经济损失，更经常由于误治，耽误了病情，或使疾病发生了新的变化，对后期的进一步治疗影响很大。造成误治的原因有很多，一般来讲误治均是由责任或技术因素造成，即误治有责任性和技术性两类。责任性误治是指医务人员对工作不负责任，马马虎虎，粗心大意等导致的治疗部位错误、治疗操作失误、用药不当等人为因素造成的治疗失误。技术性误治是指由于医务人员对某些疾病的复杂性认识不足，或对手术中可能出现的意外情况估计不足，自身的医疗技术水平尚不能达到对有些疾病进行治疗或手术的水平而导致的误治。但造成误治的最大原因还是误诊。因为疾病是不断发展变化的动态过程，是一个多因素影响的病理演变过程。任何一个诊断（尽管十分有把握），都要经过治疗来不断地予以矫正。因此，对治疗效果不明显的疾病，既要考虑治疗方法是否得当，又要考虑初始诊断是否有误。常见的误治原因有以下几个方面。

一、治疗手段选择不当

不同的疾病有不同的治疗方法和手段，由于治疗手段和方法不对路，经常造成治疗效果的低下或无效。例如，部分大夫过分相信中药，认为西药的毒副作用大，一味地强调环保绿色，在治疗家兔急性细菌感染时使用中药汤剂进行治疗，效果肯定不好；又如对家兔一些外伤感染，部分兽医仅给予肌注抗生素治疗，而不对外伤进行必要的清理，肯定会延迟外伤的愈合。

二、未用综合治疗

在疾病的中后期，不仅要治疗疾病的原发病，更要治疗疾病的并发症。辅助治疗在疾病的治疗中是不可或缺的。就简单的细菌性肠炎来说，如果仅仅是抗菌消炎，治疗效果并不见得好，特别是在腹泻后期，病兔都表现出脱水、低血钾和酸中毒症状，因此，在治疗细菌性腹泻时，仅仅抗菌消炎是不够的，必须根据病兔的临床症状对症治疗，根据脱水情况进行补水，补充葡萄糖、维生素和矿物质，促进病兔的快速康复。很多在腹泻后期的病兔死亡并不是因为最初的细菌感染，而是死于继发的脱水或酸中毒。因此，在临床治疗中，在坚持"急则治其标，缓则治其本"的前提下，必须重视辅助治疗，采取综合治疗措施，提高治疗效果。临床医师只有根据病情，合理制订科学的综合治疗方案，才能最大限度地提高治疗水平，片面强调或忽视某一种治疗手段，均可延误病情，失去对症治疗的最佳时机。

三、盲目使用新药、特效药

兽医在治疗中选择药物要十分谨慎，除了使用在临床中经过多次检验、疗效确实的药物外，不要盲目相信新药或所谓的特效药。因为目前兽药市场鱼龙混杂，产品质量差别很大，不要一味相信新药、特效药的治疗效果，特别是一些小药厂的药。不要仅仅根据药物的说明就使用，因为药物的说明和成分差别很大，而药物的疗效更是不能和说明相匹配。在接触到一种药厂的新药后，一定要兽医亲自经过临床的检验后，再大量地推广使用。否则，过于迷信产品说明和广告宣传，很可能造成病兔身体的损伤或错过正确治疗时机，此类误治在临床上并非少见。

四、兽医工作者自身的原因

兽医工作者自身的原因是造成误治的主要原因之一，主要有以下几个方面。

1. 工作责任心不强

每个兽医工作者都必须明确：我们所做的是治疗动物疾病，挽救动物生命的工作，我们工作的对象是病兔。哪怕是一例极普通的治疗、一个最简单的操作，都可能由于我们的麻痹和疏忽，增加病兔或畜主的痛苦，甚至造成病兔残疾或危及生命，给畜主造成财产损失。这方面的教训颇多。

① 粗枝大叶、马马虎虎铸成严重的医疗差错或事故。如用马杜霉素治疗兔球虫时，误把 0.1% 的拌料浓度写成 1% 的拌料浓度，造成兔子采食后，大批中毒死亡，给畜主造成很大的经济损失。这完全是医务人员责任心不强、工作极端不负责任所造成的，仅仅是一字之别，但引起的治疗错误却是不堪设想的。所以，一字之差必须重视，

绝对不可马虎而行。

②有章不循，有疑不察。如因字迹不清，配方人员又缺乏基本的业务常识，误将氯化钾溶液当成氯化钠溶液，给病兔静脉注射后，当即死亡。这种错误是完全可以避免的，如果主治大夫办事认真，处方写字工整，助手专业知识丰富，就不可能发生这种低级错误。

③缺乏爱惜动物观点，操作粗暴，如给病兔肌内注射时，进针过深，损伤了兔子的神经或骨骼，造成病兔瘫痪。

④轻视一般操作治疗，铸成大错。如药物肌内注射、洗胃插胃管、输液等都是普通的治疗、简单的操作，但也经常发生事故。如洗胃插胃管时，未按正规顺序操作，插管后不检查胃管是否真正插入胃中，急忙灌液洗胃，结果误将洗胃液灌入气管内，导致严重窒息死亡。上述各种误治，究其原因，都是责任心不强所造成。兔病医学科学是一门研究病兔、应用于病兔的科研工作，每个兽医工作者都必须持严格认真的科学态度，发扬爱护动物、珍惜生命的精神，把解除动物的痛苦和挽救畜主的经济损失作为自己应尽的义务和不可推卸的职责；必须对工作认真负责，技术上精益求精，一丝不苟，克服诊断和治疗中的种种困难，善始善终地把病兔治好。

2. 基础理论知识缺乏

基础理论知识缺乏、基本技能不够扎实，专业知识水平不高仍是重要因素之一。临床工作的科学性、主动性与准确性均与必要的医学基础知识紧密结合，相辅相成。若只有工作热情而不重视基础知识的学习训练，不重视知识更新的学习，必然在碰到实际病例时缺乏正确的分析、判断和处理，结果事与愿违，最终造成误诊和误治。

（1）病理、生理和解剖知识不扎实　由于医生不熟悉病理状态下脏器形态和功能的变化，常造成事故的发生。如肠梗阻使肠管高度膨胀，肠壁变薄失去正常韧性，且由于肠管高度鼓起而使肠壁紧贴于腹膜下。此时，肠管活动能力较小，收缩回避能力差，若按常规针刺手法给予腹部穿刺治疗，可穿破肠管引起弥漫性腹膜炎。同样，在针刺治病的过程中，由于不了解肺气肿、支气管哮喘发作造成肺部形态的改变，对针刺深度掌握不当造成气胸的教训也很多。

（2）基础药理知识不熟悉　药物是防治疾病的物质基础，有人曾经做过统计，在疾病的治疗中约有1/3的疗效是通过药物治疗来实现的。可见药物在防治疾病中有着重要的地位。但是，如果不熟悉基础药理知识，不能合理地使用药物，反而会给病兔带来危害。目前，在临床医疗实践中，有些兽医人员，因为没有很好地掌握药物的作用、用法、适应证、禁忌证，不熟悉药物的不良反应，以致药物使用不当，引起的临床误治并不少见。

① 用药剂量不当或疗程不够　在药物治疗疾病的过程中，不仅要明确诊断，对症下药，而且还应该选择合适的用药剂量。在基层医疗工作中，多有因用药剂量不当而耽误疾病治疗的病例出现。剂量不足造成的危害，突出反映在急诊抢救上。如急性细菌感染的抗生素使用，急性中毒的特效解毒药的应用。其主要原因是治疗早期缩手缩脚，不敢大胆用药，从而失去最佳治疗时机。因用药疗程不足而变成慢性病的，临床上也较为常见，如细菌感染性痢疾、化脓性肺炎等临床症状一旦消失就停止用药，常造成反复，促使耐药菌株产生，而使病变慢性化。治疗剂量过大误治致死，在临床上突出反映在治疗量与中毒量范围相近的一些药物使用上。如兔抗球虫药马杜霉素的加量使用，常造成中毒死亡。

② 药物使用不当　用药的关键在于有的放矢，对症下药。现在有些医务人员，对某些药物的作用机理及药物在体内的代谢过程缺乏应有的了解，在临床用药中，常常因为用药不当而导致误治。如用青霉素治疗脑炎，青霉素是不能通过血脑屏障的。如发热是许多疾病的共同症状，对病因诊断、观察疗效、判定预后等方面都有重要意义。诊断未明时，若随便使用药物可干扰病情影响诊断。如对发热病例，仅仅通过退烧，只能暂时掩盖病情，一旦药效过去，又继续发热，必须找到发热的根源，才是解决问题的关键。因此，在遇到发热、疼痛的病例时，应寻找病因，并针对病因积极进行治疗，而不能"见热退热，见痛止痛"，否则将会扰乱病情，影响疾病的诊断与治疗。

③ 联合用药不当　联合用药的目的是为了增强疗效，减少或消除药物的不良反应。现在虽有不少好的联合用药方案已成为临床治疗用药中的常规用法，但也有不少由于联合用药不当，不但达不到治疗的目的，反而贻误疾病治疗，或致药源性疾病病例出现。如临床兽医经常把庆大霉素和青霉素混合到一块给动物注射，而配伍禁忌上，明确要求青霉素和氨基糖苷类抗生素不能混合应用。农村经常联用的青

19

霉素、链霉素也不合理，青霉素是一种有机酸，链霉素是碱性苷，两者混合发生化学反应，降低疗效。此外，还应注意，维生素与抗生素合用则可使某些抗生素失效如维生素 B_2 可使四环素类的抗生素失活率达 $14\%\sim27\%$，维生素 B_{12} 使制霉菌素完全失效，维生素 C 能降低红霉素的活性达 $36\%\sim44\%$。青霉素与磺胺类药物在非特殊情况不宜联用，因两药并用后疗效明显降低。

临床上尚有许多其他方面不合理的联合用药：如乳酶生联用四环素等抗生素，致使乳酸杆菌被杀灭或抑制使乳酶生失效；氨基苷类抗生素与强利尿剂速尿合用而加重对第八对脑神经损害，甚至造成耳聋；磺胺类与含有对氨苯甲酸物质的普鲁卡因、辅酶、酵母等合用可使磺胺药的抗菌作用减弱，因为磺胺药的抑菌作用主要是通过和对氨苯甲酸竞争所产生。各种药物联合应用得恰当与否，有一个临床实践逐步认识的过程。

④ 使用药物方法不当　正确的给药方法也是防止临床误治的一个重要方面。用药方法不当，不但达不到治疗目的，相反会增加病兔痛苦。近年来，药物穴位注射治疗各种疾病已被普遍采用，由此而引起的周围神经损伤和肢体残疾的病例报道也有所增多，如抢风穴穴位注射安乃近引起前肢痉挛变形。服药时间和方法必须因病、因药而异，这个简单的问题往往被医务人员所忽视。特别是各种药物的半衰期长短不一，要求用药间隔时间有所差异，因此，临床医生必须灵活掌握。

⑤ 忽视药物知识，顽固守旧　知识更新是一个很重要的问题，现在新技术、新知识、新理论发展很快，如果一个临床医生仅停留在以往知识或一般教科书上，不广泛参考医学文献、吸取新知识、吐故纳新将会远远落后于时代，造成诊断和治疗中的失误。如近年来研究显示传统的 1 天 3 次给药方法，对不少药物来说并不合理。新的用药规则提出，由于机体内环境有一定的昼夜规律性变化，很多药物的使用都存在着时间节律，掌握这个规律，可明显提高疗效，并能使副作用减少到最低限度。如每日 $2\sim3$ 次给予糖皮质激素类药物，则使垂体肾上腺皮质轴可处于持久的抑制状态，为减少长期服用激素所引起的副作用，故近年来主张用间歇疗法（每周按量服用 5 天，每日量全部在早晨 1 次服下，再停药两天，反复循环进行）或隔日疗法（两日

量在早晨 1 次服下，隔日服用）。

3. 缺乏对基本操作原理的了解

基本操作内容广泛、应用普遍，原理虽不复杂，但易受人们忽视，如对手术常规、洗胃、灌肠、导尿、注射等，只会操作而不解其原理，有时会事与愿违，得到适得其反的结果，必须引以为戒。

（1）手术常规　对不同的脏器、不同的部位、不同的手术，如何进行术中切口、缝线、缝合方法的选择，这是一个外科医生必须掌握的最基本知识。但在手术中，由于切口方向错误，缝线、缝合方法选择不当而造成器官功能损害，切口感染，延期不愈的教训，也多有报道。

（2）洗胃与导泻　洗胃与导泻在内科中毒病兔抢救中实属重要，洗胃与导泻的正确与否往往是抢救成败的关键，但在临床实践中，常因掌握不当而造成失误。洗胃液的选择必须相当熟练，如敌百虫中毒不能用碳酸氢钠等碱性溶液；1605 中毒不能用高锰酸钾溶液；在毒物不明时对洗胃液记忆模糊的情况下，最安全的还是采用清水洗胃。除洗胃液种类选择外，还需注意其浓度的配制，如高锰酸钾洗胃液，根据书籍中要求应配制成 1∶5000 左右的浓度，但在临床工作中，有经验的同志都是根据颜色深浅，配成 1∶15000～1∶12000 的浓度，因为这种浓度的溶液，对口腔和食道黏膜刺激性较小，特别是当敌敌畏中毒时，敌敌畏本身已引起食道和胃黏膜损伤，甚至可引起胃出血或穿孔，此时再给予浓度较高的高锰酸钾洗胃液口服，可出现口腔、咽部与食道烧灼感，恶心、呕吐，上腹部疼痛等症状，局部黏膜可被氧化成黑褐色。所以，如何恰当选择既对解毒效果无影响，又对局部黏膜刺激性小的洗胃液合理浓度是需要灵活掌握的。

（3）注射（皮下、肌内、静脉）　皮下、肌内、静脉注射是肠道外给药的重要途径，也是临床工作中一项基本技术操作。掌握得好坏直接关系到医疗质量的高低和病兔的安危。从临床实践发生的操作失误看，缺乏对基本操作理论的了解是一个重要的原因。如在注射事故中由于部位选择不当而造成神经损伤的占很大比例。如固定在颈部皮下同一部位反复注射，容易造成皮下组织变性、纤维化，甚至个别病兔可发生组织化脓和坏死。应该采用多部位循环轮替注射法，如背部、颈侧等。

操作技术不当，消毒不严也是临床常见失误的原因之一。如颈静脉穿刺取血是常用的一种采血方法，由于穿刺操作技术不当，损伤颈动脉，引起出血性休克死亡，是缺乏对基本操作理论的了解造成的。

五、误诊导致误治

正确的治疗是建立在正确的诊断之上，错误的或不完全的诊断是不可能提出正确治疗方案的。例如，病毒病与细菌性感染性病，普通病与传染病都没分清，不能制订治疗方案。因此，防止误治首先应该防止误诊。忽视基础诊断工作，病史采集不重视、不完全而导致的误诊误治屡见不鲜。如对肾结石病兔，就诊时医生仅根据尿道刺激症状及实验室检查尿异常诊断为慢性肾盂肾炎，给予多种抗生素治疗而疗效不佳，继后进一步进行 X 线检查才确诊。医生应用自己的感觉器官或者借助于必要的器械对病兔进行客观检查的最基本方法，是诊断疾病不可缺少的重要步骤，因此，体检必须认真、耐心、细致、实事求是，按照一定的顺序进行。要求检查者要有熟练的基本功，还要注意动态学的观察检查，这样才不会遗漏重要的体征。

疾病是一个复杂的病理过程，它的演变和发展受着多种因素的影响。阳性体征出现的时间和程度虽有一定的规律，但也有个体的差异性，因此要及时发现新的症状和体征，仅作 1～2 次检查是不够的，必须进行严密的动态观察。如肠梗阻患兔，多数病兔在发病后不再排便，但少数病兔因梗阻以下肠管内尚有残存粪便，故在发病早期有排便，若不做动态观察即可延误诊断。同样，实验室及器械检查的结果也随着组织和器官功能的破坏和修复程度而变化，因此，辅助检查也必须围绕疾病的演变而多次复查，对检查的结果要辩证分析。

六、临床思维方法主观、片面

业务水平低，缺乏辩证的分析方法也是临床上常见的误治原因之一。如对某些疾病出现的少见症状和特殊类型不认识，或者只熟悉本科范围内的专业理论知识，对其他科知识缺乏了解等，都可发生误诊误治。在疾病的治疗中，由于疏忽基础治疗所造成的误治，容易被兽医重视并纠正，而临床思维方法主观、片面所发生的错误不但普遍存在，且易为兽医所忽视。培养正确的逻辑思维方法，必须要有严格的科学态度，取人之长，补己之短，不断学习，不断实践，不断总结。临床治疗工作是医学加哲学、理论加经验、技术加艺术、严谨加谦虚四方面融合的结晶，绝不是掌握任何一个侧面所能完成的。我们所研究的疾病，往往存在着主要与次要、一般与特殊、局部与整体等各种错综复杂的临床表现，需要综合分析，从中找出本质的主要矛盾，克服主观片面思想，用科学辩证的思维方法才能得到解决。

1. 治疗疾病概念化

因诊断疾病概念化的片面观点所发生的临床误诊，往往容易被临床医师所注意，然而，治疗疾病概念化造成的临床误治常常容易被医务人员所忽视。同症异病、同病异症的复杂关系，往往是使医务人员产生治疗疾病概念化的一个重要因素。在临床实践中，治疗疾病概念化所引起的误治极为普遍和常见。有些基层医务人员，对发热和疼痛的病兔不注意辨因而治，采取"见热即退，见痛则止"的方法；抢救无机磷农药中毒与一般有机磷农药中毒不区分性质，一样常规使用阿托品与解磷定，并常常把磷化锌（无机磷）中毒病兔当做有机磷农药中毒来抢救等。不仅浪费了药品，更重要的是贻误了治疗，因此，作为一个临床医师必须克服单纯以概念化来治疗疾病的做法。

2. 忽视在疾病治疗中局部和整体的关系

家兔是一个统一的有机体，在疾病的发生、发展过程中，病理、生理的改变也不是静止和孤立的，局部变化一方面是整体变化的原因，另一方面又是整体变化的结果，两者可相互影响，在一定条件下还可以相互转化。在临床疾病治疗中，必须辩证认识局部与整体的关系。只顾局部，忽视整体，或者放眼整体，不顾局部的思维方法都是片面的，可使疾病的本质和现象混淆，使疾病的治疗发生谬误。在临床实践中，我们遇到一例金黄色葡萄球菌败血症的病例，全身中毒症状很严重，虽采用了多种抗生素联合用药，但仍存在局部原发病位（深部脓肿），当即切开排脓，全身中毒症状很快就控制了。有许多疾病的主要病因起源于局部，整体表现仅是局部病变的结果，不注重局部，发现不了病源。相反，只看重局部，不顾整体也是造成治疗失误不可忽视的一个重要方面。

3. 忽视治疗中的动态观察

疾病发展规律有它明显的时间性，在不同的时期，会引起不同的解剖、生理和病理的改变，并且随着时间的推移表现出不同的临床症状和体征。这样，在临床上也就提出了一个合适的治疗时间问题。治疗过早或过晚都可延误病情，造成不良后果，如脓肿切开排脓的时间就大有讲究。当局部炎症处于急性蜂窝织炎阶段，脓肿尚未形成，炎症尚未局限，若进行局部切排，可导致细菌进入血液循环，产生败血症；由此可知，疾病是一个动态的过程，由于主要矛盾的转化，可以表现为不同的发展趋势。因此，要根据疾病发展的一般规律，从现阶段的表现估计到以后可能出现的变化，把握住转化的时机和条件，力争在疾病变化之前采取治疗的有效措施，缩短病程达到最佳治疗效果。

4. 不重视个体的差异性

治疗疾病的过程，就是分析疾病过程中的矛盾和解决这些矛盾的过程。在分析综合时必须把普遍性和特殊性结合起来，在具体的病兔身上就要把共性与个性相结合。固然每一种疾病及其治疗有共同的特点和规律，但它在每一个患兔身上的具体表现却有着种种特殊性，这是个体差异性所决定的。因此，能否把所掌握的医学知识和技术，准确、有效地应用到每一个具体的个体身上，关系到治疗效果的好坏与成败。

5. 缺乏一分为二的思维方法

唯物辩证法认为，任何事物都具有两重性，有其利必有其弊。临床治疗上也同样如此，不管是药物治疗，还是手术治疗，它们既有治病、有利的一面，也有其副作用、有弊的一面；医生在运用治疗手段时就要扬长避短，筛选比较合理的治疗方案。缺乏此种认识同样可以引起误治。如鱼肝油能防治佝偻病，但近年来国内外屡有幼兔长期服用鱼肝油引起中毒的报道，其中严重的会导致死亡。

疾病的准确诊断是为了疾病的正确治疗，合理有效的治疗是我们诊断的最终目的，但临床上，很多正确的诊断却因为错误的治疗而影响疾病最终的康复。特别是临床中有一些大夫更注重于诊断，而忽视对疾病的治疗。这是一种很错误的倾向，必须加以克服。作为一名临床合格的大夫，必须提高自己的治疗水平，除掌握基本的治疗方法外，积极学习新的治疗方法和新药的尝试，提高疾病的治愈率。

第三节　误诊和误治的防范

　　诊断疾病是临床医生通过问诊、体格检查、化验检查以及各种仪器检查等手段来认识疾病，做出诊断的过程，只有当临床医生对疾病的主观认识和疾病的客观实际愈加符合的时候，才能获得较为正确的诊断。临床医生在诊断疾病的过程中，要受到各种主客观条件和客观实际的限制，不可能完全避免差错。因此，误诊和误治是兔病诊断和治疗中经常发生的事情，无论从客观因素上说，还是从主观因素上看，误诊和误治是必然存在的，但是在临床实践中，应该尽量降低误诊和误治的发生率。

一、辩证地认识误诊和误治

　　要减少误诊和误治的发生率，首先要对误诊和误治的本质有清楚的认识。既要认识到误诊误治不可避的一面，也要认识到误诊和误治可避免的一面。

　　首先，误诊误治是不可彻底避免的。因为，医生作为认识的主体有其自身的局限性。临床医生由于自己的实践经验、知识技能和工作环境的限制，不可能精通所有疾病的知识。更何况医学在不断地发展、变化着。医生对疾病的认识，不可避免地要受医学科学水平的限制。所以，作为主体的医生，是具体的、历史的，受一定条件限制的。就客观条件讲，疾病及病兔作为认识的客体，是十分复杂的。疾病是一个多系统、多层次、多结构的病理状态，不仅有自然因素参与，而且有社会因素、心理因素参与作用。而这种多等级的本质，又往往隐藏在复杂多变的临床现象背后。如果只依据现象，则难免造成误诊。疾病本身也在不断运动、变化、发展中，当疾病的现象和本质，还没有充分发展和暴露时，我们要想一下子把握住疾病的本质，是不可能的。但临床医生又不可能也不应该等待疾病的矛盾及其本质完全暴露之后，再去诊断和治疗。特别是遇到危重病兔时，医生往往只能根据疾病的一个片段，必须在无法获得所有临床资料的情况下做出诊断，这就在客观上造成医生难以抓住各种症状和其他种种临床表现来做出正确判断，也就难免出现误诊。

其次，误诊和误治是可以避免的。从临床实践的总体上看，误诊是难免的；但具体到每个病例，误诊又是可以避免的，并不是每一个疾病的诊断，都必须经过误诊后，才能确立正确诊断。一方面，我们承认疾病的内部规律是客观存在，不以人的意志为转移；另一方面，我们更承认人能够认识疾病内部规律，并按照这种规律去成功地诊断疾病。许多前人限于条件无法认识的疾病现在已被认识。一些目前尚未认识或探索清楚的疾病，以后是完全可以逐步加以了解的。同时人的认识又具有社会性和历史延续性。临床医生对疾病的认识与医疗实践是密切相关的。随着科学技术的发展，社会的进步，医学也会随着不断地发展进步。医生的认识能力，也一定能够不断发展、提高，临床经验不断丰富，这些进步都可以历史地继承和延续下来，并为家兔的健康事业所共有。这就充分说明疾病的误诊是可以逐渐避免的。

由此可见，临床实践中，误诊的难免和可免是相互对立、相互区别的，绝不能混同，绝不能只承认一方，而否认另一方。只承认误诊难免，不承认误诊可免，就可能导致对医生主观能动性和创造性的否认。使临床医生在疑难病症面前无能为力，陷入不可知论。反之，不承认误诊难免，只承认误诊可免。就不可避免地把对疾病的认识过程看得过于简单化，以致漠视疾病的客观规律。两者是互相依存，相互包括，相互转化。"难免"之中，往往存在着"可免"的条件。"难免"的误诊，往往经过认真总结经验教训，可以为以后的正确诊断作借鉴，变"难免"为"可免"；可免之中，往往隐藏着难免因素，本来可免的误诊如果在临床诊断时漫不经心、马马虎虎、草率从事则难免造成误诊。

二、辩证地认识疾病的复杂性

疾病的复杂性和不可知性是造成误诊和误治的客观原因，也是误诊和误治不可避免的客观因素。在临床诊断中，要客观地认识疾病的复杂性，减少误诊和误治的发生，主要有以下几条途径。

1. 透过现象把握本质

要正确地诊断疾病，一个重要的原则就是要把握好现象和本质的辩证关系。现象是本质的反映，在疾病过程中，病变的本质区别决定了临床症状和体征的差异。因此，现象的区别，可以使我们对本质进行鉴别，要着眼于事物的特点与发展。现象的一般特点，可以使我们一般地区别事物。而要进一步认识具体事物，则要进一步分析它的特征，成为我们认识事物特性的主要的、基础的东西。人们对疾病的认识，正是以反映疾病本质的各种现象为基础的。然而，现象和本质又有不一致的一面。人们必须透过现象把握本质，而不能仅仅停留于现象的表面。临床医师往往通过对临床现象的分析，推断出疾病的本质。但是现象并不完全代表本质，临床现象只是疾病的表面特征和某一方面的具体表现形式，是临床医师认识疾病本质的起点和线索，临床医师只有对临床表面现象进行深入的研究，才能认识疾病的本质。如仅仅根据临床表面现象就做出诊断，不对病兔的病情进行全面综合的分析，则会导致误诊、误治；此外，临床现象也可能表现出假象。如果临床医师不注意鉴别这些特殊情况，极易出现误诊。

在诊断疾病过程中，往往遇到现象与本质不一致的情况，大致有以下几种：①由于致病因素的强弱，机体反应性的高低，同一种疾病也有不同的表现。例如，肠炎的早期仅表现水样腹泻，后期可能会有化脓或出血。如果我们不去揭示在生动多变的现象背后隐藏着的事物的本质，就会被现象的多种多样的变化所迷惑。②有些疾病的症状、体征及辅助检查结果，有时是不稳定的。如对血清中病毒的检测，只能在早期检测，在疾病后期由于抗体的产生根本检测不到了。可见在疾病实际过程中，现象并不是一成不变的。③有些疾病的早期症状和体征不典型。如脾破裂出血，虽然损伤严重，但早期临床症状和体征却可能是轻微的。如果把暂时的、局部的一些现象，等同于事物的本质，掉以轻心，就会造成严重后果，甚至造成不必要的死亡。④有些疾病在发展过程中，可以出现与别的疾病相类似的临床症状、体征和辅助检查结果。如腹泻既是消化系统疾病的症状，也是部分中毒性疾病的症状。若不注意在整体联系中加以具体分析，就容易把现象当本质，造成误诊，耽误治疗时机。⑤随着病情的发展，可以出现继发症掩盖原发症，或原发症掩盖继发症的情况。如肺炎导致酸中毒出现呼吸改变的症状，可被原来就有的呼吸困难所掩盖。如果被现象所迷惑不细心体察病情的发展变化，我们就不能正确地诊断疾病和进行恰当而不失时机的治疗。⑥有时由于一种病变侵犯多个器官或几个病变同时存在、互为影响使症状和体征变得较为复杂。如果只孤立地研究局部，不能从现象的联系中把握病变的整体，而对复杂的症状，则会束手无策。⑦有些疾病在发展过程中，真象和假象往往交错出现。不少输尿管结石的患兔可以反射性地引起恶心、呕吐等胃肠症状，使人容易误诊为消化道疾患。

因此，我们必须在各种现象的互相联系中去识别假象。如果把现象与本质混为一谈，将两者直接等同起来，就会把我们引入歧途。要求临床医师在诊断过程中时刻想到临床现象只是疾病本质的表面特征或某一方面的具体表现形式，不同的疾病可以表现出同样临床症状或体征，而相同的疾病，也可能因为患兔个体差异及其他复杂多变的情况表现出不同的现象或者出现假象，临床医师必须通过对病兔进行认真病变调研、细致的体格检查、合格的实验室检查，客观询问的基础上，透过临床现象认识患兔的疾病本质，才能尽量避免误诊误治。

2. 临床表现与疾病

病兔的症状、体征和其他检查结果都是疾病的临床表现，一定的临床表现具有一定的临床意义。医生必须掌握各种症状、体征、各项检查结果与疾病本质的关系，才能做出正确的诊断。

(1) 主要表现与次要表现 疾病的临床表现一般比较复杂，常包括许多症状、体征和各项检查结果，要在复杂的临床症状中分清主次，找出其主要表现，进而抓住本质。

(2) 局部与整体 畜体是由多种组织和器官组成的统一整体，整体活动是靠各个组织器官发挥其特有的功能，并相互配合、相互制约而完成。局部的病变可以影响整体，整体的异常也可突出于某一局部。所以对疾病的诊断必须结合整体来考虑，要防止片面地、孤立地对待临床表现。从局部变化的相互关系中认识整体变化，才能真正揭示机体的内在联系。

(3) 共性与个性 我们临床工作的特点之一是面对的病兔与疾病具有较大的变异性，在书本上学习到的临床理论知识是"共性规律"。除此之外，我们还必须了解与掌握在疾病发生过程中的个体差异和特异变化所表现出的"个性表现"。患兔的个性及特异性是诊治工作面临的永恒难题。事实证明：我们在已经初步掌握了常见疾病的一般规律之后，更重要的是要不断充实自己对某些疾病的个性规律的了解和特殊表现的记忆。共性与个性必须结合起来，分析它们之间的联系，才能加以区别。只有从整体上权衡实际表现，才能深入疾病的本质，认识其特殊性。在分析临床资料时既要注意共性，又要注意个性。抓住共性可以就某些症状和体征全面考虑不致漏诊；抓住个性则有利于详细地鉴别诊断，减少误诊。两者结合，可提高诊断的正确率。

（4）典型与不典型　大多数典型疾病的临床表现为医师所熟知，不难诊断。但某些非典型性疾病可呈多种"类型"，给医师许多模糊的假象。其实所谓"典型"的疾病只占部分病例，而且是出现在症状明显期，相当多的疾病临床表现并不典型。如大部分肺结核疾病都是到后期才以发病或后期症状为初发症状而就诊，如果考虑不周全，很容易造成误诊。要注意临床症状体征的多变，实验室检查也可因病情不同而异乎寻常。

（5）显性和隐性　在诊断中不仅要获得显性的症状，而且要学会推理和判断疾病"隐蔽"的一面。按照临床疾病发展的规律，"显现"与"隐蔽"是相互统一的，可以相互转化的。我们就是要通过"显现"去发现、认识、推测、掌握"隐蔽"，否则必然会出现偏差，导致认识的局限、诊治的失误。

三、调查病史，收集资料

调查了解、搜集资料是疾病诊治的第一步，首先要了解症状和体征，进行必要的辅助检查。正确的诊断和治疗源于周密的调查研究。询问病史、体格检查、实验室检查、器械检查等都是对病情进行调查了解和搜集资料的手段。调查不仅要客观，而且要全面。病史应能反映疾病的发生和发展经过的全部变化，体格检查也要全面细致查清整个机体的健康状况，然后根据症状体征提示的线索进行必要的实验室检查、器械检查和功能检查，借以了解病兔的整体情况，从病兔的整体出发才能做出全面而正确的诊断，对病史和各种客观检查不宜有所偏废或忽视，根据详细而可靠的病史资料，结合系统全面的体格检查是诊断疾病最基本的方法，其关键在于搜集资料要实事求是、全面。不能根据个别或部分的表现而轻易做出诊断和制订治疗方案。

（1）采集病史　采集病史是诊断的开始，对后期的检查、诊断、治疗和预防思维的建立，都具有举足轻重的影响。如果临床医师的第一步就出错，则以后的检查也将不可避免地出现错误，最后可能导致误诊的发生，因此病史的调查对正确诊断的确立非常重要，临床医师在进行病史调查时一定要有严肃认真的科学态度、客观缜密的诊断思维，决不可主观片面、马虎敷衍。采集病史的总体过程，大体上不外乎两个层面。①从畜主的主诉中，抓住主要症状。患病家兔可能有许多症状，但其中必有一个症状处于主导地位。询问时必须首先要寻找到患病动物的主要症状是什么？也就是说，在问诊时，一定要紧紧围绕这个主要症状问透、问细。②对引起主要症状的原因（疾病）不要简单地认定一个，最好要考虑多个疾病。在头脑中想的原发疾病多了，自然在采集病史过程中会主动的涉及若干有重要价值的鉴别诊断内容，涉猎到的有意义次要症状（伴随症状）也会完整，而不至于遗漏。很可能只有一句话，常常对疾病的诊断和鉴别诊断，都是十分有意义的。

病史的调查应该注意下面几个问题：①在一般项目调查中，应该特别注意患兔的性别、年龄及生活环境、病史的可靠程度等情况，因为这些因素对疾病的诊断及临床治疗、预后的判断具有明显的参考意义。②对现病史的调查首先应注意对起病时间及起病时状况的调查，因为每种疾病的起病或发作均有各自的特点，了解这些情况可以判断患兔疾病的病期长短及可能的病因，对诊断的确立可以提供指导。③调查现病史应注意对主要症状特点的调查，如主要症状出现的部位、性质、持续时间和程度、缓解或加剧的因素等，这些对了解疾病的病变性质、病变范围，进而明确诊断具有非常重要的作用。④疾病的起病病因与诱因的调查也是现病史调查中的一个重要方面，调查病因及诱因不仅有助于疾病诊断的推论，也有助于治疗措施的拟定。⑤现病史的调查还要注意病情的发展及演变过程，包括病程中主要症状的变化或新症状、新体征的出现，以便及时鉴别病情的变化，确立正确的诊断及治疗方案。譬如肠炎患兔出现了恶心、呕吐等新的症状后，临床医师要考虑到患兔代谢性酸中毒的情况。⑥伴随症状的调查往往可以为诊断的确立提供更多的佐证。在疾病的诊断过程中，伴随症状对疾病的鉴别诊断有非常重要的意义。⑦对其在其他医疗机构、个体诊所或自行服药治疗过程的调查。在现病的调查中还要注意对其诊治经过进行仔细地调查。询问其已经施行的诊断措施及结果、已经服用的药物名称、剂量及治疗效果，这对疾病的诊断具有十分重要的意义。⑧对既往史、个体史及种群史的详细调查取样也可以为疾病的诊断提供翔实的临床依据，因此临床医师不要忽视对既往史、个体史及种群史的调查。总之，病史应着力于全（即完整而系统）、实（真实而精选的材料）、活（记录其各种动态发展）和特（能反映患兔的特征和病情的特色）。

(2) 体格检查　体格检查是医师运用自己的感官及借助于传统简便的检查工具来了解患兔的基本身体状况的一种基本检查方法。一般情况下，多数疾病可以通过体格检查并结合病史分析做出正确的诊断，因此，体格检查不仅是临床医师的基本功，也是为确立临床诊断提供依据的重要手段之一。对一名临床兽医来说，必须加强体格检查基本功的训练和养成，强化对体格检查重要意义的认识，因为体格检查是获得第一手资料的关键，特别是对早期疾病的认识、诊断与鉴别诊断，常常具有某些特殊检查所无法代替的作用。临床医师应该注意以下几个方面的问题。

① 要在思想上重视对患兔进行认真、详细的体格检查。许多兽医常常忽略对病兔的体格检查，而重视实验室检查的结果，这种倾向是极其有害的。医师认真检查，大多可以发现具有诊断意义的体征，有时一些细微的体征变化常常可以为临床诊断提供可靠的依据。

② 要根据病史调查的结果对患兔进行有重点的体格检查。系统的体格检查需要花费较长的时间，临床医师不可能对每一例患兔从头到脚系统检查一遍，因此医师只能根据病史调查后得出的诊断假设结果，对某些系统进行重点、详细的检查，而对不可能涉及的系统采取忽略或简单的检查方式。经验丰富的医师通常能在繁杂的临床表现中很快抓住重点，在有限的时间内获取有价值的资料、迅速地做出正确的初步诊断；临床经验丰富的医师必须要有扎实的医学理论知识基础。

③ 临床医师在重点地进行体格检查时也必须要注意不能因为过分注意局部检查而忽略整体的变化，导致重要体征的遗漏。检查按有顺序及规范化的程序进行、才能尽量避免检查的重复或遗漏，保证获取可靠的诊断依据。

(3) 尽早使用辅助检测　辅助检查，可以间接查知许多疾病现象，对我们认识疾病的本质是很重要的。在全部医疗过程中，除直接为患兔所感知和医生查知的症状和体征外，还有不少现象是通过辅助检查间接查知的。在临床上，无临床症状，并不等于没有病理改变。例如，结核患兔在早期均没有临床表现，但是用变态反应实验可以检查出来。其次，要充分认识与掌握最有意义的早期诊断常用的检查方法。大多数疾病的诊断要依赖于实验的化验结果，在临床诊断疾病时，要正确地选择实验室检验方法，分析实验室检查的结果。否则即使是利用再先进的实验室检查工具，也不可能做到正确的临床诊断，甚至可能引起误诊。那么，在临床中运用实验室检查技术收集诊断证据时，应注意以下问题。首先要了解各种实验室检查的具体方法及其结果的影响因素；其次要掌握各种检查方法的特点及应用范围。

（4）提高资料的可靠性　对诊断疾病来说，第一手资料的真实性比什么都重要。这里所说的临床资料包括病史、体格检查和辅助检查所得的资料。体格检查资料是医生亲自通过体格检查操作所获得的第一手资料，辅助检查资料是各个辅助检查学科通过各种仪器设备进行检查所获得的资料。从仪器设备的精密度来说，后者的可靠性大于前者；从对病兔的整体了解和医生的检查手法纯熟情况来说，前者的可靠性要大于后者。显然，每一个临床医生都应采取以亲自获取的第一手资料为更可信来判断各项辅助检查结果的可信度。

（5）辨别资料的真实性　资料的真实性决定于检查条件、检查技术和检查时机。在临床诊断与治疗过程中，一定要客观、辩证地对待各种检查结果，要善于运用逻辑思维，以严密观察为基础，判断临床资料真实性的可信度。一旦出现检查结果与临床表现不符合的情况，要不失时机地进行必要的复查。确保科学地运用临床资料。作为临床医生来说，询问病史和进行各种检查时必须要从病兔的自然症状和客观体征的实际出发，实事求是，严肃认真。切勿主观臆测和先入为主，只注意合乎自己主观要求的资料，对具体事实任意取舍，以致搜集到的资料难免有片面性和表面性。这种主观、片面、不准确的资料是导致误诊的常见原因。另外，在临床工作中，畜主在向医生提供病情时，多少都会带有一定程度的主观成分，可能对某些症状加以渲染与夸大，对另一些症状一带而过或弃之不说。要求大夫辩证地分析。

（6）提高资料的完整性　临床资料的完整是确立正确临床诊断的基础。因为疾病是不断发展变化的，我们看病只是处于疾病发展的某一个阶段，所以，确切地说，就临床资料而言，一般是不会获取十全十美的完整程度。有人说："直到病畜死亡并进行了尸体解剖，才算是获取了完整的临床资料"，即或如此，我们在临床工作中，还是要想尽一切办法来获取尽量完整的临床资料，只有如此，才可能全面地分析、思考，得出正确的临床诊断。因此，必须重视畜主的参与作用，充分调动他们的积极性，以使采集到的疾病资料更全面、更真实。通过对与诊断疾病关系密切的深层次问题的了解，做出正确的诊断。一旦对病史采集缺乏深入细致，一叶蔽目，就会出现误诊。

四、临床思维

虽然临床诊断方法的使用比以前有了很大的增加，特别是大量先进的实验室诊断技术的应用，但是并没有使误诊和误治率下降多少。因为，依赖方法做出正确的结果判断与医生的理论水平、临床经验和思维方式紧密相关。作为一名合格的医生，要减少误诊和误治的发生，仅有系统的理论知识还是不够的，要增加临床经验的积累，特别是临床思维方法的建立和培养，更要学会以科学的思维来运用这些知识。

1. 临床思维

临床思维是临床医生认识疾病的理性阶段，是医生根据患兔的疾病所表现出来的直观感觉材料，运用自己的专业知识和实践经验，按照思维规律辩证地推断疾病的本质和设计治疗方案的过程。医生在诊治患兔过程中由始至终贯穿着临床思维。我们通常说的"临床经验"实际是指医生是否善于使自己的临床思维与患兔客观条件相符合。因此，它必须应用一切思维共有的形式，必须服从和遵守一切科学共有的逻辑规律。"临床思维"是临床医学研究的基本方法之一。它虽然没有形成一门学科，却是每个临床医生都必须在实际工作中逐步掌握、不断完善的一种科学的思维方法。在客观条件和知识面相差不大的情况下，临床思维能力的高低是决定医生医疗水平的关键因素。思维能力高的医生能够诊断出别人看不出的疾病，或采取别人想不到的治疗措施，使疑难病得到及时和恰当的诊治；思维能力低的医生诊治水平一般，甚至贻误病情，使畜主蒙受不应有的损失。

2. 临床思维方式

临床思维是以普通逻辑思维为基础建立起来的一种具有明显职业特色的思维程序。在普通逻辑思维的基本规律中，归纳推理，类比推理是两个重要的组成部分。概括来说，归纳推理是从个别到一般的推理过程；而类比推理是从个别到个别或从一般到一般的推理过程。我们深入认识一个事物，常用的逻辑思维方式是采用归纳与类比这两种程序，从表现出的个性事物入手，推导出一般规律，再从一般规律入手，深入了解一般的内在特性或活动规范。

临床思维的重要任务之一，就是寻求与疾病有关的因果关系。在诊断上，则是探求某些症状和征象同某疾病的因果关系。在治疗上，则是探求某疗法和疗效间的因果关系。科学地归纳推理，为解决这一问题，提供了合适的思维形式，因为科学归纳推理是以事物的因果关系作为推理依据的。以下几种推理形式，为临床思维所常用。

（1）求同法　如果某一现象，在不同场合中出现，而在这些不同场合中，有一个情况是相同的，那么这个存在于不同场合中的相同情况，就是出现这一现象的原因。发现黄曲霉素是致癌的病因之一，就是典型的例子。致癌这一现象，是不同动物、不同时间、不同环境等不同场合下出现的，其中一个相同情况，就是所有这些动物，都吃了黄曲霉菌感染而发霉的花生。因此推断出黄曲霉素是致癌的原因。

（2）求异法　两事物除一个特殊因素外，在各方面基本相同。若具有特殊因素的事物显现出某种现象，而不具有特殊因素的事物无这种现象。则该特殊因素，便是产生该现象的原因。临床上总结某种疗法的疗效常用此法。如选择病期、病情等基本相同的两组患兔在其他治疗措施相同的条件下，唯一不同的是其中一组用某种特殊药物。如果用药组的疗效明显高于不用药组，则说明该药是病情好转或治愈的原因。

（3）共变法　共变法是根据某一现象发生变化，另一现象也随之发生了变化，从而推出这两个现象之间存在因果联系的思维方法。它被广泛地应用于临床诊断和预防上。临床上某些"激发试验"，即是人为地造成某现象发生变化，而观察另一现象是否变化来诊断疾病。如静脉注射钙剂，观察尿磷是否减少来确定有无甲状旁腺机能亢进。

（4）剩余法　在引起某一组现象的复杂情况中，把各个可能起作用的因素加以排队，剩余因素就可能是该现象的原因。

3. 临床思维的原则

第一，判断病兔是否有病？第二，如果有病的话，是器质性疾病，还是功能性疾病。首先必须考虑器质性疾病，在基本能够排除器质性疾病的前提下，再考虑功能性疾病。第三，对病兔表现出的若干症状，要遵循首先考虑一个疾病的原则，尽量用一个疾病进行解释；当确实无法用一个疾病进行圆满解释时，再考虑同时具有多种疾病。第四，疾病发生的概率，决定了临床上的常见病、多发病。因此，对任何疾病均先考虑常见病，特别是本地区的常见病。如果能够排除常见病，或用常见病解释不了临床症状，则必须进一步考虑少见病，甚至罕见疾病。第五，初诊病兔应先判断是急性疾病还是慢性疾病。同时必须时时注意强化急诊观念，警惕对急性疾病的延误诊治。

4. 临床思维的程序

临床思维正确的诊断思路并不是见到病兔就马上急于做出是什么疾病的诊断，而是用归纳、类比的逻辑思维方法，逐层地排除，使自己的思路逐渐缩小、贴近或跨入正确的诊断范围，最后再落实到是什么疾病的具体诊断。即先考虑疾病的性质、定位，进而导出疾病的诊断。惯常的临床思维程序是由发散到逐渐凝聚，将对问题的考虑过程按照下列步骤进行：是什么性质的疾病（急性与慢性）？是什么范围的疾病（内科、外科、产科……）？是什么部位的疾病（呼吸系统、消化系统、循环系统……）？是什么疾病（具体疾病名称）？疾病的程度（阶段、病理类型）？上述这些问题需要我们在疾病诊断过程中深入考虑，可以一步一步加深，也可以将其融合在一起，略有先后地进行思考。当然，对某些简单的、外观明确的疾病，完全可以省略上述整体思维程序，直接跨入疾病，一目了然地做出疾病诊断，如：疖、皮疹、扭伤、刺伤等。但是，绝大多数的疾病，尤其是内科领域的疾病，还是应该先确定发病的解剖部位。只有如此，才能规范自己的整体思路，使临床思维步步深入，避免导致思维上的混乱。

5. 临床思维应避免的问题

临床思维应该避免以下问题，减少误诊和误治的发生。

（1）克服局部片面的思维　现代医学发展日新月异，新知识、新信息层出不穷，临床医师尤其是大型医院的临床医师常常只能在本专科某一专业方向进行深入研究，才能跟上时代发展的需要，更好地为畜主服务，但是由于家兔各系统是一个相互联系的完整机体，疾病是按照其自身的规律发生与发展的，并不是根据人为的专科、专业的分割而局限于某一专科之内，临床医师必须认识到家兔每一个细小的生命活动，无论其是整体的还是局部的、是生理的还是病理的，都不可能是完全孤立存在的，而是相互联系、相互依存的。因此，根据患兔的专门临床表现确立专业的诊断之前，必须对患兔的全身状况及其他系统是否具有与临床表现相关的症状、体征进行快速的分析、判断；或是公共诊断确立之后，再回过头来诊视患兔的全身各系统状况与目前的诊断有无关联或矛盾之处，并对患兔的疾病、体征及检验结果进行全面、综合的分析判断，只有这样才能尽可能地避免误诊、误治。

（2）克服静止的思维观　由于疾病是一个运动的过程。因此，还必须着眼于发展，应注意临床症状的发展和变化。例如，鼻炎可以发展成肺炎，肺炎进一步可以发展为心衰。一种疾病的发展，又可引起新的病理变化。我们应该根据矛盾发展、转化的新情况，对诊断和治疗加以修改和补充，以期达到主、客观的具体的统一。

五、提高医生的技能

1. 必须掌握好临床的基本功

疾病的形成系因机体某些缺陷，致病因素与抗病因素之间失调，从而产生形态、功能的改变，并因病变部位的性质、深度和广度，以及机体反应的差异而产生各种临床表现，包括出现眼观症状、客观变异（体征和实验室发现等）。这些主观表现和客观发现，都是诊断的依据，在多数情况下，总是先有症状，然后医生检查而发现客观变异；也有的病已存在而无主观感觉，内科病有时较难有主观感觉，只有在体检或普查时才被发现。尽管近代仪器、电子技术、生物技术快速发展，但医生不应忽视临床基本功，不能忽视用熟练简单准确的检查手段来确立诊断。正确的做法是问好病史、做好体格检查和取得实验室常规检查结果，收集到基本材料，在此基础上进行分析；然后考虑进一步作其他检查，再分析，再做新的检查和新的分析。从病史中形成的诊断概念，再从体检中得到符合该概念的发现，诊断即前进一步，这是体检的重要目的和任务。体检是临床医师的基本诊断技术，在实验室条件有限时，更应重视体格检查。但医师应注意不要机械地为执行检查而给患兔造成不良刺激，要耐心地取得畜主的合作。全面、认真和仔细的体检是重要的观察依据。

2. 不断丰富临床实践

临床医学是一门医学实践的科学。每种疾病，不同时机、不同年龄，都会表现共性和个性，特别是不同情况下的特殊的个性。把握疾病规律只能靠自己亲自去实践，不断实践，谁实践多谁的主动性就强。许多临床学家集几十年的实践，才取得了驾驭临床诊治的经验。只有把学到的知识在实践中应用，反复比较分析、体会，才能变成感性认识；只有感性认识不断增加，融会贯通了，才能驾驭临床复杂事物。尽管不同病兔表现出的同一疾病的临床征象会有所差异，但是，只要我们要理清思路，善于综合分析，归纳推理，就会从复杂多变的临床征象中，逐一排除若干非特异性的表现（常见疾病的共性特征），最终提炼获取具有特异性的临床表现，掌握识别疾病的特异性要点，自然会大大提高诊断能力。

3. 认真学习临床医学知识

我们在学校学习时间，学到不少宝贵的基础医学与临床医学知识，但是，仅仅依靠这些是远远不够的。我们必须要不断学习，提高自己的临床知识。特别是在临床医学飞速发展的今天，对疾病的认识不断加深，如果不注意知识更新，固守于原有的知识圈里，必然会落后于临床发展，导致出现很多"想不到的疾病"。临床医学知识是临床工作的基础，无法想象一个缺乏临床知识的人会有较好的临床技术。对临床水平的养成来说，首先要系统地学习和掌握临床医学知识，克服学习中的偏科现象；其次要注意临床医学知识的横向比较，以症状为中心，进行鉴别、比较，既要扩大自己的知识领域，又要突出重点，灵活机动地运用临床知识。

4. 注意随时积累临床经验

临床经验的积累是一个细致的、深入的、坚持不懈的工作。必须在日常的临床工作中，处处注意观察与记载，一要学习他人的先进经验，二要记录自己的经验和教训。从一点一滴入手，持之以恒，必然会得到满意的效果。经验的积累与临床资历的长短没有必然的联系，主要取决于医生是否善于总结经验。理论知识的储备不仅与看书多少有联系，更主要取决于能否正确理解书本中的理论，并应用于临床实践。不断总结诊断中的经验教训，才能把诊断思维的起点逐渐放到能反映疾病本质的更深层次上，放在更全面、更可靠的基础上，才能较快地、较准确地做出诊断。因而，作为一个医生，必须做到理论联系实际，学以致用，使感性知识和理性知识有机地联系起来，才能做出更为正确的诊断，避免误诊、漏诊的出现。

5. 不断扩大自己的知识领域

作为一名合格的临床大夫，光有良好的专业知识是不够的，要求具有较广的知识面，良好的交流和沟通能力，敏锐的判断和独立的思维能力。因为医学在某种意义上说是一个具有自然科学和社会科学双重属性的科学领域，所以了解与掌握社会科学是十分必要的。必须掌握一些社会科学知识，如哲学、心理学、自然辩证法、畜牧、农业和经济等相关知识。了解或熟悉这些相关知识，会使我们在临床思维中发散面更广。我们应该广泛地阅读文献掌握必要的知识，以提高对疾病的认识水平，才能锐敏地洞察病情，积极寻找关键性征象，做到早期诊断。临床医生还应具备多学科知识，除熟悉本专业理论知识外，也应对其他学科常见病的特点有所了解。只有这样，在诊断疾病的过程中，才能广开思路，而不局限于本科疾病。掌握其他科常见病的知识，是减少误诊、漏诊的一个关键，否则心中无数，即使是典型病例，也可被误诊、漏诊。

6. 培养临床的观察能力

敏锐的观察力是一个临床医生的必备能力之一，也是提高临床准确诊断的重要基础。达尔文说："我并没有突出的理解力和过人的机智，只是在抓住稍纵即逝的事物，并且对它进行观察方面，我的能力也许在众人之上。"细致的观察不仅能增加我们获取的信息资源，更重要的是促进我们头脑的思维速度和进程的转化，使我们做出正确的判断，得出正确的结论。特别在疾病初期阶段，表现出的临床征象显然是不完全的，这就要求医生能够及时而敏锐地发现疾病本质的异常现象，透过错综复杂的临床表现的干扰，抓住微妙的变化，认识疾病的实质。

7. 反复实践，确定诊断

当诊断提出后，还要进一步验证其是否正确。符合本质的诊断才是正确的诊断，据以进行治疗，可以收到预期的效果。但由于搜集的资料并不一定完整无缺，综合分析也不完全合乎实际，或由于疾病本身的特点还没有充分表现出来，诊断可能不够完善，甚至是错误的。因此必须在医疗过程中不断观察思考，验证诊断。

六、正确判断和科学地对待辅助检查结果

从理论上说仪器设备的检查结果应该是比较精确与稳定的。但是，在检测中，既可能由于仪器设备的品牌、新旧、灵敏及无法估计的故障等变量因素影响了检查结果的准确性，也可能由于操作人员的技术水平、临床经验、职业道德等变量因素影响了检查结果的准确性。因此，对任何辅助检查结果的阳性与阴性均要客观、辩证地对待，切不可固定判断。即使对一些诊断具有特异性较强的检查项目，也不可断然下结论，要面对病兔的实际情况做具体分析，要想到通常情况，更要考虑到超出一般的特殊情况，切忌偏信检查结果，而不结合临床表现。对检查所得的阳性或阴性结果分析除要结合病情外，还要考虑可能存在的干扰因素的影响。尤其需要指出的是，对用仪器设备等辅助检查手段间接查知的现象可能并不代表疾病的本质。例如，X 线检查可以深入机体内部，帮助我们确定诊断，解释疑问。但 X 线毕竟只能通过影像来反映机体的状况，有一定的局限性，有时也可能出现假象。所以，我们对 X 线反映的影像，还必须结合临床情况，加以具体分析。各种化验检查也是如此，它可以帮助我们确定病变及其程度和发展趋向，对某些疾病的诊断，具有独特意义。但也不能因此而把辅助检查的结果，作为诊断的唯一或最后的根据。

另外，随着现代医学科学的发展，实验室及其他辅助检查项目日益增多，临床医生应根据医院辅助科室的具体条件和检查项目的诊断价值，选择应该检查的项目作为印证与核实诊断的资料。一方面要尽量避免无视实际病情，只凭片面的经验而不主张作必要检查的倾向，同时也必须避免盲目依靠辅助检查，不论什么病情各项检查常规一齐上，对畜主采取不负责任的态度。既不能不用先进的检查手段，也不能盲目地相信各种检查结果。首先要相信自己亲手获取的全方位的第一手临床资料，其次才是相信某一项辅助检查提供的第二手资料；如果两方面的结果出现矛盾，必须依据临床表现进行全面的分析、判定，做一番去伪存真、去芜存精。

总之，应以正确的态度对待辅助检查结果，对任何一个检查结果

都应该结合临床表现进行深入、细致、全面地分析、判定，不可轻易地做出决策，切不可轻易地把辅助检查结果当成为唯一重要的、准确无误的临床资料来对待，对减少误诊、误治是大有好处的。

七、避免治疗失误的方法

第一，要贯彻预防为主的方针。对家兔病应贯彻预防为主的方针，只要本地区、本场、本舍已发生过疾病就应搞好预防。一旦发生疾病，立即采取相应措施，搞好全群预防。第二，采取综合性防治的原则。任何疾病发生，致病因素都是多方面的，只有全方位开展防治才可收到好的效果，尤其对传染病尤为重要。不能就病论病，要综合防治，从饲养管理、卫生消毒、无害化处理、控制应激、免疫预防、药物预防与治疗等方面下工夫，方能取得好效果。第三，坚持治本与治标结合。任何疾病都有一定的致病因素，治疗必须首先做到消除病因，方能达到目的。如由病原菌引起，就必须消灭病菌。如由病毒引起就应抗病毒。因此，除用抗生素、抗病毒药外，还应该用调理性药物，针对器官机能的变化采用相关药物，以提高其功能，有助于康复。治本与治标结合，能提高疗效。第四，全身与局部治疗结合。任何疾病，尤其是传染病，不仅损害局部，而且导致局部和全身机能发生变化，严重时可引起机能障碍，甚至发生不可恢复的变化。局部与全身密切相关，因此，在治疗中不仅要针对局部的变化，而且也要考虑全身的变化，都要有针对性处理措施，不能"头痛医头、脚痛医脚"。第五，考虑个体特性。家兔品种多，加之有日龄、性别的差异，其特性各有不同，发病后表现不一，有很大差异。治疗时不可千篇一律，要考虑个体特性，区别对待。第六，有效的护理。护理可以为病兔提供良好的环境条件，加快康复，是取得有效治疗的保证。护理主要是加强病兔的饲养管理，尤其对不能活动、不能采食饮水的更应特殊对待。可以补充能满足家兔需要、易消化吸收的营养物质，必要时可用注射法。

第二章 兔病的诊疗技术

一般情况下，临床上疾病诊断的流程为：通过病史的调查及对患兔外观的观察，对疾病有一个感性认识并形成概念；根据感性的概念，综合患兔的症状并初步分析估计疾病可能累及的系统，确定体格检查的重点目标和检查内容，从而确立可能的临床诊断；根据初步的诊断印象，确定各种特殊检查的项目；根据各种特殊检查的结果，确定临床诊断并根据病变的范围及轻重进行疾病的分期；最后确定个体诊断并着手制订治疗方案。

第一节　兔病的诊断方法

兔病诊疗技术是描述诊断和治疗家兔疾病的一门科学。只有紧密结合影响家兔的内在因素和外在条件，对病兔进行全面系统的检查，才能认识疾病的本质，作出确切的诊断和治疗。疾病诊断的过程，就是通过生动地、直观细致地、全面地检查病兔，再经过抽象的思维，估计所观察到的现象与检查的结果，从而推断疾病的本质，然后以此为基础进行适当的治疗。

一、家兔临诊检查的基本程序和方法

诊断是治疗兔病的前提和依据，只有正确的诊断才能达到良好的治疗效果。常规的诊断程序如下，一般是先调查和了解疾病的原因与经过。然后对病兔进行详细客观的检查，搜集临床症状、病史资料，从而得出感性认识。在这个基础上，把所得到的症状、资料加以综合分析和推理判断，做出初步诊断，这就是理性认识的过程。必要时，通过实验室检验，得出最后结论。最终还要进一步通过防治实践去验证所做出的结论。家兔检查的内容根据分类不同包括群体检查和个体检查，临床检查和病理检查，一般检查和实验室检查等。

41

（一）家兔检查常用的方法

临床上常用的基本方法有视诊、问诊、叩诊、听诊和嗅诊等，各具有独特的诊断意义，不能相互代替。应用时要注意机体与器官之间的联系，以及机体与外界环境条件的关系。最后将各种方法所获得的结果，综合起来进行研究和分析，才能作出正确的诊断。

1. 问诊

在检查病兔之前或检查病兔过程中，要向畜主了解病兔就诊前的各种情况，作为诊断开端，称之为问诊。通过调查了解情况，对诊断和治疗疾病是很有帮助的。询问病史是问诊的主要内容，可为诊疗者提供重要的线索，使临床诊断有所侧重。在询问病史时，要注意态度和蔼、诚恳。询问时要善于诱导和有针对性地提问。对所调查到的情况，应去伪存真，结合症状检查结果进行综合分析，切忌主观臆断，仅凭主诉材料下结论，而忽视了客观的检查。常见的问题有兔群的来源和在本场的时间，病兔的饲养管理情况，发病时间、症状及死亡情况，病后的治疗情况及效果，病史及流行情况等。

2. 视诊

视诊是用肉眼或借助于器械去观察病兔的精神状态、食欲变化、粪便性质，以及发病部位的性质和程度的检查方法。视诊最好在光线良好的情况下进行，并保持安静的环境条件，最好是结合饲喂时进行。个别视诊时可把被检查的家兔放进笼子或小室内观察。诊断者必须了解家兔的生理状态和解剖特点。先对病兔整个机体（精神、体况和营养等）进行全面的观察，进而转入各部位的视诊，如头部、颈部、胸部、腹部及四肢等以发现其变化。对于自然孔道（口腔、鼻腔、阴道和直肠）内部变化可借助医疗器械。如视诊口腔，可使用手电筒；阴道或直肠视诊，可用阴道镜或直肠镜。一个有经验的兽医，常常可以通过发现细微的变化而确立诊断。

3. 触诊

用手指、手掌乃至拳头，直接触摸患病组织和器官的状态，通过感觉进行检查疾病。触诊可以确定视诊所发现的征象的性质，补充视诊不能察觉的变化。触诊时，五指并拢，放在被检部位上，先在患部周围轻轻滑动逐渐接触患部，随后再加大压力。触诊时要手脑并用，边摸边加以分析。触诊应用比较广泛，对家兔体表的温度，局部的炎症，肿胀的性质，心脏的搏动，以及肌肉、肌腱、骨骼和关节的异常及内脏器官（家兔的胃肠、膀胱等）的位置、大小、形状、硬度、灵活性及感觉等，都可以通过触诊来检查。

4. 叩诊

就是通过敲打患兔体表，根据发出的叩诊音，判断被敲打部位内容物的性质，用以推断内部病理变化的一种方法。方法是将左手的中指或食指作为叩诊板紧贴于被检部位，右手的中指或食指弯曲作为叩诊锤，或直接用手指在被检部位叩打。

5. 听诊

就是用听觉器官听取病兔内脏器官活动发出的声响，借以诊断内脏疾病的方法。方法是利用听诊器对内脏进行听诊。一般对肺、心脏和胃肠道检查时利用此种方法。听诊时一定要保持肃静，将听诊器贴紧兔体。肠炎时可听到高亢的流水音。

（二）家兔检查的主要内容

1. 一般检查

一般检查是诊断疾病的初步工作，即对患兔体外病况作一概括了解，得出初步印象，然后重点深入进行分析。一般检查主要包括外貌、可视黏膜、体温测定等。因此它是家兔疾病诊断上一项不可缺少的重要内容。

（1）外貌检查　主要是通过视诊、触诊和称重等方法，对患兔全身进行视察，进而了解患兔的外貌概况。

① 体况和营养　体况和营养是家兔健康与否的重要标志，也反映平常饲养管理好坏。检查时注意外形、肌肉、骨骼等是否正常。体格发育良好的家兔，它的体躯各部匀称，肌肉结实；发育不良的家兔，则表现躯体矮小，结构不匀称。营养良好的家兔表现肌肉丰满，被毛光滑，骨骼棱角不突出；营养不良则表现消瘦，被毛粗乱、无光泽，皮肤缺乏弹性，骨骼外露明显。宽而深的胸、宽的背和腰是家兔发育良好和体质强壮的标志。

② 姿势　家兔由于前肢短，后肢长，行动时呈跳跃式前进，动作十分轻快敏捷。健康家兔蹲伏时，前肢伸直并互相平行，后肢合适

地置于体下，由靠在笼底上的后肢部位来支撑大部分的体重。走动时轻快敏捷。除采食外，大部分时间都在休息。夏天常倒卧、伏卧和伸长四肢，寒冷天则蹲伏、全身成为紧缩状态。休息时处于完全醒觉，眼张开，呼吸动作明显。假眠时则眼半闭，呼吸动作较轻微，稍有动静，就睁眼醒觉。完全睡眠时，呼吸微弱，同时双眼全闭。如果出现异常姿势（反常的站立、伏卧、运动姿势），则反映中枢神经系统以及骨骼、肌肉和内脏器官的功能障碍或病变。

③ 精神状态　动物的精神状态是衡量中枢神经功能的标志，可以根据动物对外界刺激的反应能力及行为表现做出判定。健康家兔常保持机警，外耳易活动并能彼此独立动作，轻微的特殊声音会使兔立刻抬头并两耳竖立，转动耳壳，小心地分辨外界的情况。受惊时，公兔和母兔用1个或2个后肢在笼底上踩脚。怀孕母兔不如幼兔或成年公兔那样易发生兴奋，不易受外界环境所干扰，表现得更驯服。带着新生仔兔的母兔就变得具有攻击性。家兔的听觉和嗅觉特别灵敏。当中枢神经功能发生障碍时，在临诊上就表现为过度兴奋（狂暴不安）或抑制（按程度不同，分为沉郁、昏睡和昏迷）。

（2）被毛和皮肤检查　皮肤是家兔防御疾病的第一道防线，患病时则有异常表现。健康家兔的被毛浓密、柔软、光泽，皮肤结实致密，富有弹性。被毛和皮肤的异常变化是皮肤被毛疾病、维生素缺乏症、营养代谢疾病和某种寄生虫病的一种征象。检查被毛时，不仅要注意被毛的光泽、长度、颜色、分布情况、清洁程度，以及是否易脱落和有无卷曲等；还要注意区别疾病和正常换毛的变化。一般每年秋季发生的脱毛，过程从肩前部开始，并继续向下跨过腹侧，向腹部发展，直到最后长出新的被毛为止。当家兔长期营养不良或患有各种慢性疾病（慢性消化不良、结核病）时，则被毛蓬乱无光，长短不一；疾病后期或痊愈期，常见被毛脱落；有秃毛癣病或皮肤寄生虫病时，被毛大面积脱落；饲养管理不当，也常常出现被毛卷曲、无光泽和色素变化。要注意检查皮肤完整性的破坏，如鼻端、眼圈、耳背、颈后及其他部位有没有脱屑、结痂（毛癣、螨病的症状），短毛兔的后脚掌（或前脚掌）是否有红肿、溃疡。皮肤的弹性可反映家兔的营养状况和健康水平。为了检查家兔皮肤的弹性，可将其背部皮肤作成皱襞，健康者皱襞迅速消退，否则不完全消失或消失缓慢。发生腹泻、大出血、虚脱、各种皮肤病、慢性病或饲养管理不良时，皮肤的弹性会减退或消失。可以触摸皮肤以了解皮温的变化，正常家兔皮温为38.5～39℃。用手握之过热，是体温升高；失血、产后和麻痹等皮温下降，手握发凉。耳色粉红是健康的标志，如果颜色过红、苍白、蓝紫色，则提示血液循环状态的紊乱。耳壳内黄褐色的积垢则意味着可能发生过中耳炎。家兔汗腺很不发达，在一般情况下不出汗，但鼻镜反应非常敏感。正常状态比较湿润；当高度营养不良或大失水时会出现鼻镜干燥；巴氏杆菌病等热性传染病时，鼻镜干燥表现尤为明显。家兔的体表淋巴结不明显。

（3）眼和黏膜检查　健康家兔的眼睛瞪圆明亮、活泼有神，如果呈现昏暗呆滞，则为衰老或患病的象征。一般眼角干燥无分泌物，如果发生结膜炎，则结膜红肿，流出不同性状的分泌物。当血液循环的状态和体液成分发生改变时，则眼结膜颜色呈现潮红、苍白、发紫、黄染等。黏膜检查除了黏膜本身的疾病以外，还能反映出机体血液循环的状态和血液成分的变化。通常检查肛门、阴道和口腔黏膜。检查时，应作好保定，避开直射光线，不得强烈压迫和摩擦。健康家兔的黏膜为粉红色。黏膜苍白是贫血的特征，常见于急性大失血，肝、脾大血管破裂，传染性贫血，严重内寄生虫病，出血性肠炎等。黏膜潮红是充血的征兆，多见于中暑（日射病、热射病）、传染病、肠炎和中毒。黏膜黄染与血中胆红素过多有关，可见于胆结石病，大叶性肺炎，二硫化碳中毒和各种肝脏疾病（如肝营养性变性）。黏膜发绀多见于心力衰竭、大循环障碍等疾病。黏膜肿胀是黏膜或黏膜下浆液性浸润的结果。

（4）体温、脉搏及呼吸数测定　体温、脉搏及呼吸数是动物生命活动的重要指标。在正常情况下，因外界、内部环境条件的暂时影响，一般在较为恒定的范围内发生变动。但在病理情况下，却要发生显著或急剧的变化。因此，在临诊过程中要定时测定这些指标，作为分析病情的重要依据。

① 体温测定　家兔是恒温动物，正常的体温为38.5～39℃，体温高于或低于正常体温1℃时则为病态。患病发热时，体温升高，同时打寒战，拱背，皮肤温度不均，呼吸急促，呼吸次数增加。体温下降时，病兔耳朵及四肢冰冷，呼吸微弱。如果体温突然下降时，则是

病兔死亡前的预兆。测温对早期诊断和群体检查很有意义。由细菌、病毒感染或脑炎、中毒性脑病等引起的急性感染大多数表现为高热。体内组织损伤（如内出血、肝坏死等）和外科手术引起的炎症，通常出现微热。测量体温时，先用酒精药棉消毒温度计，然后将温度计的水银柱甩下，在温度计的末端部涂点凡士林使其润滑，再插入肛门内约半寸深，经数分钟后取出温度计，除去上面的粪便污物，读出水银柱所指示的度数。

②脉搏检查　检查脉搏可以了解心脏活动和血液循环状态，对诊断和预后都有实际意义。在家兔主要是通过触诊检查脉搏频率。检查部位可利用位于肱骨内侧面接近肘关节的桡动脉，或利用股动脉。检查时，应求得 2～3min 的平均值。健康成年兔的脉搏为 80～100次/min，幼兔为 100～160 次/min。脉搏超出正常范围者，可视为疾病的反应。脉搏增加常见于急性传染病、肋膜炎、腹膜炎、心肌炎、心包炎等；脉搏减少常见于各种毒物中毒、脑水肿和脑肿瘤等。

③呼吸次数检查　健康家兔的呼吸次数为 38～65 次/min（平均约为 50 次），幼兔的呼吸次数更多（仔兔可超过 100 次/min）。影响呼吸数发生变动的因素有年龄、性别、品种、营养状态、姿势、胃肠充满度、活动、外界温度等。如果排除了这些因素造成的呼吸数改变，就认为是病理性的呼吸加快和呼吸减慢。

2. 系统检查

系统检查包括消化、呼吸、循环、泌尿和神经五个系统，每个系统都要按解剖顺序检查，否则会影响诊断结果，通过初步的系统检查，对疾病性质可以得到较全面的了解。

（1）消化系统检查　为了早期发现疾病，做到及时合理的预防和治疗，减少不应有的损失，掌握和熟悉消化系统检查是非常必要的。

①检查饮食状态　主要通过视诊进行检查。家兔对经常采食的饲料，嗅后立即开口采食，如果变换一种未吃惯的草料时，先要小心嗅一阵是不是有异常气味，然后开始少量尝试。健康家兔，一般食欲旺盛，吃得多而快，对正常喂量的精饲料，在 15～30min 吃完。食欲减退或废绝是许多疾病的共同症状，也是疾病的最早的指征之一，食槽或饮水器充满，就提醒人们要注意所出现的疾病。影响食欲的因素很多，如饲料的种类与质量、胃空虚与饱满、饲料种类的变化等，

都会引起不同程度的食欲变化。某些急性热性传染病的高热期可引起食欲废绝；感冒、消化不良等慢性病则常常使食欲减退，某些疾病（消化系统寄生虫病等）能导致食欲亢进；重病恢复期或饲料中缺乏盐、钙、磷、维生素及钴等微量元素时，会引起异食癖。在观察饮食过程中，要特别注意咀嚼、吞咽及呕吐的情况。当口腔、舌和牙齿有病时，家兔虽有食欲，但采食、咀嚼发生困难；咽喉和食道有病（咽炎、食道梗塞），会引起不同程度的吞咽障碍；某些中毒疾病常出现呕吐。

② 口腔检查　检查口腔时，可用木筷从口腔侧方插入，将口打开。要注意观察唇、颊及口的闭合情况，然后再检查温度、湿度、口腔气味、口腔黏膜色彩、舌及牙齿。口腔黏膜受损伤感染发炎时，病兔吃草慢，咀嚼和吞咽困难，而唾液往往分泌增多，因为吞不下去而外流。各种热性病引起的口炎及咽炎，口温升高；化脓性齿槽炎和溃疡性口炎时，口腔发臭。

③ 腹部检查　腹部检查多采用视诊及触诊，必要时进行穿刺检查。腹部视诊主要是检查腹部容积的大小。家兔通常腹部容量大，但腹壁有弹性而且紧凑不松弛。当怀孕、积食、鼓气、积液时，出现腹围增大；饲喂量不足、长期下痢、结核病时，则腹围缩小。

④ 粪便检查　兽医工作者和饲养管理人员，必须熟知粪便正常状态的特点，及时发现异常变化，以便采取必要措施。正常的兔粪如同豌豆大小的球状，表面光滑，颜色灰褐。在发生各种消化系统或与消化系统有关的疾病时，粪便的数量、硬度、颜色、气味等都会发生不同程度的变化，详细观察、分析粪便的各种变化，对疾病诊断是很有帮助的。当消化不良或胃肠炎时，粪便变稀、数量增多；出血性胃肠炎，则粪便带血；卡他性胃肠炎，常因细菌和腐败分解产物刺激，使粪便变稀并带有未完全消化的饲料和剥脱肠黏膜上皮，严重者混有血液，气味恶臭；便秘时，粪便干硬细小且两头尖，粪量减少或停止排粪。

（2）呼吸系统检查　家兔较其他家畜易受惊扰，饲养管理不善、长途运输和气候急剧变化，都会引起呼吸系统疾病。另外，很多传染性疾病也表现在呼吸系统上。

① 呼吸动作　呼吸动作检查，是检查呼吸系统第一步工作。健

康家兔为胸腹式呼吸，家兔呼吸期间，可以见到胸廓、腹壁、鼻翼出现有节律性的动作，这些称为呼吸动作。呼吸动作检查，包括呼吸次数、呼吸节律、呼吸方式、呼吸对称性和呼吸困难等。呼吸次数：计算呼吸数时，应注意影响呼吸数的暂时因素，如夏季外界温度增高、神经紧张和运动后，都可使呼吸数增加。家兔呼吸数检查，主要是根据胸廓和腹壁动作观察计算，冬季也可根据呼出气流计算。一般按一分钟内呼吸数计算，而不采取平均数，通常以变动范围表示标准状态。健康家兔每分钟呼吸数为50～60次。当呼吸数超过正常范围时，可以认为是病态。呼吸减慢时，见于某些脑病（脑炎、脑水肿）和上呼吸道狭窄；呼吸增加，常见于肺、心、胃、肠及胸膜疾患。

② 上呼吸道检查　上呼吸道检查包括鼻液和呼出气体检查、鼻腔黏膜检查、气管检查、咳嗽检查和痰的检查。检查鼻液和呼出气体，对家兔疾病诊断具有一定意义。健康家兔的鼻孔干燥，周围的毛洁净，见不到鼻液，只有患某些疾病时，才会有大量鼻液出现，如传染性鼻炎和肺炎。肺出血有时鼻液中混有血液。若肺坏疽或腐败性支气管炎时，鼻液具有特殊臭味。

③ 胸肺部检查　家兔出现呼吸动作异常时，除了对上呼吸道进行系统检查外，还应对胸部进行详细检查。特别在出现呼气性和混合性呼吸困难时，更应注意对胸肺部检查。检查的方法主要是听诊和叩诊。从第10肋的髋结节水平线开始，到第7肋间下方为止，是家兔肺叩诊区的后界，可以在这个界限以前进行肺部听诊和叩诊，就能证明支气管、肺和胸膜的功能状态。听诊要注意区别生理性肺泡音和支气管音。家兔肺泡音比较高朗、明显。病理性呼吸音有干性呼吸音、湿性啰音、捻发音和拍水音等。

（3）循环系统检查　家兔循环系统疾病虽较其他系统为少，但许多传染病、寄生虫病和中毒性疾病常使心脏血管系统发生障碍。因此，血液循环系统也是临床检查的重要项目之一。由于家兔身体被毛较厚，故主要是通过触诊和听诊进行检查。家兔触诊可取犬坐姿势，将其两前肢稍向上举，用两手在胸壁左右侧第4、5肋间同时检查。在心内膜炎、肺萎缩和阿托品中毒时，可触知心悸动增强；心脏衰弱、胸腔积水和肺水肿，则心悸动减弱。胃肠鼓胀时，心脏向前移位；胸一侧积水，心脏向对侧移位。

家兔心脏听诊可根据心音频率、性质（如强度、分裂）、节律及有无心杂音，从而判断心脏功能与血液循环状态，不但能获得有价值的诊断材料，而且对推测预后很有意义。家兔的听诊部位在左侧肘头后上方胸壁第2～4肋间。正常心音的音质纯正，第一音宏大冗长，第二音尖短而高，同时心音之间有规律。如果心脏有病时，就会听到心脏的各种杂音。例如患心包炎时可听到心脏内拍水音；当心肌炎或心肌变性时，由于心脏收缩无力，可使心音变得模糊不清。

（4）泌尿系统检查 单纯泌尿系统疾病，在家兔中较为少见，但多数传染病、中毒病、代谢病和某些寄生虫病都会引起泌尿系统的改变。肾脏是机体的主要排泄器官，许多代谢产物和毒物，都经由肾脏排出。因此，泌尿器官与其他各器官有着极为密切的联系。对泌尿器官检查不仅反映泌尿器官的本身状态，还能阐明机体新陈代谢情况。

① 排尿动作和次数的观察 家兔每日排出的尿量不定，为200～350mL/(kg体重·24h)，取决于水和青饲料的利用率。幼兔尿液无色并不含有任何沉淀物，但当采食固体或青饲料后，尿液就发生颜色变化，也出现沉淀物。尿液可能呈柠檬、稻草、琥珀或红棕色，反应常常是碱性（pH 约 8.2）。笼养家兔多半在笼子内一定地点排尿（粪），有一定规律。排尿动作异常大多与泌尿系统疾病有关。如排尿努责、不安、后肢及后腹部托在笼网上，是排尿疼痛表现，多为膀胱炎、尿道结石和包皮炎；尿量减少多见于急性肾炎或膀胱麻痹，完全不排尿或尿淋漓滴下，见于完全或不完全尿结石（这时膀胱积满尿液）；排尿次数减少，见于急性肾炎、呕吐、下痢等。

② 肾脏检查 家兔可用触诊达到检查目的。右肾位于2～4腰椎下方，左肾位于1～3腰椎下方。触诊时，将两手的拇指放于站立着的动物腰部，其余手指由两侧肋骨弓后方，由下向上滑过腹壁，直至腰椎横突起的下方，可以触及肾脏。如肾区疼痛，表现知觉性增高、不安，见于泛发性化脓性肾炎；肾积水或肾盂肾炎时，感觉肾脏有波动；急性肾炎、肾水肿时，则肾脏体积增大；患间质性肾炎时，肾脏体积缩小。

③ 膀胱检查 作为泌尿系统的重要组成部分的膀胱，可用触诊达到检查目的。膀胱位于耻骨联合前方的腹腔下壁，充满尿液时可达到脐部。当膀胱麻痹或尿道结石时，膀胱被尿液充满，触诊时可以感

觉到尿液的波动；患膀胱炎时，触诊敏感性增高，有压痛；严重尿结石时，可以隔着腹壁摸到大小不一的结石碎块。

（5）神经系统检测　各种不良刺激都会引起神经一系列反射，产生应答性抑制作用或病理状态。主要检查神经状态、运动机能和感觉有无异常。

① 神经状态检查　当大脑皮质的调节作用被破坏时，意识和神经多少会出现异常，主要表现为兴奋或抑制状态。神经兴奋：表现狂躁不安，家兔沿笼子跑动。如自咬症发作时，可出现打转做翻转等各种异常运动，脑炎初期，常表现惊恐、尖叫。神经抑制：家兔表现垂头呆立或卧于隅，对周围刺激反应迟钝，严重者失眠、昏迷。一般多见于脑部损伤或各种疾病垂危期。

② 运动检查　包括检查肌肉的紧张状态、运动的协调性和运动麻痹等。运动失调常见有静止失调，表现头、躯干和尾部摇晃，四肢发软，关节屈曲，严重者四肢分开，不能保持平衡，倒向一侧，或腹着地，或后坐，或前翻；运动性失调，表现运动时后躯跟跄，躯体摇晃，后肢放置极不配称。运动麻痹在实践中多见，很有诊断价值。末梢神经麻痹表现肌肉紧张力减退和萎缩、机体失去随意运动机能，运动时拖在地上，常见于三叉神经、坐骨神经、股神经及桡神经麻痹等。中枢性麻痹表现腱反射亢进，肌肉紧张性增强，出现痉挛，常见于病毒性传染病、某些寄生虫病。

③ 感觉检查　家兔正常感觉是由感觉神经支配的，当感觉神经传导路径的任何部位发生障碍时，都会引起感觉神经异常。浅部感觉（皮肤的感觉）的减退或消失，多见于周围神经受压迫，脊髓神经横断和脑病，深部感觉（肌肉、骨、腱及关节）发生障碍时，病兔表现体位感觉紊乱，形成不自然姿势，如两前肢叉开，不知自行纠正，这种情况多见于脑水肿、脑炎、严重肝病和中毒。

（6）生殖系统检查　公兔检查睾丸、阴茎及包皮；母兔检查外阴。如果发现外生殖器的皮肤和黏膜发生水疱性炎症、结节和粉红色溃疡，则可疑为密螺旋体病；如阴囊水肿，包皮、尿道口、阴唇出现丘疹，则可疑为兔痘；患李氏杆菌病时可见母兔流产，并从阴道内流出红褐色的分泌物；患葡萄球菌病时也可致外生殖器炎症；患巴氏杆菌病时，也会有生殖器官感染。乳头的数目和乳房的发育状况反映着母兔泌乳能力的大小，一般有 8 个发育正常的乳头，也有 4～6 个，或超过 8 个的。检查时要注意乳头是否完整，乳房是否有肿胀。

二、家兔病理诊断的基本方法

1. 剖检方法

病理剖检是对病死兔或濒死期捕杀的兔进行剖检，以肉眼或借助显微镜检查家兔体内各脏器及其组织细胞的病变，并将某些有特征性的病变作为诊断依据。是现场诊断兔病的一个重要的常规方法，实用性强，既简便迅速，又能做出较正确的诊断。尽管病兔的病理变化很复杂，但每种病总有它自己固有的病理变化。虽然有些不很明显，但多数病例还是会出现明显的或比较明显的特征性病理变化。若碰到病变不明显，或缺乏特征性病变的病例，可多剖解几只兔，或许可见到特征性病变，这样就可快速准确地作出诊断。

剖检前应检查可视黏膜、外耳、鼻孔、皮肤、肛门等部位的变化。剖检时，尸体四肢绑于剖检台或木板上，背卧固定，或直接将尸体腔面向上，切割并分离腹、胸与颈下部的皮肤，也可切割四肢内侧组织，将其压倒在两侧，使躯体稳定。沿中线剖开腹腔，视检内脏和腹膜，然后剖开胸腔，剪破心包膜。首先摘出并检查舌、食道、喉、气管、肺和心等颈部与胸部器官。然后摘出脾和网膜，胃和小肠一起摘出，而大肠（盲肠和直肠）单独摘出，分离肝、肾、膀胱及生殖器官和其他组织器官的联系，将其摘出，最后对各内脏器官进行检查。检查肠道时，应注意其浆膜、黏膜、肠壁、圆小囊和肠系膜淋巴结的各种变化。如需要检查脑，则剖开颅腔。在实际工作中，常采取边检查边取材的方法，有的器官也可不摘出，而直接检查和取材。

2. 剖检内容

按照病理剖检要求进行解剖，认真检查。按由外向内、由头至尾的顺序检查。所见内容提示相应疾病。

（1）体表和皮下检查 主要查有无脱毛、污染、创伤、出血、水肿、化脓、炎症、色泽等。体表脱毛、结痂提示螨病，霉菌病，体毛污染提示由球虫病、大肠杆菌病等引起的拉稀。皮下出血提示兔病毒性出血症，皮下水肿提示黏液瘤病，颈前淋巴结肿大或水肿提示李氏杆菌病。皮下化脓病灶提示葡萄球菌病、多杀性巴氏杆菌病。皮下脂肪、肌肉及黏膜黄染提示肝片吸虫病。

（2）上呼吸道检查 主要查鼻腔、喉头黏膜及气管环间是否有炎性分泌物、充血及出血。鼻腔出血提示中毒、中暑、兔病毒性出血症等。鼻腔流浆液性或脓性分泌物则提示巴氏杆菌病、波氏杆菌病、李氏杆菌病、兔痘、黏液瘤病和绿脓杆菌病等。

（3）胸腔脏器检查 主要检查胸腔积液，色泽，胸膜、心包、心肌是否充血、出血、变性、坏死等。胸膜与肺或粘连、化脓或纤维素性渗出提示兔巴氏杆菌病、葡萄球菌病、波氏杆菌病。心包积液、心肌出血提示巴氏杆菌病，心包液呈棕褐色，心外膜有纤维素渗出提示葡萄球菌病、巴氏杆菌病。心肌有白色条纹提示泰泽病。

（4）腹腔脏器检查 腹腔主要检查腹水，寄生虫结节，脏器色泽、质地和是否肿胀、充血、出血、化脓、坏死、粘连、纤维素渗出等。腹水透明、增多提示肝球虫病；串珠样包囊或附着于脏器或游离于腹腔的为囊虫蚴病；腹腔有纤维素渗出提示葡萄球菌病或巴氏杆菌病。肝脏表面有灰白色或淡黄色结节，当结节为针尖大小时提示沙门菌病、巴氏杆菌病、野兔热等；当结节为绿豆大时则提示肝球虫病；肝肿大、硬化、胆管扩张提示肝球虫病、肝片吸虫病；肝实质呈淡黄色，细胞间质增宽提示病毒性出血症。脾肿大，有大小不等的灰白色结节，结节切开有脓或干酪样物提示伪结核病、沙门菌病。脾肿大、淤血提示兔病毒性出血症。肾充血、出血提示病毒性出血症；肾局部肿大、突出、似鱼肉样病变则提示肾母细胞瘤、淋巴肉瘤等。胃肠黏膜充血、出血、炎症、溃疡提示大肠杆菌病、魏氏梭菌病、巴氏杆菌病；肠壁有许多灰色小结节提示肠球虫病；盲肠蚓突、圆小囊肿大有灰白色小结节提示伪结核病、沙门杆菌病；盲肠、回肠后段、结肠前段黏膜充血、出血、水肿、坏死、纤维素渗出等提示大肠杆菌病、泰泽病。阴茎溃疡，阴茎周围皮肤龟裂、红肿、结节等提示兔梅毒病。子宫肿大、充血，有粟粒样坏死结节提示沙门菌病。子宫呈灰白色，宫内蓄脓则提示葡萄球菌病、巴氏杆菌病。

三、家兔实验室诊断的基本方法

实验室检查包括病料的采集、保存、运送以及血液学检查、微生物检查、免疫学检查和寄生虫病检查。为了保证实验室诊断结果的正确性，要求送检病料一定要新鲜，及时采集，及时送往实验室。另外，采集病料时要注意采集病变较明显的部位，这样有利于病原微生物的分离。实验室检查的结果必须结合流行病学、临床症状、病理剖检结果进行综合分析，切不可单纯依靠化验结果做结论。

（一）病料的采集和保存

当疾病发生严重，尤其怀疑是烈性传染病、急性中毒或寄生虫病时，应及时将病料送化验室检验。为了能使实验室诊断取得较理想的结果，及时而科学地选送被检病料是十分重要的。挑选被检病死兔时，应选能代表全群发病症状的、不同发病阶段的、活的或刚死的病兔。送检数量一般是3～5只。采集什么组织和器官，要依所需诊断的疾病而定。病料送检方法应依据疾病的种类和送检目的不同而有所区别。

1. 血样采集

家兔可从耳静脉、颈静脉、心脏和股静脉采血。常用的抗凝剂为草酸钾（通常取10%草酸钾溶液0.1mL，分装于小玻瓶中，置45～55℃烘箱中干燥，可抗凝5mL全血）、乙二胺四乙酸二钠（10%溶液2滴，可抗凝5mL全血）、肝素（1mL血液需要0.1～0.2mg或20U，1mL相当于126U）。

2. 病理组织学材料的采集和送检

采集病理组织学材料，应注意选择典型的病变器官组织，刀剪要锐利，组织块大小以长和宽1cm左右、厚0.3～0.5cm为宜，组织块浸在10%福尔马林液（甲醛1份加水9份）或95%乙醇中固定，固定液量应为组织块体积的10～20倍。固定时间1～2天，固定好的病料块用固定液浸润的脱脂棉包裹，装入不漏水的双层塑料袋内，封口后装入木盒即可邮寄。

3. 毒物材料的采集和送检

为了获得准确的分析结果，对毒物材料的数量和种类有一定的要求，除收集可疑的饲料、饲草（约100g）、饮水（约2L）外，应根据毒物的种类、中毒时间及染毒途径选择尸体样品。一般经消化道急性中毒死亡的病例以胃肠内容物为主，慢性中毒则应以脏器及排泄物为主。一般取样包括肝、肾（各100g）、胃内容物（500g）、血液（10mL）、尿（50mL），必要时可取皮、毛及骨骼等。送检的病料不要沾染消毒剂，送检时也不要在容器中加入防腐剂，并避免任何化学药品的污染。病料采集后应分装在洁净的广口瓶或塑料袋内（不要用金属器皿），在冷藏条件下尽快送检。

4. 微生物检验材料的采集和送检

对疑似传染病的病兔，尸体剖检时应采集微生物材料进一步检查，材料必须在死亡后立即采集。怀疑是某种传染病时，则采取病原侵害的部位。尽可能以无菌手术采取肝、脾、肾、淋巴结等组织。不知死于何种疾病的病兔，则可将死兔包装妥善后将整个死兔送检。检查血清抗体的，则采取血液，待凝固析出血清后，分离血清，装入灭菌的小瓶送检。细菌检验材料的保存如下，将采取的组织块，保存于30％甘油缓冲液（30％甘油缓冲液的配制：化学纯甘油30mL，氯化钠0.5g，碱性磷酸钠1g，蒸馏水加至100mL，混合后高压灭菌备用）中，容器加塞封固。病毒检验材料的保存如下，将采集的组织块保存于50％甘油生理盐水（50％甘油生理盐水的配制：中性甘油500mL，氯化钠8.5g，蒸馏水500mL，混合后分装，高压灭菌后备用）中，容器加塞封固。

（二）实验室诊断

1. 细菌性疾病

（1）染色与镜检　取清洁玻片作待检病料的触片或涂片，火焰固定，用革兰、美蓝或姬姆萨染液染色，待于后镜检。由于不同致病菌染色结果不一样，如巴氏杆菌在油镜视野中镜检，呈革兰阴性，大小一致的卵圆形小杆菌；又如A型魏氏梭菌呈革兰阳性大肠杆菌，较少能看到芽孢。

（2）分离培养　从被检病料中分离细菌，要采用相应的适宜该菌生长的培养基，进行需氧培养或厌氧培养，分得纯培养菌后，利用特殊培养基进行形态学、培养特征、生化特性、致病力和抗原特性鉴定。

（3）动物接种　可以取被检兔的脏器磨细用灭菌生理盐水作1∶5或1∶10稀释，也可以用分离菌培养菌落接种的马丁肉汤作为接种材料。一般以皮下、肌肉、腹腔、静脉或滴鼻接种家兔或小白鼠，剂量：兔0.5mL，小白鼠0.2mL。若接种后1周内兔或小白鼠发病或死亡，有典型的病理变化，并能分离到所接种细菌即可确诊。如超过1周死亡，则应重复试验。

（4）血清学检验 其目的在于应用血清学方法对兔群进行疫病普查诊断。方法有试管法和玻片法。试管法：将待检血清稀释不同倍数，分别加入等量细菌诊断性抗原，摇匀后放置于37℃温箱或室温内一定时间后观察结果，按要求作出判断。玻片法：取被检血清0.1mL加于玻片上，同时加入等量诊断抗原，于15～20℃摇动玻片使抗原与被检血清均匀混合，作用后在1～3min内观察有无絮状物。如有絮状物出现而液体透明者为阳性，否则为阴性。

2. 病毒性疾病

由于各种病毒在不同组织中含毒量不同，所以必须要采取含病毒量最多的组织，并要求病料新鲜，如兔病毒性出血症含毒量最多者是肝组织，兔痘病毒则在肝、淋巴结、肾等存在较多。

（1）病毒分离培养 被检材料接种于新鲜琼脂培养基或血清琼脂培养基，将结果均为阴性者的被检材料磨细或将液体材料用无菌生理盐水（pH7.2左右）或磷酸盐缓冲液稀释10倍，用6号玻璃滤器过滤，将滤液作为接种材料，同时在接种液中加入青霉素、链霉素（每毫升1000单位）。根据接种材料可以将接种分为下面3种方式：①鸡胚接种：取9～10日龄的鸡胚，每胚绒尿腔接种0.2mL，一般在接种后48～72h内死亡。②组织细胞接种：用各种动物组织的原代细胞或传代细胞接种，病毒能在细胞上繁殖，同时能使细胞产生病变。③动物接种：通常用小白鼠、豚鼠和家兔接种病料。接种家兔一般皮下、肌内或腹腔注射0.5mL。有的用豚鼠皮内接种，如水泡性口炎。观察试验动物的发病情况和病变。分离得到的病毒材料一般以电子显微镜检查、血清学试验即可确认。进一步可做理化性和生物学特性鉴定。

（2）中和试验 在被检病料上清液中加入等量该病标准高免血清，混匀后于37℃温箱作用30min；对照组用生理盐水代替血清。两组材料分别接种易感动物，一般观察7天。如果血清组获保护，而对照组发病死亡即可确诊。

3. 真菌性疾病

（1）镜检 若怀疑是皮肤霉菌病，将病料放在载玻片上，滴上10%苛性钾溶液数滴，然后放在酒精灯下加热2～3min，至产生蒸气为止，干后镜检。若看到菌丝和孢子则可确诊为皮肤霉菌病。如按上法不能得出结果，可采用分离培养法，即将病料划线接种于沙氏琼脂平板上于25℃培养箱中培养，5天后蘸取菌落抹片镜检，可见菌丝和孢子。

（2）动物接种　用病料或分离的培养物作皮肤擦伤感染，观察10天，局部有无炎症反应，一般用断乳家兔作接种。

4. 免疫学检查

在动物传染病的免疫学检验中，除凝集反应、沉淀反应、补体结合反应、中和反应等血清学检验方法外，先后又研究出免疫扩散、变态反应、荧光抗体技术、酶标记技术、葡萄球菌A蛋白协同凝集试验、载体凝集试验、放射免疫、单克隆抗体技术等。这些方法具有灵敏、快速、简易、准确的特点，用于传染病的诊断，大大地提高了诊断水平，应用十分广泛。

5. 血液检查

当机体遭到侵害时，血液某些性质与成分势必发生相应变化。因此血液检查是诊断疾病不可缺少的项目，并为生产和科学研究所广泛应用。血液的常规检查，包括红细胞压积容量、红细胞沉降率、血红蛋白含量测定、红细胞计数、白细胞计数、白细胞分类、血清胆红质（素）测定等。家兔的血液容量为每千克体重 55.6～57.3mL。全血的 pH 平均为 7.35（7.21～7.57）。家兔红细胞容量为每千克体重 16.8～17.5mL。方法及临床意义可参照其他家畜的血液检查。

现将健康家兔血液有关项目的生理指标的平均值及变动范围介绍如下。血沉（魏氏法）：15min 为 0mm，30min 为 0.3mm，45min 为 0.9mm，60min 为 1.5mm；血红蛋白（每升血液内的质量，以下各项同）：117g/L；红细胞：$(5.5～7.7)×10^{12}$g/L；白细胞：$(7～8)×10^9$g/L；白细胞分为：嗜碱性粒细胞 $0.04×10^9$g/L，嗜酸性粒细胞 $0.015×10^9$g/L，幼稚型中性粒细胞 $0.01×10^9$g/L，杆状核中性粒细胞 $0.015×10^9$g/L，分叶核中性粒细胞 $0.3×10^9$g/L，淋巴细胞 $0.52×10^9$g/L，单核细胞 $0.04×10^9$g/L，其他细胞 $0.06×10^9$g/L；红细胞压积容量：每升血液中含 0.31～0.5L 红细胞；血浆二氧化碳结合力：$(17.84±3.26)$mmol/L。

6. 尿液检测

（1）透明度　将尿盛于清洁的玻璃试管内，对光观察，以判定其透明度。健康兔尿是透明的，如果混浊，是因为尿中混有黏液、白细胞、上皮细胞及坏死组织碎片所致，见于肾脏和尿道疾病。

（2）尿色　尿色可因饲料、饮水等而略有差异，一般为微黄色。当尿中含有血液、血红蛋白或肌红蛋白时，则尿呈红色或红褐色。有些药物可以影响尿的颜色，如应用台盼蓝或美蓝时，尿呈蓝色。

（3）尿的气味　家兔的尿和其他家畜尿一样，具有特殊的略带刺激性气味，尿液愈浓，气味愈烈。膀胱炎时尿有氨臭味，膀胱或尿道发生溃疡、坏疽时，尿有腐败臭味。

（4）尿的相对体积质量　家兔尿的相对密度为 $1.003 \sim 1.036$。尿相对体积质量增加，见于脱水性疾病，如大量腹泻等。

7. 粪便检查

（1）粪便的感官检查　主要检查粪便的硬度、色泽、气味、混合物等（详见消化系统检查）。

（2）粪便的化学检查　主要做潜血检查，因为潜血肉眼不能发现，只有应用化学试剂才能检查出来。一般采用联苯胺法，即于试管中放入少许联苯胺，加适量的冰醋酸，制成饱和溶液，再加少量过氧化氢液，最后加入预先煮沸冷却的粪便混悬液，如变为绿色或蓝绿色，表明粪便中含有血液，此情况多见于出血性胃肠炎。

8. 寄生虫的检查

（1）粪便检查　是寄生虫病生前诊断的主要检查方法。因寄生蠕虫的卵、幼虫、虫体及其节片以及某些原虫的卵囊、包囊都是通过粪便排出的，采取新鲜粪便，进行虫卵检查，是临床上常用的方法。

① 直接涂片法　本法简便易行，但检出率较低。在干净的载玻片上滴上 1～2 滴清水，用火柴棒挑取粪便少许放在玻片上，调匀后盖上盖玻片，即可镜检。

② 沉淀法　是利用一般虫卵相对密度均大于 1（水的相对密度）的原理，以去除粪中较水轻的杂质和水溶性成分的方法，使虫卵检查时粪渣较少，背景清晰。其方法是在烧杯中加清水 40mL，取病兔的粪便 4g 放入烧杯中，充分搅拌后用铜筛过滤，将滤液离心 1～3min，倒去上清液；取沉淀物镜检。也可在沉渣中加饱和食盐水，搅拌后再离心 1～2min，用吸管向离心管内加饱和食盐水使液面稍突出于管口，经 5～15min 后，用玻片轻贴液面蘸取粪液，迅速翻转，加盖玻片进行显微镜检查，此法检出率较高。

③ 漂浮法　本法是利用体积质量大的溶液稀释粪便，可将粪便中体积质量小的虫卵漂浮到溶液的表面，再收取表面的液体进行检查，容易发现虫卵。如球虫卵囊的检查：取新鲜兔粪 5～10g，放在容量为 50mL 左右的小玻璃杯内，然后加少量的饱和盐水（1000mL 沸水中约加 380g 的食盐，充分搅匀溶化即成），用竹筷或玻棒把兔粪捣烂，再加饱和盐水，将此粪液用 60～80 目的筛子或双层纱布过滤到另一个杯内，将滤液静置 0.5h 左右，此时，比饱和盐水轻的球虫卵囊就浮到液面上来，可用直径 4～6mm 的小铁丝圈接触液面，蘸取一层水膜，将其涂在载玻片上，然后加盖玻片进行镜检。本法容易发现虫卵。

（2）寄生虫虫体检查

① 蠕虫虫体检查法　取兔粪 5～10g 盛于烧杯或盆内，加 10 倍生理盐水，搅拌均匀，静置沉淀 20min 左右，弃去上清液。将沉淀物重新加入生理盐水，搅匀，静置后弃上清液，如此反复 3 次或 4 次，弃上清液后，挑取少量沉渣置于黑色背景上，用放大镜寻找虫体。

② 线虫幼虫检查法　取兔粪球 5～10g 放在培养皿内，加入 40℃温水以浸没粪球为宜，经 15min 左右，取出粪球，将留下的液体在低倍镜下检查，可检出幼虫。

③ 螨虫检查法　家兔体外的寄生虫主要是螨虫。其实验室诊断方法为选取患病较重的部位，在边缘刮取皮屑，放在载玻片上，滴加煤油，覆以盖玻片，搓压盖玻片，使病料散开，置显微镜下检查。若要观察活体，则改用石蜡油或 50％甘油水溶液。若病料中螨的数量少，可取较多的病料（皮屑）置于试管中，加入 10％氢氧化钠溶液，浸泡过夜或在酒精灯上煮沸 2～3min，使皮屑在氢氧化钠中溶解，虫体从皮屑中分离出来，自然沉着于管底，弃去上清液，取沉渣检查。也可将沉渣再加入 60％硫代硫酸钠溶液或饱和糖溶液，直立半小时，蘸取表面液膜，置载玻片上进行镜检。

第二节　家兔的保定和给药

一、家兔的捕捉与固定

家兔行动敏捷，被毛光滑，又有防御的天性，会用牙齿、爪来防卫。在诊治过程中，稍有不慎，会被兔抓伤或咬伤。同时，在捕捉和保定时如方法不当，家兔会因挣扎而造成损伤。在进行疾病的诊断、治疗，母兔的发情鉴定及妊娠检查时，均需先捕捉和保定家兔。

1. 家兔的捕捉方法

对仔兔，因其个体小、体重轻，可以直接抓其背部皮肤，或围绕胸部大把轻轻抓起；切不可抓握太紧。对幼兔，应悄悄接近，先用手抚摸，消除兔的恐惧感，静伏后一手连同两耳将颈肩部皮肤一起抓起，兔体平衡，不会挣扎。对成年兔，方法同幼兔。成年兔体重大，操作者需要一手捕捉，一手置于股后托兔臀部，以支持体重。

2. 家兔的固定法

给家兔进行治疗，必须先将其固定好，以免骚动而影响治疗工作。现将几种固定方法介绍如下。

(1) 单手固定法　灌服药液时多用此法。保定时以左手抓住家兔的鬐甲部皮肤，并使其四肢站在桌子上，待家兔安静后，再以拇指和食指按压在兔的鼻端，其他三个指头固定兔的下颌。左手肘关节紧靠兔的臀部，并轻压兔体，使兔体靠近保定者，此时家兔则无法骚动。

(2) 双手固定法　保定者以右手抓住兔的鬐甲部皮肤。左手托住兔的臀部，并以拇指和食指固定后肢，家兔则呈狗坐姿势，坐在保定者手上。皮下、肌内注射时可采用此法。

(3) 器械固定法　应用器械固定，既简便又安全。①手术台保定：将兔四肢分开。仰卧于手术台上，然后分别固定头和四肢。适用于兔的阉割术、乳房疾病治疗及腹部手术。②保定筒保定：保定筒分筒身和筒套两部分，将兔从筒身后部塞入，当兔头在筒身前部缺口处露出时，迅速抓住两耳，随即将前套推进筒身，两者合拢卡住兔颈。

二、家兔的给药方法

1. 内服

(1) 经口给药法

① 自行采食法　此法操作简便，对于有食欲或饮欲的家兔，把粉剂或水剂药物加入饲料或饮水中，让病兔自行采取。拌料前药物要先加工处理好，如中草药煎成药水，药片（先研碎）或药粉用水调匀，然后再混饲或饮水。用药后要观察是否全部吃完，以免影响疗

效。此法适用于药物较少，且药物没有特殊气味的情况。

②灌药法　当病兔不吃食物时，混料喂服不可能进行，这时只能采用灌药法。

经口灌药：经口灌药时，把少量药液吸入注射器内，取下针头，再把注射器伸入口角，缓慢地推动注射器活塞，注入药液，使病兔自行吞咽。或先由助手保定兔头部和前躯。然后用小药匙盛药插入口角，轻压在舌根处，让家兔慢慢吞咽。也有用滴管经口投药的。此法要留意防止家兔用门齿将注射器或滴管的头部玻璃咬碎。固定头部不可抬得过高，灌药不可过快，要咽一口，停一停，再灌一口。如果头抬得过高或连续灌注，病兔吸气时药物会流入呼吸道，引起异物性肺炎，严重时可造成死亡。

胃导管投药：最合理准确的方法是直接把药液注入胃内。首先要做好家兔保定并用开口器控制口腔的活动。在家兔门齿后放置一根直径约2cm的木棒，其中间带有直径约0.6cm的小孔，将胃导管（可用人用导尿管代替）通过木棒小孔插入咽部，引起吞咽反射时，及时将导管插入食管（将胃导管游离端插入水中，看是否有气泡，若有气泡说明误插入气管，应拔出重插）。保证无误时，在导管的游离端接上注射器，注入药液。最后用水冲净，然后小心取出胃导管。为了避免管内剩余的水分进入气管，在抽出导管时，空注射器仍应与导管相连。此法给药量准确，适合投喂有苦味或异味的药物。但需要助手或保定箱保定。技术不熟练可导致异物性肺炎或窒息。

（2）灌肠　将家兔侧卧保定，用一条口径适中的橡皮管（如人用导尿管），在前端涂上滑润剂，缓慢地插入肛门内，到达一定深度时，再接上吸有药液的注射器，把药液注入直肠内。灌肠前也可以先用淡盐水灌肠，促进粪便的排出后，再灌药；灌肠也用于其他治疗（如营养灌肠、麻醉灌肠等）。灌肠后药液要在肠内保留吸收，所以须用少量溶液并采取低压力缓慢注入。

2. 注射法

注射法是将药物用注射器注入兔体。此方法简便，剂量准确，生效快，是兽医广泛应用的一种给药方法。常用的注射方法有皮下、皮内、肌内、静脉和腹腔注射。采用哪种方法，要根据药物的性质和治疗的需要来决定。

（1）皮下注射法　此法是把药液注射到兔体皮肤与肌肉之间的组织内。选择皮肤松弛容易移动的部位施行皮下注射，常用的部位有耳根后部、股内侧和腹白线的两侧。先在注射部位剪毛，用酒精或碘酒棉球消毒，用左手拇指、食指和中指将皮肤提起呈三角形，右手将针头沿三角形的基部刺入皮下约1.5cm深，然后放松左手，把药液注射进去，看到有小泡鼓起，证明注射在皮下。拔出针头，用酒精棉球按压针口片刻。

（2）肌内注射法　此法是把药液注射到肌肉里面。注射部位多选择肌肉丰满的地方，如颈部、臀部和大腿内侧进行注射。剪毛后用酒精棉或碘酒棉消毒，以左手拇指和食指成八字形压住所要注射部位的肌肉，右手持注射器，将针头稍斜刺入肌肉内，拉动注射器活塞，无回血时再慢慢注入药液，当抽动活塞时发现注射器内有回血，证明针头刺进血管，应把针头取出更换部位再注，注完后用酒精棉球按压一下。肌内注射要避免伤到大血管、神经和骨骼。

（3）静脉注射法　把药液注射到静脉血管内，可以迅速地发挥药物的作用。注射部位为兔两耳外缘的耳静脉。由助手一人或两人固定家兔，防备挣扎。先将注射部位的耳毛剪去，并用手指弹击耳部血管数下，使血管扩张明显，再用酒精消毒。注射时，左手固定兔耳，以食指和中指压住耳边缘的回流血管，使静脉血管怒张，右手持注射器，将针头（23号或25号针头）斜面向上与血管成30°角，从耳缘静脉刺入，然后放开食指和中指，若见回血，表示针头刺进血管，即可用拇指压住针头，将药液慢慢注入；若不见回血，应轻轻移动针头或重新刺入，必须见到回血才能注射药液，注射完毕后，用酒精棉球按压针孔片刻，防止出血。静脉注射时应注意：药液内不能含有气泡，否则会栓塞而造成死亡。如果注射药液量大，应加热到接近体温。注射时发现耳壳皮下隆起小包或觉注射有阻力，即表示未注入血管内，应重来。第一次注射，先从耳尖的静脉部分开始，渐次向耳根部分移动，就不会因初次注射造成的血管损伤或阻塞，而影响以后的注射。

（4）腹腔注射　把家兔的后躯抬高，在腹中线两侧（离腹中线3mm处）脐部后方，向着脊柱刺入针头，一般用2.5cm长的针头。当家兔的胃和膀胱空虚时，进行腹腔注射比较安全而适宜。如果怀疑兔的肝、肾、脾肿大，必须小心防止损伤这些器官。因为肠管有游动性，所以腹腔注射不容易扎伤肠管。对新生仔兔使用 1.5cm 长的 27号针头。

（5）皮内注射　为了诊断和试验的需要而采取皮内注射。家兔皮肤较薄，应用较少，部位通常在腰部和肋部。术部剪毛并用脱毛剂除去剩余的被毛，然后涂擦消毒剂。使皮肤展平，用 25 号针头小心刺入真皮。注射时能形成一个小包。一旦针头有了移动，就说明到了皮下，要重新刺入。

3. 外用给药

（1）点眼　用手指将下眼睑内角处捏起，滴药液于眼睑与眼球间的结膜囊内，每次滴入 2～3 滴，每隔 2～4h 滴 1 次。如为膏剂，则将药物挤入结膜囊内。药物滴入（挤入）结膜囊内后。稍活动一下眼睑，不要立即松开手指，以防药物被挤出。常用于结膜炎的治疗或眼球检查。

（2）洗涤　将药液配成适当浓度的水溶液，清洗眼结膜、鼻腔及口腔等部的黏膜、污物或感染创伤的创面等。常用的有生理盐水、0.3%～1.0%过氧化氢溶液（双氧水）、0.1%新洁尔灭溶液、0.1%高锰酸钾溶液等。

（3）涂擦　将药液制成膏剂或溶液剂，涂擦于局部皮肤、黏膜或创面上。主要用于局部感染和疥螨病等的治疗。

（4）洗浴　将药液配制成适宜浓度溶液或混悬液，对兔进行洗浴。要掌握好时间，时间长易引起中毒。主要用于杀灭体表寄生虫。

三、家兔的用药原则

尽快确诊，找出病因，做到对症下药。在没有确诊之前，尽量不要盲目用药。但对已明确的急症和细菌感染性疾病，因治疗上大同小异，可先采取紧急治疗措施。确诊以后要选用最有效的药物，用药越早越好。实践证明，家兔在发病 5h 以内给药要比发病 5h 以后给药，治愈率高出 3 倍以上。以后每晚 1h，其治愈率降低 20%～30%。所以，用药宜早不宜迟，越快越好。轻病当作重病医，首次治疗量一定要给足。在允许的剂量范围内，用药越大效果越好。要保证药物一开始就给致病菌以致命的打击。其后，可视病情变化情况适量递减。在选择给药途径上，应视情况，选择药效发挥最快、最好的途径。凡能直接让药物作用于病灶的应直接让药物作用于病灶，如滴鼻、滴耳、局部封闭等。通常消化道疾病口服给药效果好，但是家兔是草食动物，磺胺药和土霉素会影响正常的菌群，所以口服抗生素要注意，口服黄连素或中药制剂效果较好。如果需要大剂量、长疗程使用抗生素，最好使用注射给药；对于呼吸道疾病，喷雾给药的效果很好，但临床不易执行。总之，应在力所能及的情况下采取最佳的治疗方式。用药后要及时观察反应，如效果明显，证明选药正确，如效果不明显，应及时调整用药。有中毒反应时应立即停药，避免长期使用同一种类药物。尽管治疗有效，也不能超过 1 周。要及时更换，交叉用药。用药过程中一定要配合环境的改善、营养的补充，注意调动家兔自身的抵抗力。对健康兔预防用药要选用长效、价廉、效果好的药物。在保证有效的前提下尽量降低成本。

第三章 家兔传染病的误诊、误治和纠误

第一节 概 述

一、传染病的概念

传染病是由各种病原微生物（病毒、细菌、立克次体等）感染家兔后产生的具有传染性的疾病。病原微生物进入动物体不一定引起感染。在多数情况下，动物体能够迅速动员防御力量将入侵者消灭。同样，发生了感染后，也不一定导致传染病。当机体抵抗力相对较强时，病原虽可在一定部位进行一定程度的生长繁殖，但家兔不出现任何症状，这种状态称为隐性感染。而当机体抵抗力相对较弱时，病原体才可在体内大量繁殖，家兔出现一定的临床症状，这一过程称为显性感染，也即发生了传染病。因此，感染是传染病的前提，传染病则是感染发展的结果。

二、传染病的特征

家兔传染病具有如下特征。①有特定的病原体和临床表现：各种传染病均有其特定的病原体，病原和家兔相互作用后才导致疾病的发生、发展及转归。每种传染病均有其特定的临床过程及临床表现。②有特定的传播途径和潜伏期：病原侵入机体有其特定的门户即传播途径。不同传染病的传播途径不同。有呼吸道、消化道和血液等传播途径。由病原侵入机体到临床症状的出现均有一段时间，即潜伏期，各种传染病的潜伏期长短不一，短则数小时、数日，长则可达几年。③有特定的靶细胞和靶器官：病原侵入机体，有其特定的靶细胞、靶器官，并引起不同类型的炎症反应，从而引起不同的临床表现。④感染病原后产生免疫应答：机体感染病原后均有免疫应答；机体可产生抗体及致敏淋巴细胞。⑤具有传染性：传染性意味着病原体能排出体

64

外并污染环境，导致其他兔感染。

三、传染病的临床特点

1. 病程发展的阶段性

传染病病程一般分为以下 4 期：潜伏期，从病原体侵入家兔起至开始出现临床症状止所需的时间，即病原体在体内繁殖、转移、定位和引起组织损伤、功能改变所需的时间；前驱期，从发病至症状明显开始为止的时间；症状明显期，典型的临床症状全部出现；恢复期，症状逐日缓解，功能逐步恢复。

2. 常见的症状及体征

（1）发热　传染病是由病原体感染家兔引起，故发热是许多急性传染病共有的最常见症状。每一种传染病的热型、热程及发热程度不尽相同。传染病的发热过程可分为 3 个阶段。

① 体温上升期　体温骤然上升至 39.5℃以上，通常伴有寒战、全身不适，肌肉酸痛；亦可缓慢上升，呈阶梯曲线。

② 高热持续期　体温上升至一定高度，然后持续数天至数周。病兔常眼黏膜潮红，呼吸加快。

③ 体温下降期　体温可缓慢下降，几天后降至正常，亦可在 1 天之内降至正常，此时多伴有大汗。发热对机体代谢及重要系统功能均可产生影响，如可使糖、蛋白、脂肪分解代谢增强，发热时间过长，可使病兔体重下降、免疫功能降低。发热时消化液分泌减少，胃肠蠕动减弱，病兔可出现食欲不振和呕吐。退热期，由于出汗增加，皮肤和呼吸道水分蒸发也增多，易导致机体脱水。

（2）腹泻　腹泻是指排便次数较平时增加，且粪质稀薄、容量及水分增加，并含有异常成分，如黏液、脓血、未消化的食物及脱落的肠黏膜等。某些传染病腹泻是主要症状，如细菌、寄生虫感染等。某些传染病在病程中可出现腹泻。不同种传染病腹泻次数、大便性状、每次大便量及伴随症状等均有所不同。如细菌性痢疾的典型表现为腹泻、脓血便、伴有发热及里急后重感。急性腹泻可在短时间内丢失大量水分及电解质，而引起水、电解质紊乱和代谢性酸中毒，严重时还可造成低血容量性休克。由于排便频繁及粪便刺激，可造成脱肛及肛门周围皮肤糜烂。由于腹泻时间长还可导致营养障碍，出现体重下降、维生素缺乏。

（3）惊厥　惊厥是指四肢、躯干与头部骨骼肌非自主的强直与阵挛性抽搐，常为全身性、对称性，伴有意识丧失。目前认为惊厥的发作主要是由于脑神经细胞的兴奋性增高，神经元的膜电位不稳定造成异常放电所致。有些传染病在病程中可出现惊厥，如中毒性疾病、脑包虫病等。在惊厥中可出现心率增快，血压增高，汗液、唾液及支气管分泌物增加。

（4）毒血症状　家兔表现为发热，全身不适，肌肉关节痛等。

（5）单核-巨噬细胞反应　在病原体及其代谢产物的作用下，单核巨噬细胞系统出现充血增生等反应，临床表现为肝脾肿大和全身淋巴结肿大。

四、传染病的诊断原则

对传染病作出早期正确诊断，不仅能使病兔得到及时有效的治疗，而且还有利于早期采取隔离、消毒、预防等措施，防止传染病的传播。传染病的诊断应综合分析下列 3 方面的资料：

1. 临床资料

全面、准确、详尽地询问病史，进行系统、细致的全身评估，对确定临床诊断极为重要，特别应注意有诊断价值的体征。

2. 流行病学资料

流行病学调查在疾病诊断方面十分重要。通过访问、调查，搜集有关资料进行分析研究，帮助疾病的诊断。可以从以下几方面进行调查：①发病地区家兔有哪些传染病，最早发病时间、地点、季节、传播速度及蔓延情况，发病兔年龄、性别、品种及其感染率、发病率和死亡率；②应了解家兔饲养管理、饲料配方、饲料调制方法、卫生条件及临近地区有无疫情发生；③疾病发生经过、发病前注射过哪些疫苗以及发病后治疗情况；④临床症状、剖检所见的病理变化及经过治疗的效果；⑤发病区域的地形、气候、昆虫及野生动物等疫病发生的情况。

3. 实验室及其他检查

实验室检查对某些传染病和寄生虫病的诊断具有非常重要的意义，尤其是病原学检查可为诊断提供直接依据，血清免疫学检查亦是确诊某些传染病的重要条件，其他实验室及一些特殊检查也可对诊断提供帮助。

（1）一般实验室检查　包括血、尿、便常规检查和血清生化检查。血常规检查以白细胞计数及分类最重要。一般化脓性细菌性感染如结核杆菌、葡萄球菌等白细胞数增高，革兰阴性杆菌感染则白细胞总数不升高，病毒性感染时白细胞总数正常或减少，蠕虫感染时嗜酸粒细胞数增多。粪便常规的检查则可查出虫卵、白细胞，便于细菌性痢疾及寄生虫病的诊断。脑脊液的常规检查可初步鉴别神经系统的细菌性感染及病毒性感染。血清生化检查可查出多种酶的高低，胆红素、血脂、电解质等，对多种传染病的诊断很重要。

（2）病原学检查

① 病原体的直接检出　许多传染病可通过显微镜或肉眼检出病原体而确诊，例如兔腹水涂片可查弓形虫等。

② 病原体分离及培养　细菌、真菌可用各种培养基分离培养，如大肠杆菌、巴氏杆菌等。病毒可用组织培养分离，如兔水泡性口炎病毒。分离病原体的取材，可是血液、尿、脑脊液等。取材前若应用抗生素可影响其分离病原的阳性率。

（3）免疫学检测　应用已知抗原或抗体检测血清或体液中的相应抗体或抗原为最常用的免疫学检查方法。目前常用测其抗体 IgM 或 IgG 来鉴别其为近期感染或远期感染。在疾病初期测其血清中特异性 IgM 抗体常为早期诊断之依据。

① 血清学检测　在疾病的早期及恢复期均做血清学检查。如在急性期从恢复期的抗体由阴性转为阳性或双份血清抗体滴度升高 4 倍以上才有诊断意义。特异性抗体的诊断方法很多，有凝集反应、沉淀反应、补体结合反应、免疫荧光检查及酶联免疫吸附测定，此法具有灵敏度高和操作简便的优点，故临床应用较广。

② 特异性抗原检测　在病原体未能直接分离而得的情况下采用，例如兔瘟病毒的分离培养尚未成功，但兔瘟抗原的检出即可给诊断提供明确根据。

（4）分子生物学检测　利用同位素标记的分子探针或多聚酶链反应，可检出特异性的病毒核酸，如兔瘟病毒的多聚酶链反应能扩增标本中 DNA 分子，可显著提高检测的灵敏度，但要注意防止操作时的污染。

（5）影像检查　B型超声检查可用于肝炎、肝硬化、肝吸虫病等诊断和鉴别诊断。

五、传染病的治疗原则

传染病治疗的目的不仅在于治愈病兔，还应注意控制传染源，防止传染病进一步传播。应采取综合治疗原则，同时应加强护理及做好隔离、消毒工作。治疗包括：

（1）一般治疗　根据不同的疾病过程给以适当的营养物质，保证足够的热量，维持水、电解质平衡，以提高机体防御能力和免疫功能。

（2）病原治疗　病原治疗既可清除病原体，控制病情发展，治愈病兔，又有控制与消除传染源的作用，是治疗传染病的关键措施。常用的治疗如下。

① 抗生素　抗生素在传染病治疗中应用最为广泛，主要是对细菌性传染病有显著疗效。临床应用时应严格掌握适应证，最好根据细菌培养及药物敏感试验的结果选药。另外还应注意用量要适当，疗程要充足，并密切注意药物副作用。

② 化学制剂　可用于治疗细菌性感染及寄生虫病，如氟哌酸治疗肠道细菌感染有较好疗效。

③ 抗毒素　抗毒素是应用细菌毒素免疫动物而获得的。注射后可中和病兔血液和组织液内毒素，达到治疗的目的，如破伤风抗毒素。抗毒素属异源蛋白，可发生过敏反应，在治疗前应详细询问药物过敏史，并做皮肤敏感试验。

（3）对症治疗　对症治疗不但可减轻病兔痛苦，而且通过调整病兔各系统的功能，达到减少机体消耗，保护重要器官，使损伤减少到最低限度的目的。例如高热时采取降温措施，抽搐时采取镇静治疗，脑水肿时采取脱水疗法，严重毒血症时应用肾上腺皮质激素等，都可帮助机体度过危险期，促进早日康复。

（4）中医中药治疗　有些中药有抗微生物、调节免疫机能及对症治疗等作用，对某些疾病有较好疗效。

六、传染病的防治

传染病的防治是一项非常重要的工作，作好此项工作可以减少传染病的发生及流行，甚至可以达到控制和消灭传染病的目的。传染病的防治要贯彻"预防为主，养防结合，防重于治"的方针，预防工作应针对传染病流行的 3 个环节进行，不同传染病可从不同环节为重点采取相应的措施。防治措施分预防措施和扑灭措施两种。

1. 预防措施

（1）自繁自养　发生传染病大部分是由于从外地或外单位买进的病兔或隐性传染的兔所引起的。为了切断传染源，最根本的措施就是坚持自繁自养，尽量不从外地购兔，以减少疫病的传入。

（2）检疫　就是应用各种诊断方法，对家兔进行疫病检查，以便尽早发现疫病，及时采取防治措施。根据家兔运转环节，检疫大体上可分为 4 类：产地检疫、贸易检疫、运输检疫和国境口岸检疫。

（3）预防接种和药物预防

① 预防接种　预防接种是在健康家兔中，为了防止疫病发生，有计划有目的地定期施行预防注射。它是防治传染病的重要措施之一。预防接种通常采用疫苗、菌苗、类毒素等生物制品。为使预防接种有的放矢，对本地和临近地区的疫病流行情况先调查研究，针对本地具体情况制订适宜的防疫计划和免疫程序。

② 药物预防　对易感家兔投服药物以防止某些传染病，叫药物预防。目前，有些疫病尚没有有效疫苗进行预防，因此，在一定条件下采用安全廉价的化学药物进行群体预防，可以使受威胁的易感家兔免受疫病危害，这些药物即所谓的保健添加剂。用于预防的药物有化学药物、抗生素和中草药。

此外，搞好环境卫生，定期杀虫灭鼠以及兔舍、场地、用具的定期消毒也是疫病防治的重要环节。

2. 扑灭措施

家兔传染病一旦发生，应贯彻"早、快、严、小"的原则，迅速采取扑灭措施。

（1）疫病诊断　及时而正确的诊断是迅速扑灭疫情的重要环节。

诊断方法很多，常用的有流行病学诊断、临床诊断、病理学诊断、微生物学诊断和免疫学诊断 5 种。为了正确诊断，可根据实际情况选用一种或几种，有时需要综合运用。不能确诊时，应采集病料尽快送有关业务部门检验。在未得出结果前，应根据初诊结果对病尸、病兔以及被污染的环境采取相应措施，以防疫病散播。

（2）隔离　发生传染病后，应及时进行家兔疫病检查，并分群隔离。病兔有明显症状的病例，是最危险的传染源，应在彻底消毒的情况下将其单独或集中隔离在原兔舍或隔离舍内，并专人饲养，严格看管和精心治疗。可疑感染兔是指无任何症状，但与病兔及其污染环境有过明显接触的家兔。这类家兔可能是带菌者，应在消毒后另地专人饲养，限制其活动，并详加观察。一经发病，即按病兔处理。有条件时，应立即进行紧急接种，或预防性治疗。假定健康兔指无任何症状而又与前述家兔无明显接触的家兔。它们应与前述家兔分开饲养，同时立即进行紧急免疫接种。

（3）紧急接种与治疗

① 紧急接种　发生传染病时，为迅速控制和扑灭疫病的流行，对疫区、受威胁区尚未发病的兔进行的应急性免疫接种，称紧急接种。从理论上说，紧急接种应使用免疫血清，它安全、收效快，但因用量大、价格高、免疫期短，因而实践中很少使用，多数还是采用疫苗。紧急接种时，必须对已受感染的兔群逐个检查，仅能对正常无病的兔实施接种。用于接种的器械和针头要严格消毒，做到一兔一针头，避免针头散播病原体。

② 治疗　对病兔要在严格隔离的情况下进行及时和正确的治疗。对急性传染病以抗生素药物，免疫血清为主，慢性传染病在采用抗生素等对因治疗的同时，还应注意对症治疗，以促进尽快恢复，但要考虑病兔愈后的经济价值。

3. 防治误区

重治轻防是养殖行业中普遍存在的问题，养殖者不是从杜绝疫病发生的角度出发，而是抱着出现疾病对症治疗的态度。其弊端首先是一旦家兔发病，将很快传染给其他家兔，使兔场陷入了不断治疗疾病的泥潭当中；第二，家兔是弱小动物，一旦发病，治疗效果较差，最终结果不是死亡，就是愈后不良；第三，家兔不同于大家畜，是一种单体经济价值较低的动物，治疗时当药物的价格超出其本身的价值时，就失去治疗的价值，而对患兔采取淘汰处理。

第二节　兔病毒性出血症

兔病毒性出血症俗称"兔瘟"，或称兔出血症，是由兔病毒性出血症病毒引起兔的一种急性、烈性、高度接触性和致死性的病毒传染病。其病理变化特征是呼吸系统出血、实质脏器水肿、淤血及出血性变化。本病常呈暴发性流行，发病率及病死率极高，给养兔业造成极大经济损失。

一、病原

兔病毒性出血症病毒属于 RNA 病毒，病毒颗粒无囊膜，直径 $25\sim35nm$，表面有短的纤突。病毒衣壳由三种结构多肽 VP1、VP2 和 VP3 组成，其中 VP2 为主要结构多肽。病毒可凝集人的 O 型红细胞，凝集特性较稳定，除被抗兔病毒性出血症血清特异性抑制外，一般在一定范围内不受温度、pH、有机溶剂及某些无机离子的影响。兔病毒性出血症病毒只有一种血清型。病毒存在于病兔所有的器官组织、体液、分泌物和排泄物中，以肝、脾、肺、肾及血液含量最高。到目前，病毒没有在体外的原代或继代细胞上培养成功。只能用兔子或乳鼠进行病毒增殖。病毒对氯仿和乙醚不敏感，对紫外线和干燥等不良环境的抵抗力较强。1%氢氧化钠、1%～2%甲醛、1%漂白粉能灭活病毒。生石灰和草木灰对病毒几乎无作用。

二、流行病学

兔病毒性出血症病毒只感染家兔和野兔，是养兔业中危害最大的传染病。不同品种和性别的兔都可感染发病，长毛兔的易感性高于肉用兔。60 日龄以上的青年兔和成年兔的易感性高于 2 月龄以内的仔兔。1～2 月龄的发病率和致死率为 50%，1 月龄以内的幼兔极少发生，成年兔、肥壮兔和良种兔发病率和病死率都高达 90%～95%。病兔、隐性感染兔和带毒的野兔是传染来源。病毒通过粪便、皮肤、呼吸和生殖道排毒，经消化道、呼吸道、外伤、肌内、静脉、腹腔、

71

鼻内、口腔及眼结膜等多种途径感染兔发病。本病一年四季均可发生，但北方一般以冬、春寒冷季节多发，且多为暴发性的。

三、临床症状

自然感染的潜伏期为 2～3 天，患兔发病期间有一段高温期，比正常高 1～2℃以上，患兔体温升高时，白细胞数和淋巴细胞数明显下降。根据临床症状可分为 3 种类型，即最急性型、急性型和慢性型。

（1）最急性型　多发生在流行初期。病兔突然发病，迅速死亡，常看不到任何症状，有的死前还在吃食，有的嘴边还衔着饲料，突然抽搐几下，叫几声倒地而死，典型病例可见鼻孔流出鲜血。未注射疫苗的兔群，其发病率和病死率可高达 90％以上，甚至全群覆没。

（2）急性型　多在流行中期发生。病初精神委顿，少动，食欲减退，渴欲增加，皮毛无光，迅速消瘦。临死前突然兴奋不安、挣扎、狂奔、咬笼架，继而前肢伏地，后肢支起，全身颤抖倒向一侧，四肢呈划水状，然后鱼跃式跳几下，惨叫几声即死亡。少数病死兔鼻孔中流出白色或淡红色黏液。病程 1～2 天。

以上两病型大多数发生于青年兔和成年兔。临死前肛门松弛，肛门四周被毛有少量淡黄色黏液沾污。粪球也附有这种分泌物。

（3）慢性型　多见于老疫区、流行后期或断奶后的仔兔。病程较长，可持续 5～6 天。病兔精神不振，食欲不振，被毛杂乱无光泽，逐渐消瘦，呼吸加快，有严重的全身黄疸症状，最后衰竭死亡。耐过病兔生长迟缓，发育较差，粪便排毒至少一个月之久，是危险的传染源。

四、病理变化

感染后病毒首先侵害感染兔的肝脏，在其中大量复制。干扰细胞代谢，最终导致细胞死亡。病毒释放入血液，发生病毒血症而引起广泛的全身性损害，特别是引发急性弥散性血管内凝血和大量血栓形成，结果造成本病病程短促、迅速死亡和特征性的病理变化。病兔主要表现为全身性出血变化。鼻腔、喉头和气管黏膜严重淤血和出血，似红布状。尤其是气管环最为显著，气管和支气管内有泡沫状血液。

肺水肿、膨胀、严重出血，或有数量不等的鲜红色及紫红色出血斑。切开肺部有大量红色泡沫状液体流出。心腔及附属大血管淤血，心冠状动脉有血栓，心耳出血，心肌有灰白色坏死区。肝淤血肿大，肝小叶间质增宽，肝表面有淡黄色或灰白色条纹，切开后流出多量凝固不良的紫红色血液。胆囊肿大，充满黏稠胆汁。脾有的变化不明显，有的充血增大2～3倍。肾脏淤血肿大，呈暗紫色，表面有针尖大小的出血点，并有白色坏死区，使肾脏表面呈花斑样。膀胱充满尿液，膀胱黏膜有出血点或出血斑。胃内充满食糜，胃黏膜脱落，胃壁变薄易破，有少量溃疡。小肠黏膜充血、出血。肠系膜淋巴结水样肿大，其他淋巴结多数充血。脑和脑膜血管淤血，有的毛细血管内形成血栓，尤其是有神经症状的兔更为明显。孕母兔子宫充血、淤血和出血。多数雄性病例睾丸淤血。

五、诊断方法

根据流行病学特点、典型的临诊症状和病理变化，一般可以作出诊断。但如果可疑，一时难以确诊时，可进行病原学检查和血清学试验。

血凝和血凝抑制试验：因肝脏病毒含量最高，尤其是流行初期或24～60h死亡的病兔肝脏。取肝病料制成10％乳剂，高速离心后取上清液，用生理盐水配制的0.75％人O型红细胞进行微量血凝试验，在4℃或25℃作用1h，凝集价大于1∶16判为阳性。再用已知阳性血清做血凝抑制试验，如血凝作用被抑制（血凝抑制滴度大于1∶8为阳性），则证实病料中含有本病毒。

此外，PCR、间接血凝试验、琼扩、ELISA及荧光抗体等试验对本病也有诊断价值，具有很高的特异性。

六、误诊病例和原因

由于兔病毒性出血症疫苗的大量使用和农民养兔知识的普及，目前，典型的兔病毒性出血症疾病很少见，通常都是部分免疫效果不好或抗体低下的兔子零星散发，症状不是十分典型，常易与巴氏杆菌病、魏氏梭菌性肠炎、兔痘、黏液瘤病、野兔热等其他疾病混淆，造成误诊。

另外，兔病毒性出血症是家兔的一种急性、烈性、高度接触性传染病，特别是最急性型通常没有临床症状，很容易和家兔的其他急性、烈性病如兔巴氏杆菌病、魏氏梭菌病和野兔热混淆，必须结合流行病学和实验室检验进行确诊。

医生对本病缺乏全面的考虑，常孤立地根据某一症状确定诊断，易误诊。基层医院缺乏必要的辅助检查设备，故很难做出正确诊断。如本病急性病例临床缺乏特异性，临床诊断时对病史采集分析不够，仅把临床表现与近期行为联系，或片面强调局部病变，常发生在有慢性病、症状不典型以及对病史症状述说不确切的病兔上。医生的主观、片面缺乏综合分析的能力也是误诊的原因。医生不仅应有扎实的理论知识和丰富的临床实践，还应培养良好的综合思维能力，具备实事求是、认真负责的工作态度。否则主观臆断不能全面掌握临床数据，不认真查体更易遗漏阳性体征，缺乏动态观察病情的意识，就不能及时发现问题并进行有鉴别诊断意义的特殊检查等，均是造成误诊的主观原因。

七、误诊防止

首先要掌握好本病的流行特点：兔病毒性出血症只感染兔，不同品种的兔皆可感染，尤以长毛兔最易感，其次为青紫蓝兔。主要侵害3月龄以上的青、壮年兔和成年兔，刚断奶的仔兔和哺乳仔兔有一定的抵抗力。兔群一旦发生本病，则传播迅速，两三天内就能波及全群。其发病率和死亡率均高达90％～100％。本病一般多在冬春寒冷季节流行，夏秋炎热季节则较少发生。病的特征是病兔常突然倒地，抽搐、惊叫，经数分钟即行死亡。呼吸器官出血，其他实质器官淤血、肿大和局部出血。虽然兔出血症被误诊或与其他疾病相互误诊比较常见，但因兔出血症具有特异的血凝和病原免疫学检查，只要医生提高认识、拓展思维，鉴别诊断并不困难。其次，要充分掌握容易混淆疾病的诊断要点，进行鉴别诊断。

1. 巴氏杆菌

本病与兔巴氏杆菌病的共同特点是发病急、死亡快，实质器官出血和淤血，呈现败血症变化。但两者的流行病学不同：兔病毒性出血症只有家兔感染，特别是青年兔和成年兔，哺乳仔兔不发病，其他动物不发病,新疫区和非免疫兔群多为暴发性;而巴氏杆菌病的病原为巴氏杆菌,是一种共患病,可引起多种动物如牛、羊、猪和鸡等发病,并且可以使乳兔发病,多呈散发性流行,病程较长,患兔年龄界限不明显。在病理变化上:兔病毒性出血症以呼吸系统出血最为严重,临床上称为"红气管病",部分兔具有神经症状。而巴氏杆菌病鼻孔不见流血现象,肝脏不肿大,间质不增宽,但有散在性或弥漫性灰白色坏死灶,肾脏也不肿大,并且无神经症状。必要时通过实验室确诊,进行细菌抹片检查,美蓝染色兔巴氏杆菌可以见到两极浓染的球杆菌,而兔病毒性出血症见不到。也可以用小白鼠接种试验区分。

2. 魏氏梭菌病

兔出血症特征是呼吸系统出血,实质器官淤血肿大和点状出血。各脏器组织明显变性、坏死和血管内微血栓形成;魏氏梭菌病是以水样腹泻为临床诊疗特征,剖解见盲肠浆膜有鲜红色出血斑,而兔病毒性出血症则无此特征,是以实质器官的出血或淤血为特征,而魏氏梭菌病无此明显病理变化。必要时,可通过实验室细菌检验分离魏氏梭菌或用血凝和血凝抑制试验检测兔瘟。

3. 兔痘

患兔以皮肤丘疹、坏死、出血等为特征,内脏器官均有白色小结节出现,而兔病毒性出血症无上述病变特征。兔痘肝脏病料可在鸡胚绒毛尿囊膜生长,并产生痘胞而致死鸡胚,而兔瘟病毒不能在鸡胚中增殖。痘病毒能凝集鸡红细胞,而兔瘟病毒不能凝集鸡红细胞。

4. 兔黏液瘤病

病兔以全身皮下或头部皮下明显水肿,脓性结膜炎和黏液脓性鼻液等为特征,肝脏和肾脏无明显病理变化;黏液瘤病毒不能凝集人类红细胞,但接种鸡胚绒毛尿囊膜,可以致死鸡胚,绒尿膜上产生明显痘样病灶,而兔病毒性出血症肝脏病料的上清液能凝集人类红细胞,但不引起鸡胚致死和产生病变。

5. 野兔热

野兔热的肝、肾、脾除肿大、充血外,多发生粟粒状坏死,颈部和腋下淋巴结肿大,并有针尖大干酪样坏死病灶,而兔出血症特征是呼吸系统出血,实质器官淤血肿大和点状出血。各脏器组织明显变性、坏死和血管内微血栓形成。实验室检验可用细菌分离野兔热病菌，也可以用豚鼠致病性试验检测。

八、误治与纠误

经常发生的误治是由于误诊，特别是听说已经免疫兔瘟而没有考虑到免疫失败，也没有经过实验室检验，误诊为其他细菌性疾病，单纯使用抗生素治疗，延误病情。

（1）单纯使用抗生素进行治疗　兔病毒性出血症是一种病毒病，临床上一旦发病，必须进行血清注射或紧急疫苗接种，使用抗生素治疗是没有效果的，但是为了防止继发感染，还是要配合抗生素治疗。抗血清是治疗本病的特效药物。抗血清具有中和病毒的作用，每千克体重肌内注射 $1\sim2mL$，有较好的治疗效果。另外，中药对其治疗有独特优势，内服清热解毒剂，如金银花、连翘、板蓝根、蒲公英、玄参、牛蒡子等，效果不错。

（2）使用抗血清治疗后，没有继续使用疫苗接种　抗血清仅能够在体内维持 $10\sim15$ 天，过后，兔还会感染病毒发病。因此，在使用高免血清后 $2\sim3$ 周内必须再注射兔瘟疫苗，否则可再次发病。如果无高免血清，康复后的病兔血清也有治疗作用。

（3）利用好紧急接种保护易感兔　通常，动物发病后，不能进行疫苗接种，否则会引起动物死亡。但是，兔瘟疫苗具有快速产生抗体的能力，可以使用紧急接种来保护还没有发病的家兔。兔场一旦发生兔瘟必须尽快进行疫苗紧急预防注射。注射剂量比常规剂量加大 1 倍以上，一般于疫苗注射后 3 天可以基本控制发病，5 天可完全控制。

（4）必须进行疫苗免疫预防接种　兔瘟是家兔的一种烈性病毒病，必须进行疫苗接种来预防，疫苗预防注射是控制该病的重要手段之一。有条件的兔场，在疫苗注射前应根据母源抗体动态适时进行疫苗接种。第一次免疫（断奶后）剂量以 $2mL$ 为宜。因为在剂量加大的情况下即使有母源抗体存在也只中和其中的一部分。第二次免疫是在 2 月龄，此时一定要加强免疫 1 次。因为在第一次免疫注射时由于母源抗体的存在还达不到应有的免疫效果，通过第二次免疫可以使免疫效果更可靠。尽量使用单苗，免疫效果会更好。

（5）做好病原的消灭工作，减少家兔感染的机会　本病传播广泛，病死兔的内脏、皮毛、排泄物和分泌物均带毒，可通过直接接触传播，被污染的饲料、饮水、用具、运输工具、兔毛、兔皮、饲养员衣服等可间接传播。所以，应严格消毒。兔舍兔位用火焰喷射，地面可用2%～3%氢氧化钠溶液或2%过氧乙酸溶液消毒。兔毛用福尔马林熏蒸消毒，病死兔深埋或焚烧。在发病期间严禁出售种兔和引进种兔。严禁外来人员及动物，如猫、狗进出兔场。

第三节　兔巴氏杆菌病

兔巴氏杆菌病是由多种血清型的多杀性巴氏杆菌引起的疾病。其特征是患兔表现为出血性败血症和化脓性炎症。根据发病的部位不同，可以表现出多种临诊症状，其中有传染性鼻炎、地方流行性肺炎、中耳炎、结膜炎、子宫积脓、睾丸炎、脓肿以及全身败血症。本病是兔常见病之一，常给养兔业带来严重损失。

一、病原

兔巴氏杆菌病的病原是多杀性巴氏杆菌，属于巴氏杆菌属。菌体短粗，呈卵圆形或球杆状，长 $0.3～2\mu m$，宽 $0.25～0.4\mu m$。革兰阴性，不形成芽孢，无鞭毛，不能运动。病兔的组织切片或血片用吉姆萨染液、瑞氏染液或美蓝等染色，可见菌体两端浓染，呈两极染色性。本菌为需氧兼性厌氧菌。在普通培养基上均可生长，但不繁茂，如添加少许血清或血液，则生长良好。在琼脂培养基上生成露珠状、不透明、灰白色的小菌落，具有荧光。在鲜血琼脂上不发生溶血。根据巴氏杆菌荚膜物质不同，其所形成的菌落，具有不同的荧光色彩。引起兔发病的巴氏杆菌几乎都是蓝色荧光型（Fg型），即菌落在折光下出现蓝绿色带金光，边缘有红光带。本菌对外界不利因素的抵抗力不强，容易死亡。在直射日光和干燥的情况下迅速死亡；60℃数分钟即被杀死，一般消毒药的低浓度溶液在数分钟至十几分钟内可使之死亡，但克辽林对本菌的杀菌力很差。实验小动物中小白鼠、家兔、鸽对本菌都很敏感，常用于接种试验。

二、流行病学

兔巴氏杆菌病在世界各国都有发生，是一种多种畜禽的共患病。

易感动物以猪、兔、黄牛、水牛、牦牛、鸡、鸭、火鸡为常见，绵羊、山羊、鹅次之，马仅偶有发生。不同年龄、品种、性别的兔都可以发生本病，但以1～6月龄兔发病率较高，死亡严重。本病一般为散发性，在兔群中通常只有少数几只先后发病，呈地方性流行。巴氏杆菌分布很广，在养兔场内以及在健康兔的鼻黏膜上，均能寄生，但在正常的情况下并不引起兔发病，一旦兔体受到外界不良条件影响以及饲养管理不良、母兔分娩等诱因，兔体抵抗力降低，细菌就会大量繁殖，毒力增强，这时细菌可通过鼻黏膜进入血液，分布到全身，而引起发病，病菌随着病兔的口水、鼻涕、喷嚏飞沫、粪便以及尿等排出体外，又在兔群中传染引起流行。本病的发生无明显季节性，但以冷热交替、闷热、潮湿、多雨的时期较多，一般发病率为20%～70%。

三、临床症状

统计资料表明，巴氏杆菌病是引起9周龄至6月龄的兔死亡的主要原因之一。潜伏期长短不一，一般自几小时至5天或更长。由于家兔的抵抗力、病菌的毒力和侵入部位的不同，而出现不同的症状。各个病型的变化不一致，但往往有两种或两种以上联合发生。

（1）败血症型　分急性和亚急性型。急性者精神沉郁，食欲废绝，呼吸急促，体温升高至41℃以上，鼻流清涕或脓汁，有时发生腹泻，一般1～3天死亡。死前体温下降，抽搐、颤抖。流行初期时呈最急性，常不显症状就突然死亡；亚急性型原发或由其他类型转化而来，主要表现为肺炎和胸膜炎。病兔呼吸困难、急促，鼻腔有黏液性或脓性分泌物，常打喷嚏。体温稍有升高，精神委靡，废食，有时腹泻。关节肿大，眼结膜发炎，眼睑红肿，结膜潮红。病程1～2周或更长，最后衰竭而死亡。

（2）传染性鼻炎型　这是养兔场经常发生的一种病型，一般传播很慢，但常成为本病的传染源致兔群大规模暴发。病初期表现为上呼吸道卡他性炎症，病兔流浆液性、黏液性鼻涕，甚至黏液脓性鼻漏，经常打喷嚏、咳嗽，发出异常鼻塞音。由于分泌物刺激鼻黏膜，病兔常用前爪搔抓外鼻孔，鼻部与前爪的被毛潮湿并缠结，甚至脱落，上唇和鼻孔皮肤红肿、发炎。鼻孔有时堵塞或鼻子的周围形成结痂。此外，病兔还常伴发化脓性结膜炎、角膜炎、中耳炎、皮下脓肿等。病程很长，可长达1年，最后消瘦衰竭而死亡。

（3）地方流行性肺炎型　该病型多见于成年兔。病初精神沉郁，食欲不振，临床上难以见到明显的呼吸困难等肺炎症状，常因败血症而导致死亡。往往在晚上还健康如常，第二天早晨就死亡了。

（4）中耳炎型　又称斜颈病。主要临床症状是斜颈，是由于细菌扩散到内耳或脑内的结果，而不单纯是中耳炎的症状。发病严重时，兔头向一侧转圈、翻滚，一直倾斜到围栏侧壁为止，并反复发作。由于斜颈站不稳，影响吃草料和饮水，体重减轻，最后衰竭死亡。如果感染扩散到脑膜或脑侧，可出现运动失调和其他的神经症状。

（5）生殖器官感染型　该型主要表现母兔子宫炎和子宫化脓，公兔的睾丸炎和附睾炎。一般来说，此病主要发生于成年兔，母兔的发病率高于公兔，交配是主要的传染途径。大部分表现为慢性经过。母兔表现阴道分泌物增多，流出浆液性、黏液性或脓性分泌物。急性表现为败血症死亡，慢性通常不显临床症状，不断排脓性分泌物，不孕。公兔睾丸有不平硬块，肿大坚硬，内有分泌物。阴囊肿大，尿道有淋漓分泌物，由它交配的母兔可能有阴道分泌物排出和发生急性死亡，同时受胎率降低。

（6）眼结膜炎型　成年兔和幼兔均可以发生，以幼兔多发。细菌主要从鼻泪管进入结膜囊，其临床症状主要表现为眼睑肿胀，有多量浆液性、黏液性、最后成为黏液脓性分泌物，此时常将眼睑粘住，结膜潮红肿胀。

（7）脓肿型　由于细菌的转移，肺、肝、心、肌肉、脑、睾丸、皮肤下部可能发生脓肿，脓肿发生后可引起败血症而死亡。体表的脓肿易查出，内脏的脓肿不易检测，外表无症状，容易发生脓毒败血症死亡。

四、病理变化

（1）败血症型

① 急性型　鼻黏膜充血，鼻腔内有黏性、脓性分泌物；喉、气管黏膜充血、出血，并有大量红色泡沫；肺水肿、充血、出血；心脏内外膜充血，有出血斑点；肝脏变性，有灰白色点状坏死灶；淋巴结肿大、出血，肠道黏膜充血、出血，胸腹腔有淡黄色积液。

②亚急性型 肺充血、出血，有些病例有脓肿；胸腔积液，胸膜和肺常有乳白色纤维素性渗出物附着。鼻腔和气管黏膜充血、出血，并有黏稠的分泌物。淋巴结肿大，有些病例肠黏膜充血、出血。

（2）传染性鼻炎型 鼻腔内积有多量黏稠鼻液，有的呈脓性。鼻黏膜充血，鼻甲软骨、鼻窦黏膜红肿或水肿，并积有多量分泌物，波及喉及气管时，喉及气管黏膜也充血或有出血点。

（3）地方流行性肺炎型 通常表现为急性纤维性肺炎和胸膜炎。病变可发生于肺的任何部位，常见于肺的前下部，有实变、膨胀不全、脓肿、灰白色小结节病灶等，严重时肺叶可出现空洞。胸膜、肺、心包膜上有纤维素覆盖，有的病例胸腔内充满浑浊胸水。

（4）中耳炎型 解剖病兔，一侧或两侧鼓室有奶油状脓性渗出物。鼓膜或鼓室腔内壁变红、增厚，有时鼓膜破裂，脓性渗出物流出外耳道。如果感染扩散到脑，可出现化脓性脑膜炎的病变。

（5）生殖器官感染型 母兔一侧或两侧子宫扩张。急性感染时，子宫仅轻度扩张，腔内有灰色水样渗出物。慢性感染时，子宫高度扩张，子宫壁变薄，呈淡黄褐色，子宫腔内充满黏稠的奶油样脓性渗出物，常附着在子宫内膜上。公兔则表现一侧或两侧睾丸肿大，质地坚实，有些病例伴有脓肿。

（6）脓肿型 脓肿内有充满白色、黄褐色奶油样渗出液。脓肿大小不一，发生在皮下时有的有鸟卵大，随病程的延长，有厚的结缔组织包围，与周围组织有明显的界线。

五、诊断方法

在流行初期，根据个别病例的生前临床表现和死后剖检变化诊断是有困难的。诊断时要结合流行病学材料、临诊症状和剖检变化、对病兔的治疗效果，得出结论。确诊有赖于微生物学检查。

（1）涂片检查 取心血、水肿液、各器官组织作涂抹片。用瑞氏染液或美蓝染色，镜检，见有多量两极染色的杆菌。

（2）血清学试验 检查被检兔的血清是否呈阳性，可用试管法、玻片法、琼扩法，也可用间接荧光抗体法。

（3）细菌分离培养 在无菌状态下取心血、水肿液、器官组织，划线于鲜血琼脂平板上，37℃培养24h，见有细小、湿润、圆形、微隆起、露珠状菌落，在折光下检查时现蓝绿色荧光，可初步诊断为本病。为了与巴氏杆菌属其他种细菌区别，需作生化试验（参看表 3-1）。

表 3-1　巴氏杆菌属内各病原菌的鉴别

细菌名称实验项目	多杀性巴氏杆菌	溶血性巴氏杆菌	野兔热杆菌	伪结核巴氏杆菌
运动性	－	－	－	＋（22℃）
溶血性	－	＋	－	－
胆汁内生长	－	－	－	＋
靛基质生长	＋	－	－	－
石蕊牛乳	中性	酸性	不生长	碱性
蔗糖	－	＋	－	＋
乳糖	－	＋	－	－
棉实糖	－	＋	－	－
鼠李糖	－	－	－	＋
水杨素	－	－	－	＋
致病力 小白鼠	强	无	强	较弱（慢性）
豚鼠	弱	无	强	强（慢性）

注：引自江苏农学院，山东农学院主编．家畜传染病学．

（4）动物接种试验　取器官组织一小块用无菌生理盐水作成 1：5 或 1：10 的乳液，吸取上清液接种于试验小动物小白鼠的肌内或皮下，量为 0.2～0.6mL。接种后如于 18～24h 死亡，可以诊断为本病。再取心血、实质器官作涂抹片检查，则可得到进一步证实。

六、误诊病例和原因

急性败血症死亡的兔巴氏杆菌病可以被误诊为兔病毒性出血热、野兔热等疾病，慢性化脓性巴氏杆菌病可误诊为李氏杆菌病和波氏杆菌病等疾病。

第一，兔巴氏杆菌的败血症型临床表现和兔病毒性出血热及野兔热相似。病理变化上容易和李氏杆菌病和波氏杆菌病混淆。第二，实验室化验出现假阳性也是误诊的常见原因。病原巴氏杆菌是兔的一种呼吸道常驻菌，通常并不引起家兔发病，只有家兔受到应激、抵抗力低下的情况下才会发生，用微生物学方法检出巴氏杆菌后，还应做致病性试验，同时不排除其他病原的混合感染。第三，兔巴氏杆菌病在临床上表现为多种病型，给诊断带来困难，造成误诊。第四，巴氏杆菌是家兔的常见病，通常知识面窄的医生，将大部分病都归为本病，忽略了一些少见病，导致误诊。第五，混合感染在临床上很常见，漏诊也是临床经常发生的误诊原因，特别是和兔瘟混合出现，是临床上最难诊断的，必须通过实验室诊断。

七、误诊防止

首先，本病虽然是常见病，在诊断中也不要忽视少见病的出现，要求医师有扎实的基本功和较宽的知识面，不要所有的病都诊断为本病，如果是细菌性疾病间的误诊，影响可能不是很大，但如果是和病毒病之间发生误诊，因为治疗的差别很大，会造成很大的损失。其次，要时刻注意本病的混合感染和继发感染情况，避免漏诊的发生。巴氏杆菌病都常并发于其他疾病，用微生物学方法检出巴氏杆菌后，还应注意检查有无其他疾病的存在。最后，因为本病的临床症状复杂多变，兔有一些传染病在症状和病理变化方面与巴氏杆菌病很类似，在诊断时应注意鉴别，要充分掌握容易混淆疾病的诊断要点。常见的鉴别诊断如下。

（1）兔瘟　是一种病毒病；仅感染兔子；受年龄影响，主要感染青年兔和成年兔，一月龄以下的仔兔极少发病；最急性和急性型，呈暴发性，发病急，死亡快，以呼吸道症状为主，死前常表现神经症状。剖解表现全身性出血性变化，以呼吸道淤血、出血最为严重，肝脾肾淤血肿大，胃肠道淤血出血。血液学检查白细胞显著下降。单纯兔瘟的病理变化仅有出血性病变，没有化脓性、坏死性病变，病兔用抗生素和磺胺类药物治疗无效。兔巴氏杆菌病多呈散发性流行，很少呈大面积流行，发病无明显年龄界限，主要发生于1～6月龄。病兔呼吸急促，打喷嚏，流浆液性、黏性或脓性鼻涕，后期下痢，1～2天死亡。病死兔肝脏不肿大，有散在性灰白色坏死病灶，肾脏不肿大，慢性病例在鼻腔内有较多黏性或脓性的分泌物。

（2）李氏杆菌病　李氏杆菌病的急性型临床症状及肝脏的病理变化与急性败血症型巴氏杆菌病相似。死于李氏杆菌病的兔，剖检可见肾、心肌、脾有散在的针尖大的淡黄色或灰白色坏死灶，淋巴结显著肿大，胸腔和心包腔内有多量清亮的渗出液等特征性病理变化，与兔巴氏杆菌不同。病料涂片革兰染色，镜检，李氏杆菌为革兰阳性多形态杆菌。在鲜血琼脂培养基上培养呈溶血，而巴氏杆菌无溶血现象。

（3）波氏杆菌病　波氏杆菌病容易和巴氏杆菌的脓肿型相混淆。波氏杆菌病是以引起肺、肝脏和肋膜的脓肿为特征，脓肿常有结缔组织形成包囊。肺炎多为慢性经过，肺、肝脏表面有很多豆粒大脓疱，内含白色脓液。有些病例还引起胸腔积脓和胸膜炎。必要时，可通过细菌分离鉴定。巴氏杆菌不能在改良麦康凯培养基上生长，而波氏杆菌却能生长。

（4）野兔热　兔急性出血型巴氏杆菌病与野兔热的急性型常呈突然败血症而死亡，死亡兔的肝脏均可出现弥漫性粟粒大的坏死灶。但野兔热的淋巴结显著肿大，呈深红色并有小的灰白色干酪样的坏死病灶。脾脏肿大，切面可见到粟粒大至豌豆大小的灰色或乳白色的坏死病灶。有的病例在肾脏也能见到同样的病灶。这些器官的病理变化特征是兔急性败血症型巴氏杆菌病所没有的。病料涂片镜检，病原为革兰阴性多形态杆菌，呈球状或长丝状。

（5）肺炎克雷伯菌病　病原为肺炎克雷伯菌。病兔沉郁，废食，呼吸急促，流浆性鼻液，打喷嚏，腹胀，排黑色稀粪，剧烈腹泻。剖检可见肺呈大理石状，充血、出血，胸腔积液，胃多膨满，大小肠充满气体，盲肠、胃内容物呈黑褐色。个别皮下、肌肉、肺部有脓肿。因此，两者都可以表现为呼吸系统的炎症病变，仅通过临床和病理变化较难区分，必须通过实验室细菌分离鉴定进行鉴别。

（6）兔肺炎球菌病　病原为肺炎球菌。病兔体温高，流黏液性脓性鼻液，咳嗽。剖检可见气管有纤维素渗出物。肺充血、出血，有脓肿，心包、胸膜有纤维素沉着。肝脏肿大，脂肪变性。子宫、阴道黏膜出血。病变涂片镜检，有两个矛状的革兰阳性球菌相连。

八、误治与纠误

本病最大的误治是被误治为兔瘟，而导致采取治疗方案的错误。常见的治疗和预防方法如下。

① 本病是一种细菌病，抗生素治疗有效。因为本细菌属于革兰阳性菌，使用针对革兰阳性菌的广谱抗生素均有效，如青霉素类、头孢类、喹乙醇、恩诺沙星、环丙沙星、四环素族抗生素或磺胺类药物。因为细菌耐药性的问题，最好进行药敏试验，选择敏感药物。

② 虽然本病是细菌病，但部分病兔发病很急，死亡很快，可以试用高免血清进行治疗。抗出血性败血病血清是一种特异性治疗剂，病兔发病初期用高免血清治疗，效果良好。抗血清必须在早期使用，效果才明显，到疾病后期使用，意义不大。如将抗生素和高免血清联用，则疗效更佳。用高免血清注射后，隔离观察1周后，如无新病例出现，再注射疫苗。如无高免血清，也可用疫苗进行紧急预防接种，但应做好潜伏期病兔发病的紧急抢救准备。也可试用发病兔场脏器苗（将发病兔场的急性病兔肝脏研细、稀释，用甲醛灭活而成），紧急预防接种，免疫2周后，一般不再出现新的病例。

③ 本病虽然是细菌病，可以治疗，但是因为本病是家兔的常见病，且发病急，死亡快，很多时候来不及治疗，最好进行疫苗免疫预防。巴氏杆菌灭活菌苗预防注射，每只肌内或皮下注射1mL，7天可产生免疫力，免疫期4～6个月。目前较普遍应用的是兔瘟-巴氏杆菌病二联苗皮下注射，可以同时预防兔瘟与巴氏杆菌病。

④ 不要忽视消毒。兔场巴氏杆菌污染是本病发生的重要原因，兔场必须定期消毒。本菌对外界的抵抗力不强，一般消毒药均可杀灭，可选用2%烧碱溶液、1%漂白粉、2%过氧乙酸溶液等消毒药进行消毒。兔笼用火焰喷射消毒效果更好，可以将黏附兔笼上的兔毛焚烧，以免到处飞扬造成空气传染。

⑤ 不要忽视对外伤的及时治疗。本病主要通过伤口感染，平时应注意防止家兔被咬伤和抓伤，伤后要及时进行消毒处理。

⑥ 本病原是条件性致病菌，因此，饲养管理就显得十分重要。由于家兔体内带有本菌，当机体抵抗力降低时就会发病。因此，平时预防必须注意饲养管理，维护家兔的抵抗力。拥挤、潮湿、污秽、营养缺乏、过度劳累、受冷受暑，都是本病发生的重要诱因，务须尽力改善，以减少本病的发生。

第四节 兔波氏杆菌病

兔波氏杆菌病是由支气管败血波氏杆菌引起的一种家兔最常见的广泛传播的慢性呼吸道传染病。常以慢性鼻炎、支气管肺炎和脓疱性肺炎的形式在兔场中广泛传播，成年兔发病较少，幼兔发病率及死亡率较高。

一、病原

本病病原为支气管败血波氏杆菌，革兰染色阴性，呈球杆菌，偶有呈长杆状和丝状者，有鞭毛，能运动，不形成芽孢，大小为 $(0.5 \sim 1.0)\mu m \times (1.5 \sim 4)\mu m$，常呈两极染色。在普通培养基上生长良好，形成圆形隆起光滑闪光的小菌落。麦康凯培养基上生长良好，菌落大而圆整、突起、光滑、不透明，呈乳白色。在鲜血培养基上一般不溶血，但有的菌株具有溶血能力。不发酵糖类，不形成吲哚，不产生 H_2S，能分解尿素，V-P 试验阳性。本菌抵抗力不强，常用消毒药物均能将其杀死。

二、流行病学

豚鼠、家兔、犬、猫等均可感染本菌。主要通过飞沫传染，病兔和带菌兔经接触通过呼吸道把病原菌传给健康兔。不同年龄、品种、性别的兔都可以发生，发病率一般为 $10\% \sim 20\%$，而严重的可高达 $70\% \sim 80\%$，尤其是污秽、阴暗、通风不好的兔舍，发病率更高。当机体受到各种不良应激，如气候骤变、营养不良、寄生虫病等使抵抗力下降，或者由于带有尘土的饲料和兔舍内刺激性气体的刺激时，可促进上呼吸道黏膜感染而发病。本病一年四季都有发生，在气温变化较大的春秋两季多发。本病常与巴氏杆菌病、李斯特菌病并发。

三、临床症状

仔兔和青年兔多呈急性型，成年兔多为慢性型。根据临床症状分为鼻炎型和支气管肺炎型，但两者并不能截然分开，往往是开始发病时呈现鼻炎型，病兔从鼻腔中流出浆液性或黏液性分泌物，一般不变为脓性，鼻腔黏膜充血，有多量浆液和黏液。当诱因消除或经过治疗后，病兔可在较短时间内恢复正常。否则，病情发展转变成支气管肺炎型，其特征是鼻炎长期不愈，鼻腔中流出黏液性甚至脓性分泌物，污染鼻腔周围被毛，打喷嚏、咳嗽，严重时呼吸困难、食欲不振、逐渐消瘦，病期很长，一般经过7～60天死亡。耐过兔进入恢复期后病变症状随之减轻，病原菌也随之由肺、气管下部、气管上部依次消失，2个月后大部分动物体内检不出病原菌。但是有一部分感染兔的鼻腔或气管仍有病原菌存在，至感染后5个月消失。

四、病理变化

病死兔消瘦，鼻周围毛被分泌物污染，鼻腔黏膜充血，鼻甲软骨充血或有出血点，内有多量黏液性或脓性分泌物，有的一侧，有的两侧都有，直至眶下窦。肺表面光滑水肿，肺尖叶紫红色肝变，切开后有少量液体流出，有的肺上有芝麻粒至鸽蛋大的脓疱，其数量不等，多者占肺体积的90%以上，脓疱内有黏稠的乳白色脓汁。有的病例在肋膜上可见到脓疱，有的在肝表面有黄豆至蚕豆大的脓疱。有的病例在肾脏、睾丸、心脏也能形成脓疱。

五、诊断方法

根据流行特点、临床症状、病理变化可作出初诊。要确诊本病必须做细菌分离和鉴定或平板凝集试验。

采取病兔鼻腔分泌物或病变组织，直接接种于普通营养琼脂。置37℃温箱培养24h后，能形成圆形隆起、光滑闪光的小型菌落，质地如奶油样。在马铃薯培养基上，形成湿润、闪光的菌落，使马铃薯变为棕色。用培养物作细菌涂片，革兰染色，可发现革兰阴性细小球杆菌，偶尔可见到长杆状或丝状的形态特征。生化特性试验，该菌不发酵碳水化合物，对葡萄糖、蔗糖、乳糖、甘露醇、果糖、木糖均呈碱性反应。M.R.试验、靛基质试验、硫化氢产生阴性，V-P试验、枸橼酸盐利用、尿素酶产生、硝酸盐还原、运动力试验阳性。

六、误诊病例和原因

兔波氏杆菌病的临床症状和流行病学很容易和兔巴氏杆菌的鼻炎

型、支气管炎型和脓肿型，兔绿脓杆菌、葡萄球菌病混淆。

兔波氏杆菌病是兔的一种慢性呼吸道传染病。仔幼兔发病，多呈急性支气管肺炎，发病率和死亡率均较高。成年兔发病则呈慢性鼻炎，增重减慢。并且，兔波氏杆菌病感染后经常表现为隐性感染，当受到应激后，发病会增加。兔波氏杆菌病和巴氏杆菌都是幼兔的常见病，临床上很难根据症状区分，十分容易混淆。两者混合感染的病例在临床上也不少见。

七、误诊防止

要防止本病的误诊一是要做好鉴别诊断，在必要时必须实验室检验来确诊。鉴别诊断如下。

（1）巴氏杆菌病　巴氏杆菌病与波氏杆菌病，均可见到鼻炎，支气管肺炎型，支气管黏膜充血、出血。但巴氏杆菌以出血较严重，并以胸腔积液为特征，很少单独引起肺脓疱，在肝脏有灰白色坏死灶；支气管败血波氏杆菌以化脓为主要病变，在肺部、肝脏、睾丸、肾脏等都可以见到脓疱。胃及肝表面有灰白色假膜，在临床症状和病理变化进行鉴别诊断的基础上，细菌学的鉴别诊断也是必要的。以病料接种于绵羊鲜血琼脂培养基和改良麦康凯琼脂培养基，如只能在绵羊鲜血琼脂培养基生长，即为多杀性巴氏杆菌，如能在上述两种培养基上生长，并呈不发酵葡萄糖的菌落，即为支气管败血波氏杆菌。

（2）绿脓杆菌病　绿脓杆菌病与波氏杆菌病均可形成脓疱。但脓疱的脓汁颜色不同，绿脓杆菌病脓汁的颜色呈淡绿色或褐色，而波氏杆菌病脓汁的颜色为乳白色。鉴别诊断之二是在普通培养基上绿脓杆菌的菌落呈蓝绿色并有芳香味，而波氏杆菌则形成圆形隆起、光滑闪光的小型菌落，质地如奶油样。

八、误治与纠误

常见的误治是将细菌性呼吸道病，按照普通感冒治疗，导致病情耽搁。另外，对病情判断不准也是误治的原因之一，病原已经感染到肺部，而按上呼吸道炎症治疗，贻误病机。正确的治疗和预防方法如下。

① 本病是一种细菌病，常规的抗生素治疗有效，如红霉素、卡

那霉素或磺胺甲氧嘧啶等。分离的支气管败血波氏杆菌进行药敏试验，选择敏感药物对病兔进行治疗，针对性更强。

② 对于本病污染严重的兔场，疫苗免疫也是不错的选择。波氏杆菌病灭活菌苗，皮下注射1mL，7天可产生免疫力，免疫期为4～6个月。也可用分离的支气管败血波氏杆菌制成灭活菌苗进行预防注射，每年免疫2次，可以减少本病的发生。

③ 应激和饲养管理不良是本病发生的主要原因，必须加强饲养管理。阴暗、潮湿、空气污秽是诱发本病发生及传播的重要因素。因此，应保持兔舍的清洁卫生，空气流通良好、新鲜，这是减少本病发生的重要措施之一。

④ 消灭传染源是控制疾病的根本措施。兔舍定期消毒，常用的消毒药物有苛性钠、来苏尔、过氧乙酸等，对发生疾病的兔舍及兔笼火焰消毒，效果更好。兔巴氏杆菌病一般来说病程都比较长，病兔长期流鼻液、打喷嚏，成为传染源，所以，对久治不愈、体弱的病兔应及时淘汰处理。引进种兔时要慎重，千万不要引进有呼吸道疾病的种兔。

第五节　兔魏氏梭菌病

兔魏氏梭菌病，又称肠毒症，是由A型产气荚膜杆菌感染产生的外毒素引起的一种家兔急性肠道传染病。其特征为急剧腹泻、水泻和迅速死亡。

一、病原

病原是产气荚膜杆菌，即魏氏梭状芽孢杆菌。是两端稍钝圆的革兰阳性大杆菌。有荚膜，无鞭毛，不能运动，属于厌氧菌，但对厌氧又不十分严格。生长非常迅速，在肉肝汤培养基中每2～6h繁殖一代，已知有17个抗原型。本菌能产生强烈的毒素，每型魏氏梭菌能产生一种主要毒素和数种次要毒素。本病主要由A型和E型及其所产生的α毒素所致。本菌对外界因素的抵抗力一般，常用消毒剂对其均有效，但形成芽孢后抵抗力极强，95℃环境下2～5h方可杀死，3%福尔马林也须15min才能致死。

二、流行病学

本病一年四季均有发生，尤以冬春两季发病率高，主要由于这两个季节青饲料短缺，精料比例高，粗纤维含量低，造成厌气状态，导致魏氏梭菌大量繁殖。不同年龄、品种、性别的家兔均有易感性。毛用兔的易感性高于皮、肉用兔，纯种兔高于杂种和本地土种兔，一般多见于1～3月龄的仔兔发病，因此时从母体获得的被动免疫抗体已下降，同时兔体生长加快，肠道微生物开始在肠内生长繁殖，所以一遇到饲养管理不当，病原菌在小肠和盲肠绒毛膜上立即大量生长繁殖并产生强烈的外毒素，改变了毛细血管的通透性，使毒素大量进入血液，引起全身性毒血症。本菌普遍存在于土壤、粪便、污水和健康动物的消化道内，主要经消化道和伤口感染，应激、饲料和运输等因素可造成本病爆发。

三、临床症状

潜伏期较短的为2～3天，长的为10天。急剧腹泻为本病的特征性临诊症状。病初精神沉郁，食欲废绝，蹲伏，弓背缩腰，很快粪便变软、变稀，由黄色水样粪便变为带血样胶冻或黑色或褐色稀粪，并具有特殊腥臭味。肛门周围、后肢及尾部被毛潮湿，被粪便污染。机体迅速消瘦，严重脱水，卧地不起，大多于出现水泻的当天或次日死亡，少数可拖1周，极个别的拖1个月，最终死亡。发病率为90%，病死率几乎达100%。

四、病理变化

尸体外表见不到明显消瘦、肛门附近及两后肢突出的关节下面的毛沾污黑褐色或绿色稀粪。剖检腹腔能嗅到特殊的腥臭味，主要病变在胃肠道。胃多充满饲料，胃底部黏膜脱落，大多数可见到大小不一的烂斑（溃疡）。小肠充满气体，致使肠壁变薄而透明。大肠内充满黑绿色的稀薄粪便，有腐败的气味，肠黏膜有弥漫性充血和出血。盲肠肿大，肠壁变薄，黏膜呈樱桃红色，有弥漫性出血斑，内容物呈黑色或褐色水样并带有气泡的粪便，有腥臭味。肠系膜淋巴结水肿。膀胱内无尿或有茶色样尿液。肝脏质地变脆，胆囊肿大，充满胆汁。脾脏变成黑褐色。肾多数无变化。心脏表面血管怒张,呈树枝状。

五、诊断方法

根据发病急剧,黑色水样或胶冻样下痢等临诊症状和盲肠黏膜有鲜红色出血斑,胃肠道黏膜出血、溃疡等特征性病变,可作出初步诊断,但确诊仍需进行实验室检查。

(1)细菌学检查 取病死兔的肝脏、脾脏涂片,自然干燥,用酒精固定,以革兰染色法染色镜检,魏氏梭菌为革兰阳性粗大杆菌,长 $4\sim8\mu m$,宽 $1\sim1.5\mu m$,呈单个或双个,有荚膜。若取胀气的肠黏膜涂片镜检,同样可见有大量菌体,其中部分菌体有芽孢,芽孢位于菌体的中央或偏端。

(2)细菌培养 将肠内稀薄粪水于 80℃ 加热 15min,然后以 2000r/min 离心沉淀 10min,取其上清液少许,接种于厌氧肉肝汤中,在 37℃ 温箱中培养 24h,再划线接种于山羊鲜血琼脂平板,作厌氧培养。A 型魏氏梭菌的菌落呈双层溶血圈,内圈为 β 溶血,外围为 α 溶血。涂片镜检可发现粗大的带荚膜的大杆菌。

(3)动物接种试验 取培养 24h 的厌氧肉肝汤培养物 0.1mL,小白鼠肌内注射,可于 24h 内死亡,但用 48h 以后的培养物接种,其毒力明显下降,以至不能致死小白鼠。

(4)毒素检查 取肠内容物与生理盐水作 1:3 稀释、混匀,以 3000r/min 离心沉淀 20min,取其上清液用蔡氏滤器过滤,将滤液腹腔注射于体重 15~20g 的小白鼠,每只 0.1~0.5mL,观察 24h,能致死小白鼠者即证明有肠毒素存在。

六、误诊病例和原因

主要被误诊为其他腹泻性疾病,如兔密螺旋体病、泰泽病、黏液性肠炎、副伤寒、绿脓假单胞菌病、嗜水气单胞菌病、衣原体病、轮状病毒病和肠球虫病等。

主要是因为第一,家兔临床表现腹泻的疾病较多,大夫仅凭借临床症状确诊,误诊在所难免,因此,必要时必须进行实验室检验。第二,大夫对兔常见的腹泻病掌握不充分,经常不能做出正确的鉴别诊断,特别是对少见病的诊断。第三,混合感染也很常见,必要时要考虑

90

两种病原的混合感染。第四，免疫失败是经常发生的事情，对于免疫过本病的病兔，仍可以见到本病的发生，必要时可以进行血清学检查。

七、误诊防止

首先要掌握好本病的特征：兔魏氏梭菌病是家兔的一种急性肠道传染病，不同年龄、品种、性别的家兔均有易感性。一般多见于1～3月龄的仔兔发病。本病一年四季均有发生，尤以冬春两季发病率高。其特征是急剧腹泻和迅速死亡。其次要做好鉴别诊断。兔魏氏梭菌病、螺旋体病、泰泽病、黏液性肠炎、副伤寒、绿脓假单胞菌病、嗜水气单胞菌病、衣原体病、轮状病毒病和肠球虫病，都有相似的症状特点即腹泻，所以在鉴别诊断中，除详细观察腹泻性状不同之外，其病理变化特征的不同是十分重要的，必要时还应对病原体进行分离培养。类症鉴别如下。

（1）黏液性肠炎　是由大肠杆菌及其毒素所引起的仔兔肠道传染病，病兔剧烈腹泻，粪便呈淡黄色至棕色水样或黏液状，透明胶冻状，腹部膨胀，有水晃动音，慢性便秘和腹泻交替发生。十二指肠、空肠充满泡沫状液体，结肠、直肠有大量透明黏液，胶冻状物阻塞，回肠、盲肠可见出血斑。肝脏、心脏有小坏死点。胆囊扩张，充满胆汁，黏膜水肿，但胃黏膜无黑斑溃疡，盲肠浆膜无出血斑等病变。大肠杆菌在普通培养基上生长良好。

（2）泰泽病　毛样芽孢杆菌引起的3～12周龄兔，以急性严重水泻为特征的疾病。病兔粪便呈褐色，临死前腹泻停止。空肠充满气体，蚓突有紫红色坏死。回肠后段、结肠前段的浆膜面充血，浆膜下有出血斑点；盲肠水肿，浆膜、黏膜呈弥漫性出血。盲肠和结肠内有褐色水样粪便。但胃黏膜无出血和褐色溃疡斑。病兔的肝脏，尤其是在门脉区附近的肝小叶有弥漫性针尖大的坏死灶。心肌有条纹状白色坏死灶，脾脏萎缩。毛样芽孢杆菌，革兰染色阴性，在普通培养基上不生长，可在鸡胚细胞上生长。

（3）副伤寒　是断奶前后的仔兔和青年兔的消化系统疾病，病兔多呈顽固性腹泻，粪便呈泡沫状，黏液性。母兔发生流产。小肠黏膜充血出血，黏膜下层水肿，空肠，回肠和盲肠黏膜有弥散性或散在性灰白色粟粒大的坏死病灶，肠系膜淋巴结水肿，坏死，盲肠蚓突，圆小囊有粟粒状灰白色结节，被麸皮状物覆盖。大多数病例肝脏有灰白色针尖大坏死结节。肠炎沙门菌和鼠伤寒沙门菌，在麦康凯培养基上生长良好，菌落粉红色，而魏氏梭菌不生长。

（4）球虫病　急性球虫病绝大多数发生于断奶前后的仔兔，成年兔一般不发生死亡。病兔眼球突出，出现黄疸，腹壁膨胀，呈青紫色，四肢痉挛，有时出现神经症状。死亡兔血液凝固不良。病兔粪便稀薄不带血。有些病例小肠黏膜有数量不等的粟粒大、灰白色结节。胃和盲肠黏膜不出血、无溃疡病灶。镜检粪便及肠内容物可见球虫卵囊。肝球虫或混合型球虫感染时，肝脏有灰白色坏死灶，肝、胆囊肿大，有时出现腹水。急性巴氏杆菌病死前也会出现下痢，但临床症状表现为呼吸急促，鼻腔有浆液性或脓性分泌物，体温可达40℃以上。剖解病变主要在呼吸系统。肝脏有坏死点。用肝脏触片，可见革兰阴性两极染色的杆菌。

（5）轮状病毒感染　1～4周龄仔兔多发，小肠出血，粪便呈黄色，水泻时呈绿色，带有血液和黏液。小肠黏膜出血水肿，肠壁扩张，盲肠黏膜淤血水肿，内容物呈黄色或黄绿色。肝脾淤血，肺有出血斑或出血点。小肠绒毛萎缩，柱状上皮细胞脱落。

（6）霉菌性腹泻　主要由黄曲霉毒素和其他霉菌毒素所致的一类消化道疾病。家兔对这类毒素非常敏感，它们能损害肝脏和消化系统功能而发生腹泻，患兔肝脏呈淡黄色，硬化，肠道黏膜充血，而盲肠浆膜无出血斑。细菌检测阴性。

八、误治与纠误

腹泻是临床疾病的一个主要症状，要正确治疗，准确诊断是关键，特别是对于感染性腹泻和非感染性腹泻的区别。针对感染性腹泻还要区分是细菌性腹泻，还是病毒性腹泻。根据相应的治病原因，采取正确的治疗方案。

① 本病是一种细菌病，可以使用抗生素治疗，但是由于本病发病很急，病程很短，家兔死亡很快。其次，本病的主要致病原因是魏氏梭菌毒素中毒造成，抗生素治疗效果不佳。经常是用抗生素治疗后，腹泻停止，但是患兔还是以死亡告终。因此，临床治疗中以抗生素结合血清治疗效果较好。抗生素选择对本菌敏感的药物，也可以用

药敏试验选择敏感抗生素。如用 0.5％痢菌净皮下注射，按个体大小，每次 1～2mL，每天早晚各 1 次，对早期病例有治愈的作用。2.5％乳酸诺氟沙星注射液肌内注射，每千克体重 0.5～1mL。发病初期可用抗血清治疗，每千克体重 2～3mL，皮下注射，或静脉、肌内注射，可收到良好的效果。

② 对症治疗是关键。在早期禁用缓泻药，使毒素尽快从肠道排出，也可以结合灌肠疗法。在后期主要是防止脱水，可服用以下处方：鞣酸蛋白 0.5g，碱式硝酸铋 0.5g，磺胺嘧啶 0.3g，硅碳银 1g，药用炭 1g，混合后分 3 次服用，每 6h 1 次。静脉注射 10％葡萄糖和 5％碳酸氢钠溶液各 20～40mL，维生素 C 1mL。

③ 疫苗接种是控制本病的重要手段。虽然本病是细菌病，可以治疗，但是因为患兔发病快、死亡急，治愈率低下。疫苗接种成为控制本病的关键。应用魏氏梭菌灭活苗进行预防注射，大兔 2mL、小兔 1.5mL，皮下注射。于接种后 10 天可产生免疫力，免疫期 4～6个月。

④ 饲养管理不当是导致本病发生的重要诱因。加强饲养管理，特别是刚断奶后的幼兔不能突然改变饲料配方，粗纤维的含量一定要充足，这是减少本病发生的重要手段，因为高能量的饲料，会增加肠内容物的渗透压，血液中的大量水分渗透到肠道中而引起腹泻。其次，不要在饲料中长期添加抗生素，会破坏兔肠道菌群，可以添加一些增强兔抵抗力的中药。

⑤ 药物预防是保护易感家兔的重要措施。已发生本病的兔群，对尚未出现临床症状的兔，可用磺胺类药物、红霉素、环丙沙星、金霉素等，将药物混入饲料中喂给，作为紧急预防。而不应该只治疗发病兔，而不注意保护易感兔，导致本病在兔群中不断发生。

⑥ 消灭传染源是减少本病发生的关键。兔舍、兔笼及用具可用烧碱水或 5％来苏尔消毒、清洗地面，粪便堆积发酵处理，死兔应焚烧或深埋。

第六节　兔黏液性肠炎

兔黏液性肠炎又称大肠杆菌病，本病是由一定血清型的致病性大肠杆菌及其毒素引起的一种暴发性、死亡率很高的仔兔的肠道传染病。以水样、黏液样或胶冻样粪便和严重脱水为特征。

一、病原

病原为大肠杆菌的某些致病性血清型。大肠杆菌为革兰染色阴性的杆状菌，无芽孢，无荚膜，有运动性，周身有鞭毛。在普通培养基上生长良好，菌落圆整、突起，表面光滑、不透明，需氧或兼性厌氧。能发酵乳糖和其他许多糖类，不产生硫化氢，不液化明胶，不水解尿素，能还原硝酸盐为亚硝酸盐，产生吲哚，甲基红阳性，V-P试验阴性，不利用枸橼酸盐。对外界抵抗力中等，在水中能存活数周到数月，在0℃粪便中能存活1年，60℃加热15min即可灭活，一般消毒药也能将其迅速杀死。

二、流行病学

大肠杆菌是兔肠道内的常在菌，一般不引起发病。当气候环境突变、饲养管理不当和患有某些传染病、寄生虫病引起仔兔抵抗力降低时而发病。本病一年四季都可以发生，各种年龄、性别的兔都有易感性，但主要发生于20日龄～4月龄的仔兔，其中20日龄到断奶前后仔兔发病率最高。第一胎仔兔发病率、死亡率较高于其他胎次的仔兔，这可能与母兔免疫力有一定关系。由于饲养管理不良和气候突变，使机体抵抗力下降，处于正常肠道内的大肠杆菌大量繁殖，侵入肠道，产生大量毒素，而引起腹泻，甚至死亡。一旦发病，如不迅速隔离、治疗和严格消毒，该菌在病兔体内增强了毒力，常因场地和兔笼的污染而引起流行，可造成仔兔的大批死亡。

三、临床症状

病兔主要表现为下痢和流涎。病兔体温一般正常或低于正常，精神沉郁，被毛粗乱，食欲减少。腹部膨胀，剧烈腹泻，初为黄色软粪，后转为棕色粥样稀粪。病程稍长者，粪便细小，两头发尖或成串，外包透明胶冻状黏液。当将兔体提起摇动时可听到水晃动音。严重病例排粪失禁，肛门和后肢的被毛黏着黄色或棕色的水样便。当粪便排空后，肛门努责并排出大量胶冻样黏液。此时病兔四肢发冷、磨牙、流涎。急性者常于1～2天内死亡，很少能康复，随病程的延长，病兔四肢发凉、磨牙、流涎，一般经7～8天死亡。该病的死亡率很高。

四、病理变化

病变主要在消化道。胃膨大，充有大量的液体和气体。十二指肠通常充满气体和沾有胆汁的液体；空肠扩张，肠腔内充满着半透明胶冻样液体；回肠内容物呈黏液胶样半固体，也有粪便细长、两头尖呈鼠便样，有的外面还包有黏稠液或包有一层灰白色胶冻样黏液；结肠扩张，有透明样黏液。回肠、结肠的病变具有特征性。部分的盲肠、直肠内也有胶冻样液体。胃、肠黏膜充血、出血、水肿；胆囊扩张，黏膜水肿；肝脏及心脏有小点状坏死灶。若出现败血症，可见肺部充血、淤血，局部肺实变。仔兔胸腔有灰白色液体，肺实变，纤维素性渗出，胸膜与肺粘连。

五、诊断方法

根据临床症状、病理变化和流行特点，可作出初步诊断。确诊必须作细菌学检查，用麦康凯培养基从结肠和盲肠内容物分离到纯大肠杆菌。

细菌学检查：取病兔的十二指肠内容物或排泄物作为被检材料，接种于麦康凯琼脂平板、伊红美蓝平板或鲜血琼脂平板37℃培养后，挑取可疑菌落接种于普通斜面培养基作染色镜检、生化反应等鉴定。

六、误诊病例和原因

腹泻性疾病是临床常见的病例，较易诊断，但是引起腹泻的病因通常有很多，有单纯性的腹泻，也有其他疾病的伴发症状。需要临床医师重视鉴别诊断和实验室化验。

对病史的分析及对大便性状的观察对腹泻的鉴别诊断是非常必要的，它可以给我们有益的提示。该病没有特殊的临床症状，仅根据临床病变来确诊，较易和其他腹泻性疾病相误诊。混合感染和继发感染也是引起误诊的重要原因。临床大夫不进行实验室细菌学检验，仅根据临床症状诊断，很容易误诊，当治疗效果不佳或无效时，应该尽快进行实验室检查。本菌也是家兔消化道的常住菌，正常家兔体内也有本菌。因此，分离和监测到病原，也不代表是这个病，必须进行致病性试验。

七、误诊防止

本病在临床症状上主要发生于 20 日龄到 4 月龄的小兔，但是此间断其他腹泻性疾病也很常见，本病的特征是腹泻粪便中含有黏液。在病例变化上，兔大肠杆菌的主要病理变化为胃膨大，充满多量液体和气体，胃黏膜有出血点，十二指肠充满气体和染有胆汁的黏液，空肠、回肠、盲肠充满半透明胶冻样液体，伴有气泡。结肠扩张有透明胶样黏液。要和其他疾病进行鉴别诊断，必要时还需要实验室诊断。鉴别诊断如下。

（1）魏氏梭菌病　是一种由兔魏氏梭菌产生的外毒素引起的家兔急性肠道传染病。1～3 月龄的仔兔多病。特征为急剧腹泻、水泻和迅速死亡。病兔体温不高，病初排灰褐色软便，随后水泻，粪色黄绿、黑褐或腐油色，呈水样或胶冻样，散发特殊的腥臭味。主要病变在胃肠道。胃黏膜有出血斑和溃疡斑，小肠后段存满胶冻样液体和气体，盲肠肿大，浆膜有出血斑。兔大肠杆菌病胃部病变轻一点，兔魏氏梭菌病黏液样粪便程度轻一点，症状不典型时，最好进行实验室细菌培养检验。

（2）兔泰泽病　兔泰泽病粪便呈褐色水样，临死前腹泻停止。剖检，肝脏特别是肝门静脉附近肝小叶和心肌有灰白色针头大小或条状病灶，这是泰泽病的特征性病变。盲肠水肿，浆膜弥漫性出血和心肌有条纹状自色坏死，脾脏萎缩，而黏液性肠炎则无这些特征性变化。病料接种于麦康凯琼脂培养基，泰泽病为阴性，病料涂片，吉姆萨染色，可找到成丛的毛状芽孢杆菌。

（3）副伤寒　副伤寒腹泻的粪便呈泡沫状，母兔流产。肝脏有散在性或弥漫性、针头大小、灰白色的坏死灶，蚓突黏膜有弥漫性、淡灰色、粟粒大的特征性病灶。盲肠、圆小囊有粟粒状灰白色结节，而黏液性肠炎除特有的胶冻状黏液外，则没有这些病理变化特征。如果将病料接种于麦康凯琼脂培养基平皿，呈粉红色，较大的菌落为大肠杆菌，如呈无色透明或半透明较小的菌落为沙门菌。而大肠杆菌病没有流产和肠道坏死性变化。

（4）轮状病毒病　轮状病毒病主要发生在仔兔，突然发病，传染性强，病兔水泻，粪便呈绿色，病理变化是小肠、盲肠壁水肿、出血，内容物呈黄色或黄绿色，这些症状和病理变化是黏液性肠炎所没有的。

（5）球虫病　球虫病腹泻粪便往往带有血液，黄疸和出现神经症状，小肠出血，盲肠蚓突及圆小囊有灰白色坏死病灶，肝脏也会出现灰白色坏死病灶，这些可以与黏液性肠炎做鉴别诊断。

八、误治与纠误

大肠杆菌是肠道的常在菌，即使通过实验室检验出大肠杆菌后，也要结合临床表现和流行病学进行确诊，否则，经常导致误诊而出现误治。其次，由于大肠杆菌分布广，临床抗生素使用广，导致大肠杆菌耐药性严重，许多抗生素治疗效果不佳，最好进行药敏试验。正确的治疗和预防措施如下。

① 本病是细菌性疾病，可以使用抗生素治疗，但鉴于发病家兔多是幼兔，治疗效果并不是太好，应该以积极预防为主。肌内注射庆大霉素，每千克体重5～7mg。1天2次，连用2～3天；卡那霉素肌内注射，每千克体重10～20mg，1天2次，连用2～3天。

② 疫苗预防在经常发生本病的兔场是不错的选择。每只兔皮下接种大肠杆菌灭活菌苗1～2mL，7天可产生免疫力，免疫期4～6个月。但大肠杆菌的血清型较多，最好取本兔场分离到的菌株制作菌苗，才能发挥菌苗的最佳预防效果。

③ 对症治疗是关键，因为病兔大多数是幼兔，抵抗力很差，发病后很容易死亡，所以应该尽早进行对症和支持疗法，提高治愈的概率。有严重脱水和体弱的病兔，静脉注射10％葡萄糖盐水20～40mL，同时口服黄连素、维生素C、维生素B_1各1片，硅碳银2g，每天2次。可用口服补液盐溶液任病兔自由饮用。如病兔已无饮欲，可用葡萄糖生理盐水腹腔注射20～50mL/次，每天1～2次。

④ 本病原是条件性致病菌，因此加强饲养管理，增加家兔的抵抗力就显得尤为重要。对断乳前后的仔兔要喂给易消化、营养丰富的饲料或在日粮中加入中药添加剂饲料，必要时可以使用药物预防，如

在日粮中可直接加入抗生素药物（新霉素或金霉素），对防止本病具有一定的效果，但是绝对不可以在饲料中经常添加抗生素。平时应减少应激刺激，特别是对刚断奶的幼兔的饲料不能突然改变。大肠杆菌常以正常菌群存在于肠道内，当饲料突变等应激后，正常菌群的平衡失调，大肠杆菌会大量繁殖导致疾病的发生。

⑤ 做好消毒，减少病原的传播，加强卫生措施。兔场、兔笼要保持清洁干燥，勤换垫草。一旦发病，立即隔离治疗；被污染的用具彻底消毒。常见的错误是养殖者不重视消毒，即使消毒也不注意消毒液的浓度。切断传播途径，减少环境中病原的数量是控制传染病的三大环节之一。首先，必须加强消毒观念。其次，化学消毒药物主要是通过一定的化学成分在特定的浓度下破坏病原体的结构，从而将其消灭。消毒的效果和消毒液的浓度有关，浓度太低时，起不到消毒的作用，但浓度过高，对部分消毒液消毒作用反而下降。因此严格按照药品的有效浓度配制消毒剂是消毒成败的关键。

第七节　兔葡萄球菌病

兔葡萄球菌病是由金黄色葡萄球菌引起家兔发生的一种化脓性疾病，主要表现为脓毒血症，以在各种器官中形成化脓性炎症为特征，致死率很高。有时表现为局部的化脓性炎症，如乳房炎、脚皮炎等。

一、病原

本病的病原体是金黄色葡萄球菌，这是一种在自然界分布很广的化脓性球菌。它存在于空气、水、尘土和各种物体中以及人畜的皮肤、黏膜上，在肮脏潮湿的地方特别多。在正常情况下一般不会致病，但当皮肤、黏膜有损伤时即可乘机侵入机体，造成危害。它对外界环境因素（高温、冷冻和干燥等）的抵抗力较强。在干燥脓汁中能存活 2～3 个月；经过反复冰冻 30 次，仍不致死亡。在 60℃ 的湿热中可耐受 30～60min，煮沸则迅速死亡。在常用消毒药中，以 3%～5% 石炭酸（苯酚）的消毒效力较强；3～15min 内可杀死本菌；70% 酒精数分钟内可使本菌死亡；但升汞对葡萄球菌的消毒效力很弱。葡萄球菌对苯胺类染料如龙胆紫、结晶紫等都很敏感。本菌革兰染色阳性，无鞭毛，不产芽孢，为需氧兼性厌氧菌，在普通培养基中生长良好，在鲜血琼脂上发生溶血现象。能形成毒力强大的毒素，常能引起人的食物中毒。

二、流行病学

家兔是对葡萄球菌最敏感的一种动物。通过各种不同途径都可能发生感染。如通过飞沫传染经上呼吸道可引起上呼吸道炎症；通过表皮擦伤或毛囊汗腺而引起皮肤感染时，可发生转移性脓毒血症；初生仔兔经过损伤的脐带可感染脓毒败血症。通过哺乳母兔的乳头可引起乳房炎，仔兔吃了含有本菌的乳汁可引起急性肠炎（黄尿病）。

三、临床症状

根据病菌侵入的部位和继续扩散的情况不同，可表现多种不同的病型，其中常见的几种分述如下。

（1）转移性脓毒血症　家兔的皮下或内部器官里形成一个或几个脓肿，脓肿被结缔组织包围形成囊状，以手摸时感到柔软而有弹性。脓肿的大小不一。一般由豌豆至鸡蛋大。患有皮下脓肿的病兔，一般没有明显的临床表现；如果内部器官形成脓肿，这些器官的机能就会受到影响。皮下脓肿经1～2个月后可能自行破溃，流出浓稠、白色奶酪状样的脓液。当脓肿溃破后，伤口经久不愈，由创口流出的脓液玷污并刺激皮肤，引起家兔的挠抓而损伤皮肤，脓液中的葡萄球菌又侵入抓伤处，或通过血流转移到别的部位形成新的脓肿。当脓肿向内破溃时即发生全身性感染，呈现败血症，病兔迅速死亡。

（2）仔兔脓毒败血症　仔兔生后2～3天，在皮肤上出现有粟粒大的脓肿，多数病例于2～5天呈现败血病而死亡。幸而不死的仔兔，脓肿慢慢变干，逐渐消失而痊愈。年龄稍大的仔兔，在腹部、颈和脚部内侧皮肤上出现黄豆大白色脓疱，高出于皮肤表面，病程较长，多数病兔因细菌产生毒素而引起败血症死亡。

（3）脚皮炎　在兔爪下面的表皮上，开始出现充血，稍微肿胀和脱毛，以后形成经久不愈而经常出血的溃疡。病兔的脚不愿移动，很小心的换脚休息。病兔食欲减退、消瘦。有时发生全身性感染，呈现败血病症状，病兔很快死亡。

（4）乳房炎　哺乳母兔由于乳头受到污染或损伤，葡萄球菌侵入后引起乳房发生炎症，病兔全身体温和乳房局部体温都稍有升高，然后在乳房表面或深层形成脓肿。当急性乳房炎时，乳房呈紫红或蓝紫色。慢性型初期，乳房和乳头硬实，随后逐渐增大，并形成脓肿；旧的脓肿结痂愈合后，新的脓肿又可形成。

（5）仔兔黄尿病　由于患乳房炎母兔乳汁中含有大量葡萄球菌，当仔兔吃了患乳房炎初期的母乳时，可引起仔兔急性肠炎。仔兔发病后呈昏睡状态，全身发软，排出黄色的尿液和黄色稀便。全窝仔兔肛门周围污染黄粪，有腥臭味。仔兔整日沉睡，体弱，发病后 2～3 天死亡，病死率很高。

（6）外生殖器官炎症　母兔的阴户周围和阴道溃烂，形成一片溃疡面，形成如花椰菜样。溃疡表面呈深红色，易出血，部分呈棕色结痂。有少量淡黄色黏性或黏液脓性分泌物，也可见阴户周围和阴道有大小不一的脓肿，从阴道内可挤出黄白色黏稠的脓液。患病公兔的包皮有小脓肿、溃烂或棕色结痂。

（7）鼻炎　病兔常打喷嚏，鼻腔内流出大量浆液脓性分泌物，在鼻孔周围结痂，严重者发生呼吸困难，病兔常用前爪抓鼻，引起眼炎、结膜炎。常并发或继发肺脓肿、肺炎或胸膜肺炎。

四、诊断方法

根据临诊症状和病理变化可初步诊断，进一步确诊需进行实验室检查。以无菌方法取脓疱内脓液或小肠内容物涂片染色镜检，可见病原。

五、误诊病例和原因

家兔对葡萄球菌很敏感，而葡萄球菌在自然界中分布很广。兔葡萄球菌病临床症状复杂多变。一旦家兔受伤，很容易发生感染，通常在表皮的感染如乳房炎，脚皮炎等化脓性炎症较易诊断，对于体内的化脓性炎症，特别是败血症，容易和其他化脓性细菌疾病相混淆，如巴氏杆菌病、波氏杆菌病、绿脓假单胞菌病，肝、肺、胸腔均有脓肿和化脓病理变化，与葡萄球菌引起的转移型脓毒败血症极为相似，应注意区别诊断。另外，本病也会出现混合感染和继发感染现象，是引起漏诊的原因。

六、误诊防止

临床上大夫首先要扩展自身的思维，增加疾病的知识面，不能看到化脓性疾病就归为葡萄球菌病，不仅要知道常见病，还要了解少见病。其次，要做好疾病的鉴别诊断。最后，对于细菌性疾病，实验室细菌性检验是准确诊断的基础，但由于葡萄球菌分布广泛，检测到病原后，必须结合临床症状和病理变化进行确诊。常见的类症鉴别如下。

(1) 兔黏液瘤病　兔黏液瘤病容易和兔葡萄球菌皮下脓肿相混淆。兔黏液瘤病病原为黏液瘤病毒。体温42℃，眼睑肿胀，脓性分泌物。口、鼻、颌下、耳、肛门、外生殖器黏膜皮肤交界处发生水肿，内容物为黏液。头部水肿，皮肤起皱如狮子头。内脏充血、出血，无脓液。病变组织触片或切片，吉姆萨染色镜检，可见紫色的细胞浆包涵体。兔葡萄球菌病的皮下肿胀是脓肿，界限明显，成熟后有脓液。

(2) 兔螺旋体病　又称兔梅毒病，容易和兔葡萄球菌的生殖器官炎症混淆。兔梅毒病是兔的一种慢性传染病，病初可见外生殖器和肛门周围发红、水肿，阴茎水肿，龟头肿大，阴门水肿，肿胀部位流出黏液性或脓性分泌物，常伴有粟粒大小的结节；结节破溃后形成溃疡；由于局部不断有渗出物和出血，在溃疡面上形成棕红色痂皮；因局部疼痒，故兔多以爪擦搔或舔咬患部而引起自家接种，使感染扩散到颜面、下颌、鼻部等处，但不引起内脏变化，一般无全身症状；有时腹股沟淋巴结和腘淋巴结肿大。

(3) 兔波氏杆菌病　是一种慢性呼吸道传染病，以鼻炎、支气管肺炎和脓疱性肺炎为特征，而葡萄球菌病虽然能引起家兔的鼻炎、肺的脓性病灶，但所占比例很少，鉴别时可将脓液涂片、革兰染色镜检。如为阳性球菌，即葡萄球菌病，呈阴性、多形态小杆菌，即为波氏杆菌病。

(4) 兔棒状杆菌病　病原为棒状杆菌，以实质器官和皮下形成小化脓灶为特征。剖检可见肺、肾脏出现小脓肿。和葡萄球菌的脓毒败血症表现相似，需要通过实验室病原学检验鉴别。以脓液涂片镜检，可见革兰阳性，多形态、一端棒状的大杆菌。

（5）兔巴氏杆菌病　是一种细菌病；多种动物可以感染；1～6月龄的家兔多发，呈散发或地方性流行。以呼吸道症状为主；临床可表现为败血性、鼻炎、肺炎、中耳炎、结膜炎、子宫炎、睾丸炎等；剖解变化不仅有出血性变化，还有化脓性炎症。能见到肝脏有坏死点，鼻腔和气管有黏液性或脓性分泌物，肺有化脓灶，能见到胸腔的纤维素性炎症和胸腔积液。可用实验室检测区分，细菌培养，染色可见革兰阴性两极浓染的小杆菌。

（6）兔绿脓假单胞菌病　本病除引起家兔发生败血症外，还在肺和内脏器官形成脓疱，突出特点脓疱和脓液呈淡绿色或褐色，而葡萄球菌形成的脓液呈乳白色。

（7）兔坏死杆菌病　以皮肤、皮下组织（尤其是面部、头部与颈部）、口腔黏膜的坏死、溃疡和脓肿为特征，病灶处有恶臭味，病原体为革兰阴性的多形态杆菌。

（8）兔疥螨病　病兔皮肤损伤多发生在无毛或少毛的部位，其中足、趾最常见，而足心部不发生。病料镜检，可查出疥螨。

七、误治与纠误

本病治疗可采用局部处理和全身疗法相结合。治疗的关键是除去原发病灶，仅仅使用抗生素进行全身治疗，效果不是很好，特别是对于脓毒败血症。对于局部的脓肿，主要是消除炎症，促进吸收，局部应用轻刺激剂如樟脑酒精、鱼石脂软膏，全身还可肌注青霉素或磺胺药，剂量要大，如应用及时有良好疗效。对肿胀疼痛已化脓局部，则用松节油、纯鱼石脂软膏涂布，以促进脓肿成熟，若患部皮肤中心脱毛、触诊柔软有波动，则表明脓肿已成熟，应立即切开排除脓液，进行外科清创处理，并用大剂量抗生素、磺胺药肌注和内服。

外伤是本病发生的主要原因。金色葡萄球菌广泛存在于饲料、饮水、空气及土壤、物体的表面等。所以，平时应注意兔笼及运动场所的清洁卫生工作，防止互相咬伤、抓伤、刺伤等外伤，笼子底板不能有钉子等尖刺物体，防止皮肤外伤引起感染。关养的兔笼不能太拥挤，把好斗的兔子分开饲养，剪毛时不要把皮肤剪破，一旦发现皮肤损伤，应及时用5％碘酊或紫药水涂擦，以防葡萄球菌感染。如产仔过多、母兔乳汁过少、仔兔吸乳时容易把乳头咬破引起细菌感染，可以采取寄养的方法。仔兔黄尿病（仔兔急性肠炎）预防的关键是防止母兔乳房炎，所以一旦发现患乳房炎的母兔，应及时予以治疗。

紫药水常用于黏膜及皮肤溃疡，但不宜用来涂化脓伤口。因为它除有一定的杀菌作用外，还具有收敛作用，涂后可在伤口表面结一层痂皮，看起来伤口干燥了，但实际病变未减轻，且使痂皮下的脓液流不出来，向深部扩散，加重感染。只有新鲜表浅的皮肤外伤涂紫药水，才能起到杀菌和促进伤口愈合的作用，已经化脓伤口不可用。

第八节 野 兔 热

野兔热又称土拉杆菌病，是由土拉杆菌引起的一种人兽共患的急性、热性、败血性传染病。以体温升高、淋巴结肿大、脾脏和其他内脏坏死为特征。

一、病原

土拉杆菌为革兰染色阴性的多形态的杆菌，在患病动物的血液内近似球状，在培养中则有球状、杆状、豆状、精虫状和丝状等。一般为杆状，宽 $0.2 \sim 1 \mu m$，长 $1 \sim 3 \mu m$。无芽孢、无鞭毛、不能运动、不形成荚膜。美蓝等染色呈两极着色。本菌为需氧菌，通常在宿主细胞内繁殖，在普通培养基上不能生长，只有在加有血、卵黄等营养丰富的培养基上才能生长，对胱氨酸和半胱氨酸有特殊需要。初次分离培养常需 $2 \sim 5$ 天，有时 $6 \sim 7$ 天才开始生长，形成透明灰白色、黏性的小菌落。本菌的抵抗力强。在土壤、水、肉和皮毛中可活数十天，在尸体中可活一百余天。$60 ℃$ 以上高温、来苏尔、石炭酸以及其他常用消毒药都能很快将它杀死。对链霉素、四环素和氯霉素很敏感。

二、流行病学

本菌感染动物种类非常广泛，包括啮齿动物、毛皮兽、家畜、家禽和野禽等，人也可受到传染。但是只有野兔和其他野生啮齿动物是主要传染源。本病在野生啮齿动物中常发生地方性流行，但不引起严重死亡，大流行一般可见于洪水、灾荒和其他自然灾害时，或当繁殖过多，造成食物不足、营养不良和抵抗力显著降低之时。土拉杆菌病通常经节肢动物叮咬，或经呼吸道、消化道、伤口、完整的皮肤和黏膜感染。细菌通过排泄物、污染的饲料和饮水用具以及节肢动物，如蛹、蝉、蝇、跳蚤、蚊和虱等进行传播。本病一般呈地方性流行。

三、临床症状

本病的潜伏期一般为 1～9 天，以 1～3 天为多，分急性和慢性两种。临床症状以体温升高、衰弱、麻痹和淋巴结肿大为主，急性病例多无明显症状而呈败血症死亡，死前食欲废绝、运动失调。慢性病例多数病程较长，机体消瘦、衰竭，颌下、颈下、腋下和腹股沟淋巴结肿大、质硬或化脓，有鼻液，体温升高至 41℃。

四、病理变化

急性死亡的病兔呈败血症的病理变化，无特征病变。病程稍长的病兔，淋巴结显著肿大，呈深红色，切面可见如大头针头大小、淡黄灰色坏死点。淋巴结周围组织充血、水肿；脾脏肿大、呈深红色，表面与切面有灰白或乳白色的粟粒至豌豆粒大的结节状坏死。肝、肾肿大，有散发性针尖至粟粒大的坏死结节。肺充血，可见斑驳实质区。

五、诊断方法

本病的症状无特异性，只能作诊断参考。病理变化有较大诊断价值。根据剖检变化，结合体表淋巴结肿胀、化脓，可作出初步诊断。但要确诊需要做细菌学和血清学检查。

细菌学诊断：由病兔或尸体采血液和淋巴结、肝、脾、肾的病变组织，做成悬液注射于豚鼠或小白鼠的皮下。豚鼠一般于 4～10 日死亡，死后由血液和病变组织分离细菌，但第一次常不能得到本菌的纯培养，须进行 2～3 次的接种通过纯培养后，进行鉴定。

血清学诊断：采血清与土拉杆菌抗原作凝集反应呈阳性即可。

六、误诊病例和原因

第一，本病的发生不如其他病常见，属于少见病，经常由于大夫的知识面较窄，或临床经验不足，而误诊为其他疾病。第二，本病的淋巴结、脾、肝、肾有特征性结节或化脓性坏死结节。但伪结核病与李氏杆菌病，病兔的有些器官也可见到坏死灶或坏死结节，这是容易发生误诊的主要原因。对于本病的急性病例，由于死亡急，往往典型病变还没有出现，容易和兔瘟和巴氏杆菌病混淆。第三，野兔热是一种自然疫源性疾病。其流行病学史在诊断过程中起着十分重要的作用。诊病时，要仔细询问畜主场地是否靠近林区、草原、山地等可能感染野兔热病的地区；有否节肢动物叮咬的病史。许多误诊病例，就是因为忽视了对流行病学史的调查或问诊不够详细而造成的。临床必须重视诊断的基本过程，仔细询问病史，认真查体，以免漏掉有意义的流行病学资料和阳性体征。发现可疑病例，及时作血清学检查帮助鉴别诊断。

七、误诊防止

第一，要掌握本病的特征，本病多发于春末夏初啮齿动物和吸血昆虫活动季节，有鼻炎，体温升高，消瘦，衰竭与血液白细胞增多等临诊症状，有特征性病理变化。第二，大夫要扩大自身的知识面，了解少见病。第三，本病经常被当做病毒病治疗，是大夫知识不足引起，必须避免。类症鉴别如下。

（1）伪结核病　兔病变主要见于盲肠蚓突，圆小囊有灰白色粟粒状结节，其次为脾、肝、肠系膜淋巴结，有慢性下痢症状，病原为伪结核耶新杆菌，而野兔热在上述两部分无明显的变化，并且也不存在下痢症状。将两种菌病料分别接种于麦康凯琼脂培养基上，伪结核耶新杆菌有菌落生长，而土拉伦斯杆菌不能在此培养基上生长。

（2）李氏杆菌病　李氏杆菌病常有神经症状，体表淋巴结无明显变化，病料染色镜检为革兰阳性小杆菌；野兔热不出现神经症状，淋巴结肿大，呈深红色并有坏死病灶，染色镜检为革兰阴性，多形态的小杆菌。李氏杆菌病脾脏肿大，呈深红色，有坏死病灶；而野兔热的脾脏不肿大。

（3）兔棒状杆菌病　病原为棒状杆菌。病兔皮下脓肿。有变形性关节炎。剖检可见肺、肾脏有小脓肿。没有野兔热的坏死病变和淋巴结肿胀。

八、误治与纠误

本病由于属于少见病，经常被误诊，当做其他疾病进行治疗。确诊大多需要实验室检验。正确的治疗方法如下。

① 本病是一种细菌病，对链霉素、氯霉素、金霉素、四环素均敏感，尤其链霉素治疗效果最佳。诊断为患本病的动物可用以上药物治疗。肌内注射链霉素，剂量为每千克体重 20mg，每天 2 次，3～5天为一疗程。金霉素，每千克体重 20mg，静脉注射，每天 2 次，连用 3 天。卡那霉素，每千克体重 10～20mg，肌内注射，每天 2 次，连用 3 天。

② 本病属于急性、烈性、败血性传染病，治疗应早。本病后期抗生素治疗效果不好。

③ 本病菌主要为野生啮齿类、野兔和鸟类的致病菌，人也可被感染，鼠类和外寄生虫为主要传播者。因此，在兔场内要经常捕杀鼠类和节肢动物等体外寄生虫，防止野兔进入兔场。经常进行兔舍和笼位清洁卫生和消毒。发现病兔及时隔离治疗，对治疗无效的病兔扑杀处理，尸体及排泄物深埋或焚烧处理。

第九节　兔伪结核病

兔伪结核病是由伪结核杆菌引起的一种与结核病相类似的慢性消耗性传染病。在啮齿动物常为散发性或为地方性流行。本病以肝、脾、蚓突及圆小囊发生肿胀和乳脂样坏死结节为特征。

一、病原

本病病原为伪结核耶尔新杆菌，属耶尔新杆菌属。这种细菌为革兰染色呈阳性的球状、短棒状或多形态的杆菌，没有荚膜，有鞭毛，不形成芽孢。通常单个存在，偶尔也成链状。常呈两极着色。在普通琼脂、血液琼脂和麦康凯琼脂上均能生长，常呈干燥的小菌落。在肉汤中形成轻微的浑浊，表面有一层黏性薄膜。从脾、肝、肾、肺、蚓突、圆小囊和肠系膜淋巴结等分离病原时，肠系膜淋巴结检出病原菌的百分率高于其他器官。本菌对外界抵抗力不强，80℃加热 10min

即可杀死。0.1％升汞溶液 15～25min、5％石炭酸溶液 5～10min 也可杀死本菌。

二、流行病学

伪结核耶尔新杆菌广泛存在于自然界，感染动物和带菌啮齿类动物是自然贮存宿主和传染源。由于病原菌在自然界广泛存在（鼠类是本病原的自然贮存库），本病常可自然发生。空气、饲料、饮水和用具被病兔的分泌物和排泄物污染之后，通过呼吸道和消化道将病菌传染给健康兔而引起感染发病。也可经皮肤伤口、交配而感染。营养不良、受惊和寄生虫病的家兔抵抗力降低时易诱发本病。本病多为散发性，但也可引起地方性流行，冬、春寒冷季节多发。

三、临床症状

本病通常表现为慢性。病兔逐渐消瘦，衰弱，精神沉郁，行动迟缓，食欲减退到拒食，被毛粗乱，常出现脓性结膜炎，开始流泪，以后呈脓性。病初期粪便变细，后腹泻，发热，呼吸困难。手触摸腹部可感到回盲部及圆小囊肿大，蚓突变粗变硬，有时也可以摸到肠系膜淋巴结肿大，病兔通常直到瘦得皮包骨时才死亡。少数病例呈急性败血性经过，体温升高，呼吸困难，精神沉郁，食欲废绝，很快死亡。病母兔生下的小兔发育不良，或为死胎。

四、病理变化

本病的特征性变化有两种类型：一类是以盲肠蚓突和圆小囊的病变为主要特征。盲肠蚓突肥厚，肿大如腊肠，浆膜下有无数灰白色干酪样小结节，黏膜被干酪样变性的小结节所覆盖，结节有的独立，有的成片状（由许多小结节融合而成）。圆小囊肿大变硬，浆膜下有弥漫性灰白色乳脂样或干酪样粟粒大的结节。病变轻者可在蚓突和圆小囊浆膜下，见有少量散发性小结节。另一类是以脾脏或肝脏的病变为主要特征，脾脏肿大 5 倍左右，表面和深层组织有弥漫性灰白色干酪样或乳脂样结节，大小如粟粒、黄豆，形态不规则。肝脏的结节往往与脾脏或盲肠蚓突、圆小囊同时出现，脾和肝的结节能突出表面。有的病例的肺和肾也可以见到有同样的结节，肠系膜淋巴结可增大数倍，并有大面积干酪样坏死。心脏及四肢淋巴结很少出现病变。新形成不久的结节其中含有白色黏液状物，陈旧的则为黄色凝固的干酪样团块，浅在的结节常突出于器官的表面。败血型的伪结核病家兔很少发生，其全身呈败血病的特征，表现为肝、脾、肾严重淤血肿胀，肠壁血管极度充血，肺和气管黏膜出血，尸体肌肉呈暗红色。

五、诊断方法

依据本病在家兔中多为散发，以长期缓慢消瘦和衰弱为主。腹部触诊有时可触到肿大的淋巴结。据死后可在肠道和各器官发现灰白色乳脂样或干酪样小结节和肿大的肠系膜淋巴结等做出初步诊断。确诊须做病理剖检和实验室检查，即病原菌的分离鉴定和血清学检查。血清学检查可应用凝集试验或间接血凝试验。

六、误诊病例和原因

本病属于慢性消耗性疾病，散发，单从临床症状上容易和其他慢性消耗性疾病，如营养代谢病、寄生虫病和结核病等相混淆，但是本病具有自身的特征性病理变化。在病理变化上，常由于医生的知识掌握不牢固和相同病变的其他病相混淆，如野兔热、结核病等。另外，本病也属于少见病，如果医生知识面窄，临床知识缺乏，往往诊断为结核病。

七、误诊防止

第一，仅从临床症状上不容易确诊本病，但是从解剖病理变化上，由于具有特征病理变化，较易确诊。第二，要求医生具有较广的知识面，不仅要知道常见病，也要了解少见病。第三，要做好相同疾病的鉴别诊断。第四，本病是散发，营养代谢病通常是群发，结合病理变化，不难鉴别。

（1）结核病 本病首先应与结核病相区别诊断。伪结核性结节起初是由组织细胞和淋巴细胞构成的，后来则以白细胞为主，因此病灶可能和脓肿相似。在肉眼观察下，伪结核性结节和结核性结节的区别是它的发生和发展要快得多，在早期即行脂化。因此，最小的结节呈白色或黄白色，较大的则软化成一乳脂状团块，其中有钙盐沉积，常

108

被结缔组织的包膜所包围。结核杆菌为革兰阴性杆菌，结节极少发生在蚓突和圆小囊的浆膜下，主要病变是在肺、肝、胃等器官，且结核灶坚硬。结核杆菌具有抗酸染色的特点。

（2）野兔热　野兔热一般有鼻炎，体表淋巴结肿大化脓，水泻，运动失调。剖检可见脾脏呈暗红色，有针尖大白色坏死灶。淋巴结深红色，并可能有针尖大坏死灶。肺部淤血、斑驳突变。采血清与土拉伦斯抗原作凝集反应阳性。兔伪结核病病程缓慢，逐渐消瘦，有的下痢，常瘦至皮包骨才死亡。剖检可见圆小囊、蚓突发硬，浆膜下有干酪样小结节，黏膜有干酪样分泌物。内脏涂片染色镜检，可见革兰阴性两极染色多形态小杆菌。

（3）兔球虫病　兔球虫病肠道或肝脏也会出现淡黄色或灰色结节，可从病灶取材料作镜检加以区别。球虫病分肠型、肝型和肠肝混合型。肠型慢性者盲肠蚓突浆膜和其他部位的肠壁有数量不等圆形、粟粒大小坚硬的灰白色结节，但盲肠蚓突不肿大，肝、脾、肾、肠系膜淋巴结等其他器官无多大变化。肝型急性时肝肿大，表面和内部具有大者如豆、小者如粟粒灰白色或淡黄色的结节，其中充满球虫。病程较长者，病灶变为破碎的钙化物质。但蚓突不肿大，脾、肾以及淋巴结一般无结节病灶。

（4）兔副伤寒　兔伪结核病与兔副伤寒剖检时可见到盲肠蚓突、圆小囊和肝脏浆膜上有粟粒大灰白色结节，但伪结核病的结节扩散融合后可形成片状，显著肿大，呈黄白色，而蚓突呈腊肠样，质地硬，脾脏也显著肿大，结节有蚕豆大，这些是副伤寒所没有的，可作为鉴别的重要依据。副伤寒母兔可发生阴道炎和子宫炎而引起流产，与伪结核病不同。

八、误治与纠误

由于本病散发，经常被忽视治疗，但是一旦本病污染兔群，引起的淘汰率还是很高的，应注意净化兔群。正确的方法如下。

① 本病的治疗价值不大，疾病早期治疗有效，但通常不易发现。一般在疾病后期，确诊后已经没有治疗价值了，多数淘汰处理。抗生素治疗可用链霉素肌内注射，每千克体重 20mg，每天 2 次，连用 5～7 天；也可用卡那霉素、四环素或环丙沙星等进行治疗。

② 兔伪结核病以冬末春初多发，对幼兔危害最大，属慢性消耗性疾病，所以加强饲养管理十分重要，应做好兔舍的保暖，饲料搭配适宜，以便提高兔体的抵抗力。病兔应及时进行隔离治疗，对瘦弱及无法治愈的病兔予以扑杀处理。对死亡兔和扑杀处理的死兔应深埋或焚烧。对病兔笼、用具等被污染的场所进行消毒。

第十节　兔结核病

兔结核病是由结核分枝杆菌引起的一种慢性传染病。以肺、消化道、肝、脾、肾与淋巴结的肉芽肿性炎症及非特异性症状（如消瘦）为特征。

一、病原

引起兔发病的主要是牛型结核分枝杆菌，禽型和人型结核分枝杆菌也能引起兔发病。结核杆菌是直或微弯的细长杆菌，长 $1.5\sim5\mu m$，宽 $0.2\sim0.5\mu m$，无荚膜和鞭毛，不产生芽孢，革兰染色阳性，是抗酸菌，如用石炭酸复红加热染色，着色良好。结核杆菌为严格需氧菌，在培养基或淋巴结内的菌体，可见分支现象。结核杆菌对外界环境条件抵抗力很强，在水、土壤、粪便中能生存 5 个月以上，不怕干燥与湿冷，在 $-8\sim-1℃$冰冻 120 天也不能冻死。在乳汁中经过发酵变酸虽经 13 天也不能杀灭。加热 65℃经 15min 杀灭，70～80℃经 5min 杀灭。结核杆菌对一般消毒药物耐受性较强，3％甲醛溶液消毒有效，在 70％酒精、10％漂白粉中很快死亡。

二、流行病学

在自然情况下，可感染人、牛、猪、禽、兔及野生动物。兔结核病主要是由于与结核病人、牛和鸡直接或间接接触而传染。各种年龄与各品种的兔都有易感性。一年四季均可发生，多为散发。患病兔可经过多种途径向外排菌，如痰液、粪便、乳汁等。一般是经呼吸道感染，由咳嗽、喷嚏等飞沫传播；也可由消化道感染，主要是由于饮水、饲料被病兔鼻液、分泌物、乳汁、粪便等污染而传播。饲养管理不当、密度过大、兔舍通风不良、潮湿、光照不足、缺乏运动等因素与本病的发生密切相关。

三、临床症状

病兔食欲不振，进行性消瘦，被毛粗乱，咳嗽，喘气，呼吸困难，体温稍高，日益衰弱，甚至损害到眼睛，即眼睑反射消失，严重的病例发生角膜炎和虹膜粘连、虹膜褪色，晶状体混浊。患肠结核病兔呈腹泻。骨骼发生病变的病兔肘关节、膝关节和跗关节骨骼变形，甚至发生脊椎炎和后躯麻痹。

四、病理变化

身体消瘦，各器官有淡褐色以至灰色的坚硬结节。结节大小不一，通常发生于肺、肝、肾、肋膜、腹膜，心包、支气管淋巴结和肠系膜淋巴结等部位，脾脏结节较少见。结核结节具有坏死干酪样中心和纤维组织包囊。肺结核病灶可发生融合，形成空洞。肺的病变主要有粟粒型（针尖大至粟粒大的灰白色结节），结节型（绿豆大至黄豆大的灰白色结节）和混合型。肝脏有针尖大白色斑点，可密布于整个肝；肾有粟粒至绿豆粒大的灰白色结节，多发生于皮质部。肠系膜淋巴结肿大，表面和切面有不规则黄白色斑纹。空肠、回肠、盲肠和结肠的病变主要有两种类型：一是在肠系膜的浆膜有扁平结节微突出于表面，灰白色、半透明，其上有黄白色斑纹。二是结节突出于浆膜表面，大如豌豆、灰白色、半透明，切面有黄白色干酪样物。在浆膜上布满针尖大至粟粒大的灰白色、半透明结节。

五、诊断方法

通常根据临床症状较难确诊，病理变化具有特征性，可以初步诊断，确诊必须通过实验室检验。采取新鲜结核结节病灶触片，用抗酸染色法染色镜检，可见细长丝状、稍弯曲的红色结核杆菌。或以病料进行细菌培养，做病原的分离与鉴定，即可确诊。

六、误诊病例和原因

通常仅根据临床症状较难诊断，容易和其他慢性消耗性疾病或普通病相混淆，被误诊为肠炎。在疾病后期，根据特征性的病理变化较易确诊。由于本病的普及性，属于常见病，在病理变化上，经常将其他相同病变的疾病如伪结核病，野兔热诊断为本病。

七、误诊防止

在疾病的早期，由于没有典型的临床症状，要确诊本病必须通过实验室检测，防止误诊的发生。在病史的询问上，要求大夫考虑兔场或周围有没有结核病，从而怀疑本病。其次，要做好类症鉴别。

（1）伪结核病　是由伪结核杆菌引起的一种慢性消耗性传染病。本病多为散发，表现为慢性。多数有化脓性结膜炎。剖检见肠系膜淋巴结、肝、脾肿大。有干酪样坏死灶，盲肠的蚓突和回盲部的圆小囊上有无数灰白色干酪样小结节。结核病的坏死主要在肺、消化道、肝、肾、脾和淋巴结，而较少发生在盲肠的蚓突和回盲部的圆小囊。以结节的内容物涂片，用抗酸性染色法染色，伪结核耶氏杆菌为非抗酸菌，如果将病料培养于麦康凯琼脂培养基上，生长者为伪结核耶氏杆菌，而结核杆菌在此培养基上不能生长。

（2）野兔热　野兔热的病理变化也有内脏器官的坏死性变化。野兔热是由土拉杆菌引起的一种急性、热性、败血性传染病，和结核病的慢性、消瘦性不同。野兔热病兔体温升高，流鼻涕、打喷嚏，结膜炎、颌下、颈下、腋下和腹股沟淋巴结肿大。剖解见肝脾肾出现肉芽肿和形成坏死，并形成干酪样坏死灶，多于 8～15 天发生败血症死亡。

最好的鉴别方法就是用变态反应试验，即用副结核菌素或禽型结核菌素皮内注射试验，不仅可区别以上疾病，还可检出大部隐性病兔。

八、误治与纠误

本病的治疗意义不大，误治的原因多是误诊为其他疾病进行治疗，效果不好后，才进一步确诊为本病。本病主要防治方法如下。

① 本病的治疗疗程长、费用大，又不易根除，所以没有多大治疗价值，关键要注意净化兔群，加强饲养管理和淘汰病兔。严格搞好饲养管理，加强兽医卫生防疫制度，定期消毒兔舍、兔笼和用具等，

消毒药品可用 20％石灰水或 5％漂白粉。

② 减少传染源：对消瘦、咳嗽的慢性病兔反复进行检查，对可疑病兔进行隔离观察，确诊的病兔淘汰处理。对饲养过家禽，特别是发生过结核病的场所，未经彻底消毒，不可饲养家兔。严禁用患结核病的牛、羊乳汁喂兔。结核病人不能当饲养员。

第十一节　兔坏死杆菌病

兔坏死杆菌病是由坏死杆菌引起的一种急性、散发性传染病。以皮肤和皮下组织（尤其是面部、头部与颈部）、口腔黏膜坏死、溃疡和脓肿为特征。

一、病原

本病的病原体为坏死杆菌，为多形性革兰阴性细菌，小者呈球杆状，从病灶新分离的为长丝状，染色时因原生质浓缩而呈串珠状，无鞭毛和荚膜，不形成芽孢，能产生内、外毒素。广泛存在于自然界，同时它还是健康动物的扁桃体和消化道黏膜的常在菌，随唾液和粪便排出外界而污染周围环境。抵抗力不强，一般消毒药均能将它杀死。所有畜禽和野生动物都有易感性，病原菌通过皮肤、黏膜的伤口入侵。本菌能产生两种毒素，外毒素引起组织水肿，内毒素致使组织坏死。

二、流行病学

本病常为散发，偶呈地方性流行或群发。幼兔比成年兔更易感染发病。病兔的分泌物、排泄物所污染的外界环境是重要传染源，病原菌通过皮肤和黏膜的损伤而传入兔体，引起内脏坏死，或在皮下形成脓肿。

三、临床症状

兔坏死杆菌病主要以口腔疾患为特征。一种病型是在唇部、口腔黏膜和齿龈等处发生坚硬的肿块，以后坏死。病兔不能吃食，流涎，口、唇与齿龈黏膜坏死，形成溃疡。肿块也可能发生在颈部以及胸

113

部，经 2~3 周后死亡。另一种病型是在腿部和四肢关节或颌下、颈部、面部以至胸前等处的皮下组织发生坏死性炎症，形成脓肿和溃疡，病灶破溃后发出恶臭味。病兔体温升高，体重减轻，衰弱，此型病例病程较长，数周到数月。

四、病理变化

主要病变表现为唇部、口腔黏膜、脚底部、四肢关节及颌下、颈部、面部以及胸前部等处皮肤和皮下组织发生坏死性炎症，形成脓肿、溃疡。病灶破溃后散发恶臭气味。剖检可见口腔黏膜、齿龈、舌面、颈部、皮下和肌肉坏死；淋巴结特别是颌下淋巴结肿大，有干酪样坏死。多数病例在肝、脾、肺等处有坏死灶。四肢有深层溃疡病变，坏死组织有特殊臭味。后肢深部溃疡或皮下脓肿。肝、脾多有坏死或化脓灶，有时见肺坏死灶、胸膜炎、腹膜炎、心包炎，坏死处有特殊臭味。在坏死组织与健康组织间可检出坏死杆菌。

五、诊断方法

根据流行情况及症状进行分析诊断，在坏死组织与健康组织交界处可刮取病料涂片或培养，易发现有坏死杆菌，可以确诊。

六、误诊病例和原因

本病表现为急性，散发性疾病。需要通过伤口感染。在临床症状上，口腔感染的表现容易和其他口炎性疾病相混淆，如水泡性口炎、外伤性口炎。发生在皮下的坏死，容易和其他皮下坏死性疾病相混淆，如葡萄球菌病等。

七、误诊防止

仅从临床症状上不容易和其他疾病区分，但是本病具有特殊的恶臭味。实验室检验是防止误诊的关键。临床医师要做好鉴别诊断。

（1）兔绿脓假单胞菌病　肺、肝形成脓疱，皮下形成脓肿，脓肿液呈淡绿色或褐色，具有芳香味。病原在普通培养基上生长良好。而兔坏死杆菌病形成的脓疱和脓液没有颜色，具有特殊的恶臭味，病原在普通培养基上不生长，只有在厌氧条件下，在鲜血培养基上才能生长。

（2）葡萄球菌病　化脓性炎症以形成有包囊的脓肿为特征，脓肿虽多位于皮下或肌肉，但局部皮肤常不坏死和形成溃疡。脓液无恶臭气味。

（3）传染性水泡性口炎　病原为水泡性口炎病毒。病兔舌尖、口腔、齿龈、硬腭先潮红，后成水疱，疱破糜烂或溃疡。虽有流涎症状和口膜炎变化，但口膜炎的病变表现为水疱、糜烂和溃疡。其他组织器官常无病变。坏死杆菌除口腔黏膜外可形成皮下、肌肉坏死，淋巴结肿大，干酪样坏死，并能扩散到肺肝脾等处。

（4）兔棒状杆菌病　病原为棒状杆菌。病兔皮下形成脓肿。不形成坏死性炎症和溃疡。有变形性关节炎。剖检可见肺、肾脏有小脓肿病灶。

（5）野兔热　是由土拉杆菌引起的一种急性、热性、败血性传染病。以体温升高、淋巴结肿大、脾脏和其他内脏坏死为特征。病兔体温升高，流鼻涕，打喷嚏，结膜炎，颌下、颈下、腋下和腹股沟淋巴结肿大，并可见鼻炎症状。剖解见肝脾肾出现肉芽肿和形成坏死，并形成干酪样坏死灶。

八、误治与纠误

仅治疗原发病灶，而忽视全身的治疗，导致治疗效果不理想。必须结合全身治疗。对于口炎型，要重视支持疗法，减少对口腔的刺激，给予能量补充，如葡萄糖腹腔注射。正确的处理方法如下。

① 抗生素治疗有效，但必须结合局部治疗。局部处理，清除坏死组织及脓液，用生理盐水溶液充分洗涤伤口，每天2~3次；对皮肤肿胀部位每天涂1次鱼石脂软膏。如果有脓肿则切开排脓后，用5%硫酸铜溶液冲洗，然后再灌抗生素。如发生坏死时，除去坏死组织，用3%双氧水或0.1%高锰酸钾溶液洗涤，每天2~3次，清理创面后，再涂青霉素等软膏。药水或10%氯霉素酒精溶液，每日2次。

② 全身治疗：可服用磺胺二甲基嘧啶，开始剂量为每千克体重每次0.14g，维持剂量为每千克体重每次0.07g；氯霉素，每千克体重10~20mg，每日一次。连续3天。

第十二节　兔李氏杆菌病

兔李氏杆菌病又称单核白细胞增多症，是由李氏杆菌引起的一种散发性传染病。以急性败血症，慢性脑膜炎，单核白细胞增多为特征。在自然条件下家畜、家禽、各种啮齿动物以及人均可感染本病。

一、病原

病原菌呈杆状或球杆状，长 $1\sim2.5\mu m$，宽 $0.5\mu m$，革兰染色阳性，无荚膜和芽孢，有鞭毛，能运动，多单在，有时呈短链或丝状。本菌在普通培养基上生长不佳，菌落圆形、光滑、透明，在含 1% 葡萄糖及 2%～3% 甘油的培养基生长旺盛，在血液琼脂上有狭的溶血圈。在含有 0.1% 亚碲酸钾的琼脂上长成黑色、边缘发绿的特殊菌落。本菌对外界抵抗力较强，在土壤、粪便、青贮饲料中长期存活。对酸碱耐受性强，在 pH9.6 的 10% 食盐溶液内仍能生长。对热也有一定的耐受力，在牛奶中经巴氏消毒后仍有存活，65℃经 30～40min 方能杀死。一般消毒药浓如 3% 石炭酸、70% 酒精等均能很快将其杀死。

二、流行病学

家畜、鸟类、经济动物和野生动物均有不同程度的易感性。兔最敏感，狐、毛丝鼠、海狸鼠、犬和猫也能感染。鼠类和一些野生动物是本病的疫源。本病主要通过饲料和水经消化道传染，也可通过尘埃、飞沫而经呼吸道传染。病兔的粪、尿、奶及眼、鼻、生殖道分泌物中均有菌，由此而排出扩散。当饲料、用具和饮水被带菌动物的粪便污染，家兔吃了后，便会感染发病。病菌可经鼻或眼结膜进入机体，也有在交配时感染的。兔李氏杆菌病常呈地方性流行或散发，但致死率很高。各种年龄、品种兔都可感染，当年幼兔较成年老兔更易感，发病急。病程短，死亡率高。

三、临床症状

幼兔，常突然发病，侧卧，口吐白沫，抽搐，低声嘶叫，几小时后死亡。孕兔，在预产期前 3～5 天，病兔常流产，流产前 5～7 天自阴道流出暗紫色的污秽液体。病兔流产前或流产后死亡，不死的长期不孕。病兔，不吃，呼吸急促，口吐白沫，神经症状表现为嚼肌痉挛，眼球凸出，头颈歪斜，向前冲撞，转圈运动，失去采食和行动能力，行动时，一翻几滚，最后倒地，经 1～3h 死亡。病程长的幼兔还可见体温升高达 42.5～43.0℃，严重的有脓性眼结合膜炎，流黏性鼻液，经 2～5 天衰弱而死。孕兔主要表现为流产、拉稀和神经症状。出现症状后开始拔毛叼草"做巢"，最后倒地、抽搐，衰竭而死。病程 3～5 天。

四、病理变化

主要病理变化为肝脏、脾脏，其实质中见有灰白色坏死灶。肝脏有黄色坏死灶，多数是小坏死灶，质脆。脾和心肌也有坏死灶，呈土黄色。淋巴结肿大，胸腹腔积液，肺水肿。脑和脑膜充血水肿，有的有出血，脑脊液增量、混浊，脑干变软，有小脓灶，血管周围有以单核白细胞为主的细胞浸润。子宫炎，内膜有充血或出血。心包腔、腹腔有多量透明的液体。淋巴结，尤其是肠系膜淋巴结肿大或水肿。心外膜有条状出血斑。怀孕母兔子宫内可见多量脓性渗出物，并有变性的胎儿。子宫壁脆弱，易破碎，内膜充血，有粟粒大坏死灶，或有灰白色凝乳块状物。

五、诊断方法

根据临床症状和流行特点不易诊断。诊断应进行实验室检查。白细胞分类计数，单核细胞比例增高到 30%～50%。动物接种，取病料制成悬液，滴入兔或豚鼠结合膜囊内，1 天后可发生结合膜炎，接种兔可耐过不死或发生败血症而死。若滴入孕兔结合膜囊内，可引起严重发病、流产，并可从子宫内或内脏分离出兔李氏杆菌。

六、误诊病例和原因

由李氏杆菌引起家兔的疾病，其临诊症状和病理变化表现多种多样，有些变化与其他疾病较为相似，因此还需要与几种疾病加以鉴别。如出现神经症状还需与巴氏杆菌引起的斜颈病鉴别诊断；流产还需要与沙门菌性流产、外生殖器官炎、霉菌性流产鉴别诊断；内脏器官的病变还需要与野兔热鉴别诊断。

误诊的原因主要是本病临床症状表现复杂，多种多样。本病常呈地方性流行或散发，部分临床医师对本病不熟悉。仅根据临床症状进行诊断，没有进行实验室检查，而导致误诊。

七、误诊防止

掌握本病的特征，注意和其他疾病的鉴别诊断。临床医师要丰富自己的知识面，只有在思维中有这个病，才会做出正确诊断。必要时，可以通过实验室检验来确诊，减少误诊的发生。兔李氏杆菌病急性型多发生于幼兔，亚急性型和慢性型主要表现为子宫炎和脑膜炎，常见的鉴别诊断如下。

（1）兔巴氏杆菌病　兔李氏杆菌病的急性型临床表现和肝脏的坏死点与兔巴氏杆菌相同。兔巴氏杆菌病病原为巴氏杆菌，革兰阴性。败血型，体温高，呼吸困难，打喷嚏，流脓性鼻液，有时下痢。流产兔阴道流脓性分泌物。剖检可见喉、气管黏膜充血、出血，有多量血色泡沫。胸腹腔有积液，肺水肿，充血。心内外膜充血，有出血斑。胸腹腔、心包有积液。肺和肋膜有白色纤维素附着。用心血、肝脏、脾脏涂片，美蓝染色，可见两极染色的小杆菌。

（2）兔肺炎克雷伯菌病　病原为克雷伯菌，病兔沉郁，废食，流水样鼻液，喷嚏，呼吸迫促、困难，腹胀，排黑色糊状粪便。孕兔流产。剖检可见气管充血，泡沫液体；肺充血、出血，大理石状；胸腹腔积液红色；小肠大肠充满气体，盲肠内容黑褐色稀粪，肝脏有小坏死点。通过细菌学检验可鉴定。

（3）沙门菌病　李氏杆菌病与沙门菌病所引起的怀孕母兔流产、肝脏坏死病灶等很相似，李氏杆菌病患兔常有神经症状，斜颈，运动失调，胸腔，腹腔和心包的积液清亮，细菌检测呈革兰阳性杆菌，在麦康凯培养基上不生长；沙门菌病无神经症状，幼兔腹泻，排泡沫黏液性粪便。流产胎儿瘦弱，皮下水肿。剖检可见肠黏膜充血、出血，黏膜下水肿，部分黏膜脱落、溃疡，附有凝乳样物，回盲肠圆小囊肿大，盲肠蚓突肥厚、发硬，浆膜下有无数灰白色小结节。肝、肾、肺有干酪样坏死。败血型，气管、肺部黏膜出血，肉尸暗红。

（4）兔肺炎球菌病　病原为肺炎链球菌。病兔体温升高，流浆液性鼻液，咳嗽。剖检可见气管、支气管充血、出血，有粉红色黏液和纤维素渗出物。肺部有出血斑、脓肿，多数心包、胸膜有纤维素和粘连，肝脏脂肪变性。病变器官涂片革兰染色，镜检可见两端呈矛状革兰阳性球菌。

（5）外生殖器官炎症　由金黄色葡萄球菌及其毒素引起的怀孕母兔流产，病兔阴户或阴道发生溃烂或有脓疱，阴道流出黄白色分泌物，内脏器官无明显肉眼可见的病变。李氏杆菌病阴户或阴道无溃烂或脓疱，阴道流出红色或棕色分泌物，实质器官及子宫黏膜均有明显的坏死病灶等病理变化。

八、误治与纠误

本病的误治主要来源于误诊。特别是对于急性死亡或有神经症状的病兔，会被误诊为中毒性疾病进行治疗，而延误病情。正确的防治如下。

① 本病属于细菌性疾病，抗生素治疗有效。链霉素，每天每千克体重 20mg，分 2 次肌内注射，连用 2～5 天。磺胺甲氧嘧啶或磺胺二甲嘧啶，分 2 次口服，每天每千克体重 0.1～0.2g。青霉素肌内注射，每千克体重 4×10^4～5×10^4U，每天 2 次，连用 2～3 天，但是青霉素对脑炎无效，因青霉素不能透过脑屏障。口服四环素，每只兔每次 200mg，每天 1 次，连用 2～3 天。

② 李氏杆菌病感染动物比较广泛。因此，要注意隔离、消毒工作。兔笼、兔舍可用 3％～5％石炭酸溶液、3％来苏尔或 5％漂白粉消毒。本病也可传染给人，在护理病兔和解剖病死兔时应注意个人保护。鼠可能是本病的传染源、带菌者和贮存者，所以应切实做好灭鼠工作，管理好饲料和饮水，防止被鼠粪污染。

③ 药物预防　兔群可用新霉素混合于饲料中喂给，每只兔 2×10^4～4×10^4U，每天 3 次，可控制本病的发生。

第十三节　兔　　痘

兔痘是由痘病毒引起兔的一种急性、全身性病毒感染的高度接触性传染病。其特征是高度传染性，出现鼻和结膜流出物，皮肤出疹及死亡率较高。

一、病原

本病病原为痘病毒科的痘病毒，DNA 型病毒，有囊膜。病毒在室温条件下可存活几个月。干燥条件下，可耐受 100℃ 5～10min，但在潮湿条件下，60℃ 10min 即可被破坏。对常用的消毒剂具有较强的抵抗力，但 5％酒精和 0.05％高锰酸钾可在一小时内使其灭活。于－70℃可以存活多年。兔痘病毒易在 11～13 日龄的鸡胚绒毛膜尿囊上生长，产生两种痘斑，一种是出血性痘斑，另一种是白色痘斑。

二、流行病学

兔痘只有家兔能自然发病，但幼兔和妊娠母兔的死亡率高。本病传播极为迅速，有时，甚至在消除并隔离病兔等措施以后，仍不能防止本病在兔群中蔓延。鼻腔分泌物中含有大量病毒，易感兔一旦接触染有病毒的饲料、笼具、兔舍即可发病。此外，皮肤和黏膜的伤口，直接接触含有病毒的分泌物也是一个重要的传播途径。病兔康复后无带毒现象，康复兔可与易感兔安全交配，不发生再次感染。

三、临床症状

兔痘的潜伏期短则 3～5 天，长则 10 天以上。典型病例是病毒最初感染鼻腔，在鼻黏膜上皮内繁殖，以后在呼吸道淋巴结、肝和脾脏中繁殖，出现多量鼻漏，体温明显增高，呼吸困难、极度衰弱和畏光。病兔全身淋巴结肿大，特别是咽淋巴结和腹股沟淋巴结肿大并变硬，这是本病的一个特征性症状。皮肤病变通常发生在感染的第 5 天，即出现在淋巴结肿大后约 1 天出现。开始是斑疹，随后变成丘疹，最后形成脐状痘疱，干枯成痂皮。皮肤病变可能不规则地分布于全身，但最常见于耳、唇、眼睑部皮肤、躯干和阴囊皮肤，也常见于肛门及其周围。母兔阴唇也出现同样病变。病兔都伴有对眼睛的损害，轻者是眼睑炎和流泪，严重时发生角膜的弥漫性炎症，甚至发展到穿孔，虹膜炎和虹膜睫状体炎。有时眼睛的病变是唯一的临床症状。病兔有时出现神经症状，主要表现为运动失调、痉挛、眼球震颤，有时肌群发生麻痹。病兔常并发支气管肺炎、喉炎、鼻炎和胃肠炎，怀孕母兔可导致流产。

四、病理变化

本病最具特征性的大体变化是皮肤损害，其严重程度可从仅有少数局部斑疹到严重的、有广泛坏死和出血的皮肤损害不等。斑疹可发生于身体任何部位，口、上呼吸道、肝脏、脾脏及肺。病兔出现皮下水肿和天然孔水肿。胃肠道主要在腹膜和网膜上出现灶性斑疹；肝脏肿大，呈黄色，整个实质有许多灰白色结节，有小的灶性坏死区。胆囊有小结节；脾脏通常中度肿大，伴有灶性结节和小坏死区；肺布满小的，灰白色结节，在病程较长的病例有灶性坏死区。睾丸、卵巢和子宫通常也布满白色结节，睾丸发生显著水肿和坏死，子宫有时发生脓肿。以上各受害器官的细胞内有时可看到特征性的胞浆包涵体。

五、诊断方法

根据临床症状、特征性的病变和显微镜下病变可以作出诊断。用荧光抗体检查冰冻切片上的受病毒感染细胞，或涂片，或通过病毒的分离和鉴定可进一步确诊。把可疑病料接种在鸡胚的绒毛尿囊膜上，或接种在来自兔、小鼠和其他动物的敏感细胞系，进行病毒分离培养，对病毒进行鉴定，或把病料接种于敏感兔，或进行体外中和试验。

六、误诊原因和防止

误诊主要发生在早期，病兔没有特征性的临床表现，容易被诊断为其他传染病，在淋巴结肿胀时，多由于临床医师不重视体格检查，错过了疾病诊断的时机，等到了出疹时期，通常较易确诊，但是已经失去了最佳的治疗时机。对于有此病流行的兔场，在怀疑本病时，最好进行实验室检验。临床医师要重视流行病学和疾病史调查。对于一些烈性病例，要及早使用实验室诊断手段，做到早确诊，早治疗。本病的传染性极高，仔兔和怀孕母兔死亡率极高，临床主要表现为皮肤的痘疹和内脏的坏死，容易和相同症状的疾病相混淆。诊断人员应该掌握本病的主要特征，做好鉴别诊断。

（1）传染性口腔炎　病兔发热，口腔黏膜水肿，坏死，流涎，下颌、颈部全湿，皮肤不出现丘疹。症状和病变局限于口腔黏膜，形成水泡、脓疱或溃疡。

（2）坏死杆菌病　由坏死杆菌引起的一种急性、散发性传染病。主要以口腔疾患为特征，病兔不能吃食，流涎，口、唇与齿龈黏膜坏死，形成溃疡。病兔腿部和四肢关节或颌下、颈部、面部以至胸前等处的皮下组织发生坏死性炎症，形成脓肿和溃疡，病灶破溃后发出恶臭味。多数病例在肝、脾、肺等处有坏死灶。

七、误治与纠误

本病的误治主要是临床医师对本病不熟悉，导致误诊而出现。在治疗过程中只注重局部治疗，而没有考虑整体，本病是一个影响全身脏器的疾病，在治疗时需要采用局部处理和全身疗法相结合的方法，同时加强护理。正确的防治措施如下。

① 皮肤上或其他部位的痘，可将病变剥离后，伤口涂碘酊消毒，或用2％硼酸溶液冲洗后，再用3％蛋白银溶液冲洗。在痘疹的局部，可涂以碘酊；若痘疹已破，先用3％石炭酸或0.1％高锰酸钾溶液冲洗后再涂上碘酊。尽量少用紫药水，特别是化脓创，因为紫药水涂在疱疹处，尽管表面皮肤很快干燥结痂，但表皮下层的感染得不到有效控制，反而向皮肤深层发展，造成深层皮肤组织破坏。

② 对于兔痘的研究还不多，所以其防治方法一般是参照其他动物痘的防治方法进行处理。服用一些清热解毒的中药，也可用牛痘做预防接种。

③ 加强管理，兔舍要保持通风干燥，光照好。购买种兔时应注意检查，不能将病兔和可疑兔购进。新购进的种兔要隔离观察21天。对发病的兔群，应立即将病兔隔离治疗或扑杀处理，病死兔深埋处理。

④ 本病毒的抵抗力很强，但对干燥、热和碱敏感，58℃ 5min即可被杀死；3％烧碱、20％石灰乳和稀碘酊有良好的消毒作用，可以选这些药物对兔舍和笼位进行消毒。

第十四节　兔绿脓假单胞菌病

兔绿脓杆菌病又称兔绿脓假单胞菌病，是由绿脓杆菌引起的家兔以皮下脓肿和败血症为特征的传染病。本病以出血性肠炎和肺炎为特征。

一、病原

病原为绿脓杆菌，又称绿脓假单胞菌，属假单胞菌属。这种细菌为革兰染色呈阴性的多形态的细长、中等大的杆菌，大小为 $0.4\ \mu m \times 2.5\mu m$，两端钝圆，单个或成对存在。菌体一端有 $1\sim 3$ 根鞭毛，不形成芽孢，有时出现荚膜。需氧或兼性厌氧。易被普通染料着色。在培养过程中可产生特定颜色的色素。本菌的抵抗力不强，常用浓度的洗必泰、新洁尔灭、消毒净等 5min 即可将其杀死。55℃ 1h 即可杀死本菌。但本菌易产生抗药性，故治疗时应先进行药敏试验。绿脓杆菌在普通培养基上生长良好，具有绿色荧光和生姜芳香味。

二、流行病学

本菌广泛存在于自然界中，在人、畜的肠道、呼吸道和皮肤上也普遍存在。毒力较弱。家兔感染的出现与使用免疫抑制剂，长期使用广谱抗生素，创伤，烧伤，以及手术后创口处理不当有关。病兔及带菌兔是主要传染源，患病期间动物粪便、尿液、分泌物污染饲料、饮水和用具经消化道、呼吸道及伤口感染。任何年龄的家兔都可发病，一般为散发，无明显季节性。

三、临床症状

本病常突然发生。病兔表现为精神沉郁，食欲减退或废绝，昏睡，呼吸困难，体温升高，鼻腔及眼内流出分泌物，下痢，排出血样的稀粪，$1\sim 2$ 天死亡或 $5\sim 6$ 天死亡。慢性病例有腹泻症状或皮肤出现脓肿，病灶中散发出特殊的气味。有的病兔生前无任何症状，死后剖检才见有病理变化。仔兔发病后突然死亡。患兔表现食欲突然减退

123

或厌食，精神不振、呼吸困难、体温升高、眼结膜红肿、咳嗽等症状，从鼻孔中流出浆液性鼻液，病程长则流出脓性鼻液，有的病兔出现腹泻，排出水样带血的粪便。

四、病理变化

剖检可见病兔腹部皮肤呈青紫色，皮下有黄绿色或深绿色渗出物。胃内有血样液体，肠道尤其是十二指肠、空肠黏膜出血，肠腔内充满血样液体。内脏浆膜有出血点或出血斑；胸腔、心包腔和腹腔内积有血样液体。脾肿大，呈粉红色，肝脏有黄绿色脓疱，有的呈大小不一的黄色坏死灶。肺也有绿色或黄绿色脓疱，脓疱破溃后流出绿色脓液。肺与肋膜粘连，胸腔有黄绿色积液，气管及支气管黏膜出血。如脓疱较大时，挤压肺可致血管破裂出血。个别兔皮下水肿。

五、诊断方法

本病可通过流行病学、症状和病理变化做出初步诊断，确诊时可采集病料进行病原分离鉴定，并进行必要的实验室诊断。

六、误诊原因和病例

本病的临床表现复杂且不具有特异性，仅根据临床症状诊断，很容易误诊。本病散发，属于少见病，多数由于临床医师知识面狭窄，不注重平时临床经验积累而误诊。诊断时应注意与魏梭菌病、葡萄球菌病、兔泰泽病等加以鉴别诊断。

七、误诊防止

临床医师要注意鉴别诊断，必要时使用实验室诊断。同时，要加强临床知识的积累，扩大知识面，才能做到无常见病转少见病。常见的鉴别诊断如下。

（1）兔魏氏梭菌病　魏氏梭菌为革兰阳性大杆菌，在鲜血平板上能形成双溶血环。死于本病的兔，腹部膨大，摇晃兔身有晃水音，提起患兔粪水即从肛门流出。剖检：剖开腹腔即有特殊腥臭味。胃充满饲料，胃底黏膜脱落，并有大小不一的溃疡；小肠、盲肠、结肠充满气体和黑色内容物。以病料离心过滤注于小鼠腹腔，24h 内死亡，即证明肠内有毒素存在。而兔绿脓杆菌无此病变。

（2）兔泰泽病　病原为毛发样芽孢杆菌。排褐色糊状或水样粪便。剖检可见回肠末端、盲肠、结肠前段黏膜有出血点，圆小囊和蚓突变硬，有坏死灶，盲肠肥厚，黏膜粗糙。肝脏肿，有粟粒大坏死灶。取病变区病料涂片吉姆萨或镀银法染色镜检，可见细胞浆内存在毛发样芽孢杆菌。绿脓杆菌病病料接种于鲜血平板上，如有溶血菌落，菌落及周围培养基呈蓝绿色。

（3）兔轮状病毒病　病原为轮状病毒。下痢后 3 天左右死亡。粪如蛋花汤样，有白色、棕色、灰色、浅绿色，恶臭。剖检可见小肠明显膨胀，结肠淤血。取小肠后段内容物磨碎离心过滤，将沉淀物染色，电镜可发现轮状病毒。

（4）灭鼠药中毒　因吃灭鼠药而病。有呕吐，口渴，抽搐，共济失调，麻痹，昏迷症状。剖检：敌鼠钠盐中毒，肠管后段充满血液（不是胃和十二指肠），心包积水。磷化锌中毒，有大蒜味，皮下出血，用侦检管试验，磷化锌中毒显黄色，甘氟显红色，安妥显红色，敌鼠钠盐显红色悬浮物。

八、误治与纠误

本病多是由于病兔机体抵抗力下降，免疫抑制而发病，临床治疗中，支持疗法很关键。预防中，找到引起兔机体免疫抑制的病因是关键。防治如下。

① 使用抗生素治疗，多黏菌素每千克体重 $2×10^4$ U 或新霉素每千克体重 $2×10^4～4×10^4$ U，每天 2 次，连用 3～5 天。本菌对庆大霉素、丁胺卡那霉素、环丙沙星敏感，可选择应用。禁用引起免疫抑制的药物。适当配伍中药治疗可以提高治愈率。

② 本菌在土壤、水和空气中广泛存在，在人畜的消化道、呼吸道和皮肤上也有本菌的存在。所以，要注意饲料和饮水卫生，防止污染引起感染。污染的兔舍、兔笼和用具等进行彻底消毒，常用的消毒药品可用 2％烧碱液。病兔和可疑病兔进行隔离观察和治疗，对死兔要深埋，防止传染。

第十五节　兔链球菌病

兔链球菌病是由溶血性 C 群兽疫链球菌引起的急性败血症。本病临床上以病兔体温升高、呼吸困难、间歇性腹泻和死亡为主要特征，有的出现神经症状。

一、病原和流行病学

溶血性链球菌是革兰阳性菌，在病料中成对或组成长短不等的链状。该菌在自然界中分布广泛，病原菌可存在于健康兔的口、鼻、咽腔和阴道。带菌动物和病兔为传染源。病菌亦存在于被污染的饲料、饮水、空气、笼具，通过健康兔上呼吸道黏膜或扁桃体感染，一年四季均可发生，以春、秋季节多发。当饲养管理不善，感冒，长途运输等因素使机体抵抗力减弱时可诱发本病。本菌对外界环境的抵抗力较强，在室温中可存活 100 天以上，在 -20℃ 条件下生存 1 年以上，但对一般消毒剂的抵抗力不强。

二、临床症状

病初表现精神沉郁，不吃，呼吸困难，体温升高至 41℃。后期病兔俯卧地面，四肢麻痹，伸向外侧，头支地，强行运动呈爬行姿势。鼻黏膜发炎，从鼻孔中流出白色浆液性或黄色脓性分泌物，鼻孔周围被毛潮湿并粘有鼻分泌物。重者呼吸困难，有时可有间歇性下痢，如不治疗，经 1～2 天呈脓毒败血症死亡。引起中耳炎时，表现歪头，行动滚转。

三、病理变化

剖检可见皮下组织出血性浆液浸润，喉头、气管黏膜出血，肝脏肿大淤血、出血和坏死。有的病例肝脏有大量黄色坏死灶，连成片状或条状，表面粗糙不平。脾脏肿胀出血，肾出血，心肌色淡，肺有局灶性或弥漫性出血点，伴有胸膜肺炎、心外膜炎，肠黏膜弥漫性出血，淋巴结出血。

四、诊断方法

根据临床症状和剖检变化可作出初步诊断，确诊需要实验室检验。病变组织、化脓灶、呼吸道分泌物涂片镜检，可见革兰阳性短链状杆菌。病料接种于鲜血琼脂培养基上，可见圆形、光滑、灰白色的细小菌落，周围形成透明的溶血环（β型）。

五、误诊和防止

由于本病发生的少，许多地区的医务人员对本病没有充分的认识，甚至根本不知有本病存在，是目前造成误诊最常见和最重要的原因。因此，兽医人员必须注重学习，扩大知识面，只有认识了这个病，才能在诊疗过程中想到它并作出判断，防止误诊。本病因为没有特殊的临床症状，临床上容易和其他症状类似的疾病相混淆。防止误诊的方法是进行实验室检验，做好鉴别诊断。

（1）兔巴氏杆菌病　病原为巴氏杆菌。病兔沉郁，废食，体温升高，流浆液性鼻液，有时下痢，也有发生中耳炎，斜颈。共济失调。最急性，不显症状即死亡。亚急性，地方性肺炎，关节炎，结膜炎，睾丸炎，子宫炎，贮脓。剖检可见气管有红色泡沫，心内外膜有出血斑，肝脏有坏死灶，内脏有脓肿，肋膜、肺部有纤维素附着。取心血、肝脏、脾脏涂片美蓝染色镜检，可见两极染色的卵圆形小杆菌，革兰阴性。

（2）兔李氏杆菌病　病原为李氏杆菌。病兔沉郁，废食，体温升高，流浆液性鼻液，头偏向一侧，运动失调。孕兔流产或胎儿木乃伊。阴户流暗红或棕褐液体。剖检可见胸腹腔、心包积液，颈部、肠淋巴结增大与水肿。病料涂片镜检，可见 V 形排列的短杆菌。

（3）兔波氏杆菌病　病原为波氏杆菌，病兔流鼻液，咳嗽。仔兔常因鼻液干结堵塞鼻孔，呼吸有鼾声。肺炎型张口呼吸，犬坐，日渐消瘦。剖检可见肺部表面凹凸不平，有大小不等脓疱，肝脏有脓疱，胸腔积脓。波氏杆菌引起的肺、肝、肋膜上脓疱被结缔组织所包围，脓疱的脓液是乳白色、呈奶油状，而链球菌引起的器官脓肿则无上述变化。

（4）兔肺炎球菌病　病原为肺炎链球菌，以肺脓肿、纤维素性心包炎和心肌炎为特征。病兔沉郁，不食，体温升高，流黏液性脓性鼻液，咳嗽。剖检可见气管、支气管黏膜充血、出血，有粉红色黏液和纤维素渗出物。肺部有大片出血斑和脓肿。心包、肺、胸膜有粘连。而链球菌病鼻孔流出的黏液为黄色，间歇下痢，脾、胃出血，心肌色淡，肺有局灶性出血点。肺炎双球菌在血平板上不产生溶血环，菌体排列呈矛状；而链球菌可形成溶血环，在显微镜下观察菌体连接成长短不一的串珠状。

（5）转移型脓毒败血症　转移型脓毒败血症除实质器官的脓肿外，皮下、肌肉也可形成脓肿和脓疱，破溃后很难愈合，这与链球菌形成的其他器官的脓肿是不同的。链球菌在血平板上形成溶血环，菌体可连接成长短不一的串珠状；而引起脓毒败血症的葡萄球菌不能形成溶血环，菌体排列成葡萄串状。

六、误治与纠误

兔链球菌病是一种急性败血性传染病，主要表现为呼吸道症状，有时会被当做兔瘟治疗。只要诊断正确，抗生素治疗有效。但是由于本病发病急，有时来不及治疗。因此，防治此病主要是加强饲养管理，防止患病，隔离治疗病兔。治疗可用：青霉素每千克体重 $2 \times 10^4 \sim 4 \times 10^4$ U，肌内注射，每天 2 次，连用 3～5 天；先锋霉素 Ⅱ，每千克体重 20mg，肌内注射，每天 2 次，连用 3～5 天；红霉素每千克体重 20mg，肌内注射，每天 2 次，连用 3～5 天；磺胺嘧啶钠每千克体重 0.2～0.3g，内服或肌内注射，每天 2 次，连用 3～5 天；也可采用林可霉素或克林霉素。可用抗溶血性链球菌高免血清配合治疗，每兔千克体重肌内注射 2mL，每天 1 次，连用 2～3 天，效果更佳。有条件的可用当地分离的链球菌制成氢氧化铝灭活菌苗，每只兔肌内注射 1mL，预防本病的发生和流行。预防主要是防止饲料和饮水被病原污染。平时定期消毒。发现病兔及时治疗和隔离，对病兔、死亡兔污染的场地、用具等彻底消毒，死亡兔不要剥皮利用，应深埋或焚烧处理。

第十六节　兔泰泽病

兔泰泽病是由在细胞浆内生长的毛发状芽孢杆菌引起的一种传染

病。病的特征为严重腹泻，排水样或黏液样粪便，脱水并迅速死亡。

一、病原

毛发样芽孢杆菌是一种革兰阴性、多形性、细长的细菌，能产生芽孢，能运动，在细胞内寄生。本菌对外界因素抵抗力较强，在土壤里可生存1年以上，但加热56℃在1h可以杀死。分离毛发样芽孢杆菌十分困难，因为它在培养基上不能生长。用鸡胚卵黄囊内培养分离本菌已获成功。

二、流行病学

本病不仅存在于多种实验动物中，而且家畜中也有发生。病畜及带菌动物是主要传染源，病原随病兔粪便排出，污染周围环境、饲料及饮水。经消化道感染，健康兔吃了被泰泽病兔粪便污染的饲料、饮水或垫草直接接触而感染。病菌在盲肠、结肠上皮细胞内增殖。一旦肠上皮及深层组织坏死，病菌由门静脉进入肝脏和其他脏器而导致组织坏死。4～12周龄的兔发病最多，断奶前的仔兔和成年兔也可以发病。秋末至春初多发，病初呈隐性感染。当拥挤、过热、运输及饲养管理不良等使机体抵抗力下降时，可诱发本病。

三、临床症状

在刚断奶的幼兔中，出现急性症状。病兔精神沉郁，食欲废绝，脱水；粪便呈褐色糊状乃至水样，并有腹胀；体温一般正常，呼吸稍快。一般经过10～72h死亡。慢性的病程为5～8天或更长一些时间。本病往往在死亡前停止腹泻，严重脱水而死亡。耐过病例表现食欲不振，生长停滞。

四、病理变化

特征性的病变是盲肠黏膜广泛充血，盲肠壁水肿，盲肠内有水样或糊状的棕色或褐色内容物，并充满气体，蚓突有粟粒大至高粱米粒大黑红色坏死灶，回肠后段、结肠前段大多充血。肝脏肿大，见灰白色条纹状坏死灶。脾脏萎缩。肠系膜淋巴结水肿。死亡兔心肌有条纹状白色坏死灶。

五、诊断方法

根据临床症状和病理变化进行诊断。以肝坏死区、病变心肌或肠道病变部做病料涂片，以吉姆萨染液或镀银法染色镜检，证明细胞浆内存在毛发状芽孢杆菌，可以确诊。

六、误诊防止

本病容易和魏氏梭菌、沙门菌和大肠杆菌等腹泻性疾病相混淆，是产生误诊的主要原因。临床需要进行鉴别诊断。

（1）魏氏梭菌　兔泰泽病和魏氏梭菌病都可以表现为腹泻，脱水和急性死亡。魏氏梭菌病是一种由兔魏氏梭菌产生的外毒素引起的一种家兔急性肠道传染病。1～3月龄的仔兔多病。特征为急剧腹泻、水泻和迅速死亡。病兔体温不高，病初排灰褐色软便，随后水泻，粪色黄绿、黑褐或腐油色，呈水样或胶冻样，散发特殊的腥臭味。主要病变在胃肠道。胃黏膜有出血斑和溃疡斑，小肠后段存满胶冻样液体和气体，盲肠肿大，浆膜有出血斑。兔泰泽病主要感染4～12周龄的家兔，坏死病变比较明显，病变主要在盲肠和结肠，肝脏有坏死点，脾脏萎缩。

（2）沙门菌　本病散发，幼兔和妊娠母兔发病率高。腹泻型主要发于断奶后的仔兔。患病兔顽固性下痢腹泻，排出乳白色、灰黄色或暗绿色并混有透明胶冻样黏液，粪便有异臭或恶臭气味。剖解见多个器官有充血和出血斑点，气管内有红色泡沫，黏膜充血出血；肺实变水肿，肝肿大，表面有针尖样坏死灶；脾充血肿大，呈紫蓝色；有的肠黏膜充血出血，黏膜下层水肿或溃疡。在小肠与盲肠结合部蚓突及圆小囊的浆膜下有数量不等、针尖到米粒大小的白色结节。

（3）兔黏液性肠炎　是致病性大肠杆菌及其毒素引起的一种暴发性、死亡率很高的仔兔肠道传染病。以20日龄到断奶前后发病率最高。病兔腹泻和流涎，体温不高或偏低，剧烈腹泻，初为黄色软粪，后转为棕色粥样稀粪。病程稍长者，粪便细小，两头发尖或成串，外包透明胶冻状黏液。剖解见小肠后段和大肠充满半透明胶冻样液体。兔泰泽病主要感染4～12周龄的家兔，以出血性肠炎和坏死性肝炎病变为特征，其病理变化中见不到兔大肠杆菌病的空肠、回肠、盲肠充满半透明胶冻样病变。

七、误治与纠误

虽然本病是一种细菌病，但是仅仅用抗生素治疗效果并不好，仅在治疗早期应用抗生素有一定的效果。治疗时必须注重对症治疗，防止患兔因脱水或酸中毒死亡。可用 0.01％土霉素饮水；青霉素每千克体重 $2×10^4～4×10^4$U，肌内注射，每天 2 次，连用 3～5 天；链霉素每千克体重 20mg，肌内注射；红霉素每千克体重 15mg，分早晚 2 次内服，连用 3～5 天；金霉素每千克体重 40mg，用 5％葡萄糖溶解后静脉注射，每天 2 次，连用 3 天。预防主要是加强日常卫生防疫措施，消除各种降低机体抗病力的应激因素。发现病兔及时隔离治疗，并控制扩散、严格消毒。有条件的可用肝脏自制灭活菌苗进行注射，每兔注射 1mL。平时可用土霉素、红霉素、金霉素、青霉素和链霉素预防，能有效地控制本病发生。

第十七节　兔肺炎克雷伯菌病

兔肺炎克雷伯菌病是由克雷伯菌引起的一种家兔传染病，青年兔和成年兔以肺炎和其他器官化脓性病灶为病变特征，而幼年兔以腹泻为特征。

一、病原

肺炎克雷伯菌为肠杆菌科，克雷伯菌属成员之一。本菌为革兰阴性杆菌，长 $2～4\mu m$，宽 $0.6～1\mu m$，成双或成短链状排列，不能运动，不产芽孢，具有厚的荚膜，较菌体大两三倍，可以荚膜染色显示。此菌为需气兼厌气性，对营养要求不高，普通琼脂培养基均易生长。温度 12～43℃均能生长，适温为 36℃，pH6.0～7.8 均可生长。

二、流行病学

本病常呈地方性流行，多为散发，很少能造成大规模流行。该菌常存在于人畜的消化道、呼吸道以及土壤、水和饲料中，当家兔机体免疫力下降、感冒和气候突然变化时，均会导致本病的发生。该细菌能引起呼吸道、消化道及尿路感染；呼吸道感染后可引起肺炎，其他器官以出现化脓灶为特征。

三、临床症状

患病成年兔精神沉郁，体温升高，食欲减退。咳嗽时有白色脓性分泌物咳出，打喷嚏，鼻部流出稀水样鼻液。较为严重者，呼吸困难。仔兔感染后，主要表现为剧烈腹泻，后期极度衰弱，很快发生死亡。妊娠母兔繁殖力下降，发生流产，排褐色糊状粪便，污染肛门周围被毛。

四、病理变化

成年兔主要在呼吸道，气管环肌内出血，气管腔内积有或多或少泡沫状液体，两侧肺出现小叶性肺炎，肺表面散在少量粟粒大的深红色病变；严重时肺发生肝变，呈大理石状，质地硬，切面干燥呈紫红色。胸、腹腔内积有血红色渗出物。脾肿大，淤血，边缘变钝。肝脏有针尖大到粟粒样坏死灶。仔兔肠管黏膜出血，以盲肠浆膜最为严重。肠腔内有大量黏稠物和气体，肠系膜淋巴结肿大；腹腔有淡黄色积液。个别病兔出现实质脏器及皮下脓肿。

五、诊断方法

根据本病的流行特点、临床症状及病理变化可作出初步诊断。确诊需要肝、肺等病变组织进行细菌分离和鉴定。但由于本病是一种条件病，多数兔场都有本病的隐性感染。

六、误诊防止

肺炎是一种常见病，发病早期临床表现缺乏特异性，易造成误诊。本病的肺炎型应和其他引起肺炎的疾病进行鉴别诊断，腹泻型幼兔应和其他引起腹泻的疾病进行鉴别诊断。由于本病没有特征性临床症状和病理变化，鉴别诊断多数需要实验室检验，仅根据临床症状极易误诊。本病属于散发性、条件性疾病，容易被大夫忽视误诊为其他疾病。

（1）波氏杆菌病　是一种细菌病；仔兔和青年兔多呈急性型，发病率及死亡率较高，成年兔多为慢性型，发病较少。临床表现为鼻炎，支气管肺炎和脓疱性肺炎。剖解病变以化脓性病变为主；支气管肺炎时，肺部有大小和数量不等的脓肿，小如粟粒、大的像乒乓球。肝脏表面有时可见豆粒大小的脓疱，有的病例在肾脏、睾丸、心脏、肌内和胸腔也能形成脓疱。肺炎克雷伯菌病咳嗽，有白色脓性分泌物咳出，体温升高，小叶性肺炎，肺表面有粟粒大红色坏死灶，可形成肝变，呈大理石样，肝肿大，有小坏死病灶。

（2）肺炎球菌病　肺炎克雷伯杆菌病与肺炎球菌病，其临床症状与病理变化有相似之处。鉴别诊断主要进行细菌学检验。肺炎克雷伯杆菌呈革兰阴性，可在普通培养基、麦康凯培养基上生长。临床表现为小叶性肺炎，肺表面有小坏死灶。肝脏有坏死病灶，淋巴结肿大。肺炎球菌病革兰染色阳性，在普通培养基、麦康凯培养基上不生长。临床表现为肺部脓肿和出血，肺和肋膜发生粘连。肝肿大，脂肪变性，多发生于成年怀孕母兔。

（3）兔黏液性肠炎　是致病性大肠杆菌及其毒素引起的一种暴发性、死亡率很高的仔兔肠道传染病。以 20 日龄到断奶前后发病率最高。病兔腹泻和流涎，体温不高或偏低，剧烈腹泻，初为黄色软粪，后转为棕色粥样稀粪。病程稍长者，粪便细小，两头发尖或成串，外包透明胶冻状黏液。剖解见小肠后段和大肠充满半透明胶冻样液体。肺炎克雷伯菌腹泻幼兔见肠道黏膜充血、出血，尤以盲肠浆膜最为严重，肠腔内有多量黏稠物和少量气体。肝脏肿大，有少量白色坏死点。

（4）兔巴氏杆菌病　是一种细菌病；多种动物可以感染；1～6月龄的家兔多发，呈散发或地方性流行。以呼吸道症状为主；临床可表现为败血性、鼻炎、肺炎、中耳炎、结膜炎、子宫炎、睾丸炎等；剖解变化不仅有出血性变化，还有化脓性炎症。能见到肝脏有坏死点，鼻腔和气管有黏液性或脓性分泌物，肺有化脓灶，能见到胸腔的纤维素性炎症和胸腔积液。兔肺炎克雷伯菌病是由克雷伯菌引起青年兔和成年兔的呼吸道传染病。本病主要散发，肺炎病程时间长，病兔剖解见肺部及其他器官、皮下、肌内有脓肿，脓液呈灰白色或白色黏稠物。可通过实验室病原学检查区别。

（5）兔泰泽病　是由毛发样芽孢杆菌引起家兔的一种细菌性传染病，主要感染 4～12 周龄的家兔，病兔一般无前驱症状，呈急性经过，主要表现腹泻、脱水。出现症状后 12～48h 内死亡。剖解主要是大肠和肝脏的出血性和坏死性病变。特征性的病变是盲肠黏膜广泛充血，盲肠壁水肿，盲肠内有水样或糊状的棕色或褐色内容物，并充满气体，蚓突有粟粒大至高粱米粒大黑红色坏死灶，回肠后段、结肠前段大多充血。肝脏肿大，见灰白色条纹状坏死灶。脾脏萎缩。兔肺炎克雷伯菌病腹泻幼兔见肠道黏膜充血、出血，尤以盲肠浆膜最为严重，肠腔内有多量黏稠物和少量气体。肝脏肿大，有少量白色坏死点。

（6）仔兔轮状病毒病　病原为轮状病毒。病兔沉郁，废食，排糊状或水样粪，下痢后 3 天死亡。剖检可见大小肠充满气体。粪如蛋花汤一样，白色、棕色、灰色、浅绿色。兔肺炎克雷伯菌病腹泻幼兔见肠道黏膜充血、出血，尤以盲肠浆膜最为严重，肠腔内有多量黏稠物和少量气体。肝脏肿大，有少量白色坏死点。

七、误治与纠误

经常由于误诊而发生误治，如误诊为感冒而使用抗病毒疗法，既不对症也浪费了药品。治疗可用丁胺卡那霉素，肌内注射，每千克体重 7mg，每天 2 次；口服，每千克体重 10mg，每天 4 次。用头孢拉定肌内注射，每千克体重 20～30mg。用链霉素肌内注射，每千克体重 20mg，每天 2 次，连用 3 天。本病没有特异性预防方法，平时主要注意清洁卫生和防鼠、灭鼠工作。出现病兔及时隔离治疗，对死亡兔严格处理。

第十八节　兔副伤寒

兔副伤寒是由鼠伤寒杆菌、肠炎杆菌等所引起的以下痢为主要症状的传染病。主要侵害怀孕母兔，以患兔急性死亡、腹泻、流产为特征。

一、病原

本病病原是鼠伤寒沙门菌和肠炎沙门菌，属革兰阴性菌，卵圆形杆菌，间或形成短的丝状体，有鞭毛，能运动，无芽孢、无荚膜，需氧或兼性厌氧。能产生毒素，且肠炎沙门菌的毒素在 75℃ 经 1h 仍不被破坏。该菌对干燥、腐败、日光等具有一定抵抗力，在外界可存活数周或数日。但对化学消毒剂的抵抗力不强，尤其是肠炎沙门菌。1%～3% 石炭酸溶液和来苏尔，5% 石灰乳液等可在几分钟内将其杀死；沙门菌耐热抵抗力并不强，60℃ 可在 15～20min 内即可被杀死；酸性条件下则迅速死亡。但在污水中还能繁殖，在干粪中可存活 2～3 年。

二、流行病学

鼠伤寒沙门菌和肠炎沙门菌的宿主范围很广泛，包括哺乳动物、爬行动物和鸟类。不同年龄和品种的兔均易感，以幼龄兔和孕母兔最易感，死亡率最高，4～5 日龄仔兔也有发病。此病的传染途径为消化道，仔兔也可通过子宫和脐带感染。病兔、带菌兔和其他被感染动物的排泄物污染的饲料、饮水、垫草、用具、兔笼等，以及饲养员的直接接触，都能引起感染。此外，野生啮齿动物和苍蝇也是本病的传播者。本病一年四季都可以发生，但以冷热交替、气候剧变、潮湿、闷热时多发，特别是仔兔和怀孕母兔较易发生。当机体抵抗力降低，如饲料不足、卫生条件差、气候突变、潮湿等诱因存在时，可发生内源性感染。

三、临床症状

潜伏期 3～5 天，病兔主要表现为腹泻。除极少数突然死亡外，病程稍长者，可见体温 41℃ 以上，精神沉郁，不吃，初便秘，后腹泻，粪便先呈水样，后变为带有肠黏膜和血液的稀粪，部分病兔鼻孔流黏液或脓性鼻液，咳嗽，呼吸困难。孕兔阴道黏膜充血、水肿，有脓样黏液流出，常于流产后或流产前死亡。如在流产后康复，不易受胎。病程多为 2～4 日。

四、病理变化

主要病变在肠道和子宫内。在结肠和盲肠特别在阑尾内有很多米粒大的坏死结节，肠壁充血增厚，肠系膜淋巴结显著肿大。肝脏散在淡黄色针头至芝麻大坏死灶，胆囊肿大充满胆汁。脾脏肿大至正常的1～3倍，色暗红。肾脏散在针头大出血点。消化道黏膜水肿，集合淋巴结有灰白色坏死灶。母兔子宫肿大，子宫壁增厚，伴有化脓性子宫炎，子宫黏膜覆盖着一层淡黄色纤维素性污秽物，并有溃疡。未流产的胎儿发育不全，或死胎或成为木乃伊胎。阴道黏膜充血，腔内有化脓性分泌物。

五、诊断方法

根据流行病学、临诊症状和病理变化可作出初步诊断。但要确诊，还要以病料、粪便、血液或流产胎儿胃内容物和肝、脾，做沙门菌的分离与鉴定。在分离培养中，若怀疑为沙门菌落时，则需做继代培养，同时用生物化学试验与凝集反应进行鉴定。

六、误诊防止

腹泻型还要注意与大肠杆菌病、魏氏梭菌病、泰泽病加以区别；流产型需要和李氏杆菌、支原体等病区别。

（1）兔黏液性肠炎　是致病性大肠杆菌及其毒素引起的一种暴发性、死亡率很高的仔兔肠道传染病。以20日龄到断奶前后发病率最高。病兔腹泻和流涎，体温不高或偏低，剧烈腹泻，初为黄色软粪，后转为棕色粥样稀粪。病程稍长者，粪便细小，两头发尖或成串，外包透明胶冻状黏液。剖解见小肠后段和大肠充满半透明胶冻样液体。

（2）兔魏氏梭菌病　是一种由兔魏氏梭菌产生的外毒素引起的家兔急性肠道传染病。1～3月龄的仔兔多病。特征为急剧腹泻、水泻和迅速死亡。病兔体温不高，病初排灰褐色软便，随后水泻，粪色黄绿、黑褐或腐油色，呈水样或胶冻样，散发特殊的腥臭味。主要病变在胃肠道。胃黏膜有出血斑和溃疡斑，小肠后段存满胶冻样液体和气体，盲肠肿大，浆膜有出血斑。

（3）兔泰泽氏病　是由毛发样芽孢杆菌引起的一种家兔细菌性传染病，主要感染4～12周龄的家兔，病兔一般无前驱症状，呈急性经过，主要表现腹泻、脱水。出现症状后12～48h内死亡。剖解主要是大肠和肝脏的出血性和坏死性病变。特征性的病变是盲肠黏膜广泛充血，盲肠壁水肿，盲肠内有水样或糊状的棕色或褐色内容物，并充满气体，蚓突有粟粒大至高粱米粒大黑红色坏死灶，回肠后段、结肠前段大多充血。肝脏肿大，见灰白色条纹状坏死灶。脾脏萎缩。

（4）兔李氏杆菌病　由李氏杆菌引起的一种急性传染病。主要危害幼兔和孕兔，呈散发性，发病率低，死亡率高。病兔突然发热，孕兔流产，病兔有神经症状，尤其是慢性病例呈头、颈歪斜，运动失调。解剖见肝、脾表面和切面有散在或弥漫性针尖大淡黄色或灰白色坏死点，脑膜充血水肿，孕兔表现为子宫炎。

（5）兔球虫病　本病与兔球虫病很相似，都是以幼兔最易感染，主要症状为下痢，剖检肝脏均有坏死病灶。取刚病死兔的肝的坏死病灶做两张抹片，一张加上生理盐水直接镜检，另一张固定后作革兰染色镜检。如直接镜检找不到球虫，染色镜检找到多量的革兰阴性小杆菌，则可确诊为本病，相反的则为兔球虫病。若均找不到病原体、又无传染性的下痢，则为普通病的胃肠炎。

（6）兔霉菌性流产　由于饲喂霉败饲料中毒所致的流产，各种年龄的怀孕母兔都可发生，病兔主要表现为肝脏肿大、硬化，子宫黏膜充血。而沙门菌引起的流产绝大多数发生于怀孕 25 天以上的母兔，常呈散发性发生。

七、误治与纠误

兔的沙门菌病主要发生于断奶幼兔和怀孕 25 天后的母兔，是一种消化道传染病，以败血症急性死亡、腹泻和流产为特征。经常发生的误治是因为误诊。正确的治疗方法是加强饲养管理，增强母兔抵抗力，消除引发该病的应激因素，及时淘汰重病兔，对发病较轻的病例，可用抗生素或抗菌药物进行治疗。乳酸环内沙星肌内注射，每千克体重 5mg，每天 2 次，或用环丙沙星纯粉 1g 加水 40L 饮服。口服复方新诺明，每千克体重 20～25mg，每天 2 次。磺胺脒，每千克体重 0.1～0.3g，分 2 次口服，连用 2～3 天。防预应加强饲养管理和卫生清洁工作，不喂变质和被粪便污染的饲料和饮水，因为没有症状的成年兔常带有细菌，而母兔还可能通过乳汁传给仔兔，所以应加强防护。由于病死兔的所有脏器都带有菌，故对死亡兔的尸体要深埋或焚烧处理。兔笼与场地经常清扫和消毒，粪便堆积发酵处理后方可利用。兔舍内消灭老鼠和苍蝇，因为它们在副伤寒传播上起着极为重要的媒介作用。

水泡性口炎病是水泡性口炎病毒引起的，以口腔黏膜水泡性炎症为主的急性传染病。主要症状是口腔黏膜发生水疱，伴有大量流涎，又名"流涎病"。

一、病原

本病毒属弹状病毒科水泡病毒属。病毒粒子表面有囊膜。水泡性口炎病毒对理化因子的抵抗力与口蹄疫病毒相似。58℃ 30min，可见光，紫外线及脂溶剂（氯仿和乙醚）都可使其灭活。病毒可在土壤中于 4～6℃存活若干天。对 0.5%石炭酸能抵抗 23 天。0.05%结晶紫可以使其失去感染性。病毒在多种细胞内生长可以产生血凝素，能凝集鹅红细胞。病毒有两个血清型，即新泽西型和印第安纳型，并有一两种共同抗原。本病毒在鸡胚内生长良好，接种 1～2 天内鸡胚会出现死亡，或在膜上表现增生性和坏死性变化而存活。

二、流行病学

本病主要侵害 20～90 日龄的幼兔，成年兔较少发生。本病的流行有一定的地理分布及季节性。本病多发生于春、秋两季，当饲养管理不当、喂给霉烂饲料时，容易发生此病，一般通过舌、唇和口腔黏膜使家兔感染。有些昆虫在本病毒的传播上具有重要作用，例如蝇、虻、库蚊、埃及伊蚊等可以被感染，病毒可以在昆虫体内繁殖最后传给易感家兔。口腔黏膜破损，有利于病毒侵入。

三、临床症状

潜伏期 5～7 天。病初口腔黏膜潮红，随后在唇、舌、硬腭及口腔黏膜的其他处出现充满纤维素性浆液的水疱，不久破溃形成烂斑和溃疡，同时大量流涎。如发生继发性细菌感染，则造成唇和舌的坏死，而且有恶臭味。该处的绒毛变湿、黏成一片。局部的皮肤由于经常浸湿和刺激，而发生炎症和脱毛。由于口腔损害，食欲减退或拒食，随着损害的加重，则表现体温升高，沉郁、腹泻、日渐消瘦。拖延5～10天后死亡。死亡率达50%以上。外生殖器有时能见溃疡性病变。

四、病理变化

口腔黏膜、舌和唇黏膜有小水疱和脓疱，并有溃疡面或烂斑，咽、喉部有多量泡沫，唾液腺等口腔腺体发红肿胀。胃扩张，胃内充满黏稠的液体，小肠黏膜卡他性炎症。

五、诊断方法

根据流涎和口腔炎症等病变特征，可以作出初步诊断。用病变组织乳剂接种鸡或组织培养细胞，利用本病毒的血凝特殊性检测病毒的繁殖情况。将病料接种于8日龄鸡胚，置37℃孵育，1～2天内鸡胚死亡。具有明显充血和出血病变者为水泡性口炎病。

六、误诊防止

本病诊断不难，只要临床兽医仔细进行口腔检查就可发现该病。但是部分兽医责任心不强，仅根据外观表现，或误诊为胃炎，或诊断为口炎，或粗心检查口腔病变，单纯诊断为口炎，不分是细菌性，还是病毒性，虽然诊断正确，治疗还是会发生失误。兽医根据情况应与化学刺激物，有毒植物，过敏症和细菌感染引起的口炎加以区别。传染性水泡性口炎病原为水泡性口炎病毒。主要发生于1～2周龄仔兔，成年很少发生。唇、舌、硬腭、口腔黏膜发生粟粒大、蚕豆粒大的水疱。部分生殖器也发生水疱，糜烂、溃疡。大量流涎，使颈下、颈、胸前被毛沾湿，并发热、腹泻，死亡率50%以上。用稀释的水疱液或唾液过滤接种于兔肾原代单层细胞，如有病毒存在，8～12h发生细胞病变。

（1）兔痘　口、耳、眼、背、腹出现红斑性疹成为丘疹，中央凹陷，干燥形成痂皮，体温40～42℃，硬腭、齿龈发生坏死。化脓性眼炎，角膜溃疡。腹股沟、咽淋巴结坚硬。剖检：肺、肝、脾、睾丸有白色结节和坏死。进行血清交叉试验和牛痘交叉试验可确诊。兔水泡性口炎病变主要发生在口腔，身体其他部位少见或没有。

（2）兔坏死杆菌病　由坏死杆菌引起的一种急性、散发性传染病。主要以口腔疾患为特征，病兔不能吃食，流涎，口、唇与齿龈黏膜坏死，形成溃疡。病兔腿部和四肢关节或颔下、颈部、面部以至胸前等处的皮下组织发生坏死性炎症，形成脓肿和溃疡，病灶破溃后发出恶臭味。多数病例在肝、脾、肺等处有坏死灶。

（3）普通口炎　普通口炎多是由于口腔受到物理或化学因素的刺激，发生炎症。病兔通常多散发，有口腔受伤的病史，在口腔内能见到伤口，病变多以糜烂或溃疡为主，极少见到水疱。

（4）咽炎　口腔炎使病兔采食小心谨慎，由于口腔炎症则口流唾液，不敢采食和咀嚼；咽炎或咽喉炎，采食正常，咀嚼充分，但由于吞咽困难而出现流涎，吐草，吐出草团是细碎状的，与口炎区别明显。

七、误治与纠误

本病是病毒病，抗生素治疗无效。如果大量地使用抗生素，会使一些微生物受到抑制或被杀死，而一些真菌，如白色念珠菌因不受抗生素的抑制和杀灭而继续生长繁殖，加上原来与之相制约和拮抗的微生物数量的减少，使这些真菌繁殖更快，导致继发感染。目前无疫苗及特异的治疗方法。对有口腔黏膜红肿、水疱或溃疡的病兔，用2%硼酸溶液冲洗口腔，然后撒上明糖合剂（即7份明矾，3份白糖，拌均匀）于患处。涂敷甘草、甘油合剂，取甘草和甘油等量充分混合制成合剂。治疗时先用2%硼酸溶液冲洗口腔，然后将合剂涂于患处，每天2次，2～3次可治愈。青黛10g、黄连10g、黄芩10g、儿茶6g、桔梗6g、明矾3g，混合研成细末，口腔撒布，每天4次，每次0.5～1g。适当补充维生素如维生素B、维生素C，可以加快伤口的愈合。预防是注意饲料清洁卫生，防止饲料过硬、粗糙和刺伤口腔黏膜，以防经伤口感染。对被病兔污染的兔笼用火焰喷射消毒或2%烧碱水消毒。

第二十节　兔黏液瘤病

兔黏液瘤病是由黏液瘤病毒引起的一种高度接触性、传染性、高度致死性的烈性传染病。其特征是全身皮下，尤其是颜面部和天然孔周围皮上发生黏液瘤性肿胀。

一、病原

病原是黏液瘤病毒，属于痘病毒属。病毒存在于病兔全身体液和脏器中，尤以眼睑和病变部皮肤渗出液中含量最高。该病毒的抵抗能力低于大多数其他痘病毒。对热敏感，不耐 pH4.6 以下的酸性环境。60℃ 以上的温度于几分钟之内可使其灭活。本病毒对乙醚敏感，但能抵抗去氧胆酸盐。这是黏液瘤病毒独特的性质，而在其他痘病毒，对乙醚和去氧胆酸盐的敏感性是一致的。病毒存在于病兔全身各处的体液和脏器中，尤其眼垢和病变皮肤的渗出液中含毒量最高。病毒对石炭酸、硼酸、升汞和高锰酸钾有较强的抵抗能力，但用 0.5％～2.0％的福尔马林可在 1h 内能使之灭活。

二、流行病学

在自然条件下，本病毒只能引起兔科动物发病，包括家兔和野兔。传播方式是直接与病兔以及排泄物接触或污染了病毒的饲料、饮水和用具等接触传染。在自然界，最主要的传播方式是通过节肢动物媒介，最常见的是蚊子和跳蚤。在潮湿和多蚊地区，该病大量传播。在冬季蚤类是主要传播媒介，本病毒在兔蚤体内能存活 105 天以上。

三、临床症状

本病的潜伏期为 2～8 天。特征为全身皮下发生黏液瘤性肿胀，尤其是颜面部和天然孔周围皮下。其最急性时仅能见到眼睑轻度水肿，即在感染 1 周内死亡。急性型症状较为明显，感染约 1 周时，眼睑水肿，严重时上、下眼睑互相粘连，口、鼻孔周围和肛门、外生殖器也可见到炎症和水肿，并常见有黏液脓性鼻漏。如肿胀进一步蔓延至整个头部和耳朵皮下组织，可由头部皮下组织的黏液性水肿引起皮肤皱褶，使头部呈狮子头状外观，故有"大头病"之称。至感染 10 天前后，可见皮肤出血，甚至发生眼黏液脓性结膜炎，怕光流泪和出现耳根部水肿。后期体温升高并迅速消瘦。一般多在 2 周内死亡。

四、病理变化

以皮肤肿瘤以及皮下显著水肿，尤其是颜面和天然孔周围皮下水肿。患病部位的皮下组织聚集多量微黄色，清朗的胶样液体，使得组织分开，呈明显水肿。液体中除有许多嗜酸性粒细胞外，还有部分正在分裂的组织细胞，即所谓黏液肿瘤细胞。胃肠道的浆膜下有淤点和淤斑。心内外膜下也可能发生出血。有时还能见到脾脏肿大和淋巴结肿大、出血。在全身皮肤上出现硬实、突起的肿块或弥漫性肿胀。

五、诊断方法

本病的症状和病变都具有一定的特异性，结合流行病学可作出准确的诊断。

六、误诊防止

对该病的特点认识不清，如不熟悉该病的流行特点、临床症状和病理变化等造成误诊。本病的特征表现是以皮下，尤其是颜面皮下和天然孔周围皮肤发生黏液瘤性肿胀为特征，发病快，病死率高，所以一般可做出初步诊断。但对毒力较弱的黏液瘤病毒引起的非典型病例，或因兔群有较高的免疫能力，病情或病变不严重时，诊断比较困难。可采取病变组织切片做检查，寻找星状的黏液瘤细胞以及取肿瘤组织接种敏感家兔做敏感试验。必要时可采取病变部组织，制成组织悬液，接种鸡胚绒毛尿囊膜。随后再以中和试验或交叉保护试验等方法鉴定。

（1）葡萄球菌病　病原为葡萄球菌。头、背、颈、腿各部位及肌肉、内脏形成脓肿为特征，脓肿破溃经久不愈，破溃后见有乳脂状黄白色黏稠脓液，当细菌转移到新部位时形成新的脓肿，当转移到全身时呈现脓毒败血症。

（2）野兔热　是由土拉杆菌引起的一种急性、热性、败血性传染病。以体温升高，淋巴结肿大，脾脏和其他内脏坏死为特征。常呈地方性流行，可通过节肢动物传播。病兔体温升高，流鼻涕，打喷嚏，结膜炎，颌下、颈下、腋下和腹股沟淋巴结肿大，并可见鼻炎症状。剖解见肝脾肾出现肉芽肿和形成坏死，并形成干酪样坏死灶。多于

8～15天发生败血症死亡。

七、误治与纠误

在国内目前没有本病，兽医对这个病的临床特征了解较少，因此在临诊时很少考虑该病，易造成诊断失误，而采用错误的治疗方法。目前对本病还没有好的治疗方法，一旦发现为可疑本病时，应采取果断的扑杀措施。虽然在我国尚无本病的发生。但近几年从国外不断引进种兔，因此应特别注意对引进种兔的检疫工作。在有本病的国家中，常用免疫接种控制传播媒介和用各种方法避开吸血昆虫，扑杀病兔，销毁尸体，彻底消毒等方法进行控制。

第二十一节　兔肺炎球菌病

兔肺炎球菌病是由肺炎双球菌引起兔肺炎的呼吸道传染病。其特征为体温升高，咳嗽，流鼻涕和突然死亡。

一、病原

肺炎双球菌，革兰染色阳性，菌体呈矛状，即两个菌体细胞平面相对，尖端向外。在体内形成荚膜。本菌抵抗力不强，热和消毒药能很快将其杀死。直射日光下 1h 或 52℃ 10min 即可杀死。许多消毒药，如 5％石炭酸、0.1％升汞、1∶10000 高锰酸钾等很快使本菌死亡。在病料中的细菌于冷暗处可生存数月。

二、流行病学

各种品种、年龄、性别的兔对本病均有易感性，但以仔兔和妊娠兔反应重，且常为散发，幼兔可呈地方性流行，引起肺炎、败血症，以及妊娠母兔流产。本病的发生有明显的季节性，以春末夏初以及秋末冬初气候多变的季节较多，病死率也较高。病兔、带菌兔及带菌的啮齿动物等是主要的传染源，由被污染的饲料和饮水等经胃肠道或呼吸道传染，也可经胎盘传染。肺炎球菌为兔上呼吸道的常在菌，当机体抵抗力下降时，可发生内源性感染，此外本菌还可通过空气传播而发生外源性感染。

143

三、临床症状

发生本病的患兔主要表现为精神沉郁，减食，体温升高，咳嗽，流浆液性、黏液性鼻涕，呼吸困难呈腹式呼吸，黏膜发绀，逐渐消瘦，最后因衰竭而死亡。妊娠母兔可能发生流产，产仔率和受孕率下降，不发生流产的妊娠母兔产弱仔，仔兔成活率下降。幼兔患病常突然死亡，呈败血症病变。

四、病理变化

病理变化主要集中在呼吸道，表现为气管黏膜充血、出血，管腔内有粉红色黏液和纤维素渗出物。肺部有大片出血斑或水肿，呈大理石样花纹，有些病例肺部出现许多脓肿，甚至整个肺叶化脓坏死。纤维素性胸膜炎和心包炎，肺与胸膜被纤维素性渗出物覆盖，黏膜粘连，剥开黏膜可见到鲜红色出血点或出血斑，胸腔积有血红色渗出物。心包出血、心肌变性，呈现纤维素性心包炎，与胸膜发生粘连。腹腔可见有多量脓性渗出物。肝肿大，并有弥漫性或局部脂肪变性。脾肿大。若发生流产，可见子宫及阴道黏膜病变。

五、诊断方法

本病的临床症状和病理变化都没有特征性。由于临床症状和病理变化缺乏特征性，诊断必须依赖于实验室试验。

六、误诊防止

本病主要表现为呼吸道症状，由于临床症状和病理变化均没有特征性，仅根据临床症状诊断，不进行实验室检验是误诊的主要原因。

（1）兔波氏杆菌病　病原为波氏杆菌，仔兔幼兔多发。哺乳仔兔流黏液性脓性鼻液，咳嗽，鼻液干结堵塞鼻孔，呼吸有鼾声。剖检可见肺部有脓肿，心包炎、胸膜炎，肺部表面凹凸不平，有大小不等脓疱；肝脏表面有黄豆粒至蚕豆粒大的脓疱；胸腔积脓；肌内脓肿。脓液涂片染色镜检，可见两极染色的小杆菌。

（2）兔肺炎克雷伯菌病　病原为肺炎克雷伯菌。病兔体温升高，流鼻液，呼吸急促，重时呼吸困难。腹胀，排黑色糊状粪。仔兔剧烈腹泻。剖检可见气管黏膜出血，肺充血、出血，大理石样。胸腹腔有红色液体。胃膨满，十二指肠、盲肠充满气体和黑色粪。肝脏有粟粒大坏死灶。幼兔肠黏膜充血，内多黏稠液。通过细菌分离鉴定。

（3）兔巴氏杆菌病 是一种细菌病；多种动物可以感染；1～6月龄的家兔多发，呈散发或地方性流行。以呼吸道症状为主；临床可表现为败血性、鼻炎、肺炎、中耳炎、结膜炎、子宫炎、睾丸炎等；剖解变化不仅有出血性变化，还有化脓性炎症。能见到肝脏有坏死点，鼻腔和气管有黏液性或脓性分泌物，肺有化脓灶，能见到胸腔的纤维素性炎症和胸腔积液。

（4）兔李氏杆菌病 病原为李氏杆菌。病兔体温高，流黏液性鼻液。急性，有结膜炎，经几小时或1～3天死亡。亚急性，头偏一侧，转圈，运动失调。孕兔流产。剖检可见胸腹腔、心包积液，颈部和淋巴结增大、水肿，肝脏有坏死灶，皮下水肿。用病料涂片镜检，可见V形排列的短杆菌。

（5）兔链球菌病 病原为链球菌，病兔沉郁，不食，体温升高，流黏液性脓性鼻液，咳嗽，间歇下痢。剖检可见皮下组织出血性浆液性浸润，肠黏膜弥漫性出血，脾肿大，肝脂肪变性，肺暗红至灰白色，伴有胸膜炎。病料涂片镜检，可见革兰阳性链球菌。

七、误治与纠误

呼吸道病经常被当做感冒治疗，结果导致误治，耽搁病情。本病抗生素治疗有效。磺胺二甲氧嘧啶，每千克体重首次剂量为100mg，维持剂量为70mg，24h 1次，连用3～4天。丁胺卡那霉素肌内注射，每千克体重7mg，每天3次，口服为每千克体重10mg，每天3次，连用3～5天。肌内注射增效磺胺嘧啶钠，每千克体重20～25mg，12～24h 1次，连用2～3天。红霉素肌内注射，每千克体重20～40mg，每天2次，连用3～4天。预防应搞好卫生，保持兔舍内空气新鲜流通，饲养不要过密和拥挤。

第二十二节 兔轮状病毒病

兔轮状病毒感染是由兔轮状病毒引起的30～60日龄仔兔的一种

以脱水和水样腹泻为特征的急性肠道传染病。以突然发生腹泻，排黄色粪便为特征。成年兔多呈隐性感染。

一、病原

兔轮状病毒为呼肠孤病毒科轮状病毒属的成员。完整病毒颗粒表面光滑，有感染性；外壳自然脱落或经化学方法处理脱落后成为粗糙型颗粒，而失去感染性。病毒对乙醚、氯仿和去氧胆酸钠有抵抗能力；对酸和胰蛋白酶稳定，56℃，30min 使其感染力降低 2 个数量级。粪便中的病毒在 18～20℃室温中，经 7 个月仍有感染性。病毒能凝集人红细胞。

二、流行病学

病毒主要存在于病兔的肠内容物及粪便中。病兔及带毒兔是传染源。轮状病毒一般以突然发生和迅速传播的形式在兔群中出现，主要侵害幼兔，尤其是刚断奶的幼兔，年龄越小发病率越高，成年兔一般呈隐性感染。在地方性流行的兔群中，往往发病率高，但死亡率低。兔轮状病毒在没有其他病原存在时，其致病性表现是温和的，而且其感染和发病程度除涉及母源抗体及病毒株的致病力因素外，还与一些饲养管理的实际情况有关。恶劣的天气（如骤冷、骤热，雨雪天气等），饲养管理不当，卫生条件不良等是诱发本病发生的主要外界因素。兔的发病率在 90%～100%，通常呈散发性暴发。主要是经口感染，也经污染的饲料、饮水、奶而感染。以冬季发病率高。

三、临床症状

本病的潜伏期是 19～96h，突然暴发，病兔昏睡，随后出现体温升高、腹泻，以日龄小的仔兔最为易感，症状也较为严重，可能出现黏液或血样腹泻，或伴有致病性细菌下痢，病兔的会阴部或后肢的被毛都粘有粪便，大约 60%的病兔是由于脱水和酸碱平衡失调而死亡。在吃全奶的仔兔中，粪便常呈鲜明的黄色到白色，其他仔兔粪便可能呈水样、棕色、灰白或浅绿色，内含血样液体和黏液，粪的颜色似取决于饮食，随着病程的延长，可导致脱水，体重明显降低，在腹泻2～4 天后死亡。

146

四、病理变化

病毒感染主要局限于小肠和结肠，小肠和结肠表现为明显的扩张、黏膜出血斑点，肠壁变薄、扩张，稀粪呈黄色至黄绿色。肝脏淤血，有的病例肺出血，其他器官未见明显变化。

五、诊断方法

根据临床症状，突发水泻和高死亡率，仔兔间传染性很强等，一般可作出诊断。为了诊断兔轮状病毒感染，可采用各种方法进行全面诊断。病兔在腹泻时随粪便排出大量病毒，因此，可利用粪便和肠的病毒检测诊断。

六、误诊防止

腹泻是幼兔的常见疾病，且病因复杂。轮状病毒经常和其他病毒、细菌和球虫混合感染，增加了本病诊断的难度，造成漏诊。临床确诊需要实验室诊断。但要与一般胃肠炎症、大肠杆菌病、泰泽病等加以区别。

(1) 黏液性肠炎　大肠杆菌致病，发病初期，粪便变小，两头尖，称老鼠便。粪便呈胶冻状黏液。肛门不断努责，排出胶冻状黏液，便秘和腹泻交替发生，后期水泻，但无恶臭味。十二指肠充满泡沫状液体，结肠直肠可见到多量胶冻状黏液，回肠、盲肠蚓突有出血斑，有的病例肝心有局灶性坏死。此外，可用标准血清做凝集试验，可确定大肠杆菌的血清型而加以区别。

(2) 泰泽病　兔泰泽病是由毛发样芽孢杆菌引起的一种家兔细菌性传染病，主要感染4～12周龄的家兔，病兔一般无前驱症状，呈急性经过，主要表现腹泻、脱水。出现症状后12～48h内死亡。剖解主要是大肠和肝脏的出血性和坏死性病变。特征性的病变是盲肠黏膜广泛充血，盲肠壁水肿，盲肠内有水样或糊状的棕色或褐色内容物，并充满气体，蚓突有粟粒大至高粱米粒大黑红色坏死灶，回肠后段、结肠前段大多充血。肝脏肿大，见灰白色条纹状坏死灶。脾脏萎缩。

(3) 兔链球菌　病兔体温升高，停食，精神沉郁，呼吸困难，呈间歇性下痢。或死于脓毒败血症。剖检可见皮下组织出血性浆液浸润，脾肿大，肝、肾脂肪变性，肠黏膜弥漫性出血。实验室细菌检验阳性，取有病变的组织、化脓灶、鼻咽内容物、肠道内容物等作为被检材料，将被检材料做涂片或触片，待自然干燥后用火焰固定，革兰染色，镜检可见到革兰阳性短链状球菌；如脓灶涂片即可见到较长链。

七、误治与纠误

根据病兔突然发病，病情急剧，体温升高和大便稀薄及其他全身症状，易认为是细菌性肠炎。由于诊断的失误，势必带来治疗错误，采取消炎抑菌补液收敛的治疗方法。造成失误的原因主要是只见症状大便稀，而不究其病因，因引起拉稀的原因很多，如饲养管理不当、细菌性、病毒性、寄生虫病等都会引起拉稀等。由于病因不同，其治疗方法及应用药物均不同。正确的治疗方法是用轮状高免血清治疗。通过补液保持体液平衡。用补液盐（氯化钠 3.5g、碳酸氢钠 2.5g、氯化钾 1.5g、葡萄糖 30g、常水 1000mL）给兔饮用。龙胆酊 2mL，人工盐 2g，小苏打 0.5g，混合溶解后口服，每天 2 次。葡萄糖 43.2g。氯化钠 9.2g，甘氨酸 6.6g，柠檬酸 0.52g，柠檬酸钾 0.13g，无水磷酸钾 4.3g，水 2000mL，溶解后经口补液。口服剂量可根据兔体大小及病情轻重而定。也可静脉注射葡萄糖生理盐水。肠道局部免疫比全身免疫更重要，特别是初乳中抗体至关重要，所以大量喂食初乳能产生 48h 的保护力。不要从疫区引进兔，必须引进时要严格检疫，并隔离观察。发现本病立刻隔离、消毒，死兔或排泄物一律深埋或焚毁。有条件的单位可自制灭活苗免疫母兔，保护仔兔。

单纯的轮状病毒感染，应不用抗生素或消炎类药物如地塞米松等治疗。因为幼兔的肠道系统比较脆弱，应用抗生素会造成肠道菌群失衡，导致二次感染，糖皮质激素能抑制网状内皮系统合成干扰素，并使机体参与吞噬作用的白细胞下降，促进病毒的繁殖而加重感染。

第二十三节　兔棒状杆菌病

本病是由鼠棒状杆菌和化脓棒状杆菌所引起的一种慢性传染病，其特征为实质器官及皮下形成小化脓灶。

一、病原和流行病学

本菌对人类和动物的易感性高低与菌种有关。牛、羊、马、鹿、犬、兔、海狸鼠、家禽和人对化脓棒状杆菌易感。实验动物中家兔最易感。本病的主要传染源是病兔，因随其排泄物或分泌物排出的细菌污染了饲料、饮水、垫草、用具及周围环境而散布传染。本病主要经伤口和消化道感染，也可经呼吸道感染。本病多呈散发性，冬春季多发。

二、临床症状

病程较长时，出现食欲减退，时有咳嗽。呼吸困难，流涕。随着病情发展出现体表淋巴结肿大、化脓、破溃、流出白色牙膏样脓液，随后结成硬痂。有的病例在胸腔、肺、腹腔淋巴结及器官组织中发生化脓和干酪样病灶。此时可见慢性支气管炎症状，出现咳嗽、呼吸困难、流鼻液等症状。有的还可能出现关节炎。

三、病理变化

皮肤和淋巴结脓肿，淋巴结的病变是由大小不一的灰色或灰绿色结节所构成，呈干酪样或灰浆状，形成同心环，被一个坚韧的包囊所包围。有病变的肺有肉样的变硬小叶，其中有绿色干酪样化脓灶。这种干酪样病灶及由于钙质的沉积而呈灰浆状病灶，还见于肝、脾、肾等。

四、诊断方法

根据脓肿、变形性关节炎的临床症状、病理变化可作出诊断。实验室诊断以脓液涂片革兰染色镜检，可见有多形态的一端较粗大呈棒状的革兰阳性杆菌。

五、误诊防止

引起误诊主要是由于本病在临床上很少见，部分兽医诊疗水平低、临床经验少、知识面狭窄、工作又不虚心的结果。

（1）波氏杆菌病　波氏杆菌为革兰阴性菌，菌体形态为多形性小杆菌。波氏杆菌病形成的化脓灶比较大，被结缔组织包裹着，结节内有淡黄色黏稠的乳脂样脓液。这样的结节还可发生在肋膜上。波氏杆菌病淋巴结，四肢和关节无明显病变。棒状杆菌为革兰阳性菌，菌体一端膨大呈棒状。棒状杆菌病肺的结节内含干酪样化脓灶。棒状杆菌病的体表淋巴结肿大、化脓，并形成溃疡。

（2）坏死杆菌病　兔坏死杆菌病皮下形成脓肿。唇、面、头颈及四肢关节和皮下组织发生坏死性炎症，而后形成脓肿、溃疡。坏死杆菌是阴性杆菌，菌体呈丝状。坏死杆菌病的脓液没有颜色，但有恶臭味。棒状杆菌为革兰阳性菌，菌体呈棒状。棒状杆菌病的脓液为灰绿色干酪状，没有臭味。坏死杆菌病除肺等实质器官脓肿和干酪样坏死外，并有口腔黏膜坏死。这是棒状杆菌病所没有的。

（3）兔葡萄状球菌病　病原为金黄色葡萄状球菌。兔皮下发生脓肿。兔爪抓痒，使脓肿周围发生新脓肿和脚皮炎。母兔患乳房炎时，吮乳幼兔得"黄尿病"（急性肠炎），生殖器周围脓肿。剖检可见皮下、心、肺、肝、脾、睾丸、关节发生脓肿。病料接种于鲜血平皿培养基，菌落呈现金黄色有溶血环。

（4）野兔热　是由土拉杆菌引起的一种急性、热性、败血性传染病。以体温升高、淋巴结肿大、脾脏和其他内脏坏死为特征。常呈地方性流行，可通过节肢动物传播。病兔体温升高，流鼻涕、打喷嚏，结膜炎，颌下、颈下、腋下和腹股沟淋巴结肿大，并可见鼻炎症状。剖解见肝脾肾出现肉芽肿和形成坏死，并形成干酪样坏死灶。多于8～15天发生败血症死亡。

六、误治与纠误

本病属于低发病，误诊是导致误治的关键。病兔以实质器官和皮下形成小化脓灶为特征，治疗宜抗菌消炎。肌内注射链霉素，每千克体重20mg，每天2次，连用2～3天。肌内注射青霉素G，每千克体重 $4 \times 10^4 \sim 5 \times 10^4$ U，每隔8h注射1次，3～5天为一疗程。金霉素静脉注射，每千克体重5～10mg，1天2次，连用3～5天。注射时以甘氨酸钠注射液稀释。新肿凡纳明（914）静脉注射，每千克体重40mg，以蒸馏水或生理盐水稀释配成5%溶液静脉注射。应注意的是注射时应缓慢进行，不要将液体漏到皮下，以免引起局部坏死。病的主要传染源是病兔，因其排泄物和分泌物的排出污染饲料、饮水等，当家兔吃了这些被污染的饲料和饮水后可感染发病。因此，应管理好饲料和水源，不要被棒状杆菌污染。要搞好兔舍清洁卫生，做到经常性的消毒，对被病兔污染的场地、用具要彻底消毒。发现病兔要及时隔离观察治疗，因为病兔是直接的传染源，其分泌物、喷嚏、咳嗽都可能造成传播。

第二十四节　兔破伤风

兔破伤风是由破伤风梭菌引起的兔的一种急性、中毒性传染病。病的特征是运动神经中枢应激性增高和肌肉强直性痉挛。

一、病原

破伤风梭菌在自然界分布较广，在污染的土壤和粪便中以芽孢的形式长期存活，同时也常存在于许多健康动物的肠道中。对动物与人都有很高的易感性，感染发病后死亡率可达 100%。本菌为厌氧菌，能形成芽孢，芽脑位于菌体顶端，呈鼓槌状。本菌的繁殖体抵抗力不强，一般消毒剂可在短时间内将其杀死。芽孢抵抗力很强，消毒须用 4%福尔马林或 10%苛性钠溶液。细菌在动物体内产生溶解于水的外毒素，即引起破伤风症候群的痉挛毒素和引起溶血的溶血毒素。外伤是本病的主要传染途径。剪毛、咬伤、钉伤、分娩及注射消毒不严等都可能感染。

二、临床症状

破伤风的特征是兔全身肌肉或部分肌肉群呈现持续性痉挛，对外界刺激的反射性增高。发病的潜伏期长短不一，一般为 7～14 天，短的 1 天，长的可达数月。常见症状为咀嚼肌及面肌痉挛，嘴巴张开困难，牙关紧闭。随后颈、背、躯干及四肢迅速阵发性强直痉挛，呈角弓反张。肌肉阵发性痉挛可能自发，也可因外界刺激，如声响、强光或触动所诱发。还可以见到瞬膜外露，行走时呈木马状。

三、病理变化

由于窒息所致死亡，血液凝固不良，呈黑紫色。肺充血和水肿，黏膜及浆膜有小出血点。心肌变性，脊髓和脊髓膜充血，有出血点，四肢和躯干肌内间结缔组织浆液浸润。

四、诊断方法

根据受过外伤和典型的临床症状不难确诊。

五、误诊防止

重视流行病学资料调查，注意完善病史和体检，对于散发病例更应仔细询问，病兔有无伤口，详细了解发病的经过。对本病临床特点、发病规律不了解是误诊的常见原因。主要是和一些有肌肉强直的神经症状的疾病相混淆，没有仔细系统地检查，只见到肌肉紧张，而忽视原发性伤口的检查。临床要注意鉴别诊断。

（1）狂犬病 破伤风与狂犬病虽然都有牙关紧闭、角弓反张、肌肉痉挛等症状，但狂犬病反射兴奋性不高，瞬膜不外露，无木马状行动，这些可作为与破伤风的区别。狂犬病有被狂犬咬伤史，有恐水症状。而破伤风是外伤感染，无恐水症状。

（2）有机磷农药和灭鼠药中毒 农药和灭鼠药中毒有明显的神经症状，如痉挛、肌肉震颤和麻痹等，与破伤风有相似之处。鉴别诊断应注意发病因素：一是饲料被农药和灭鼠药污染而引起中毒，而破伤风是外伤感染细菌产生的毒素引起，只要查明原因就容易做出诊断。二是农药和灭鼠药中毒有腹痛、腹泻症状。病理解剖检查，在消化道、胃肠黏膜有充血、出血的特征，这是破伤风所没有的。

六、误治与纠误

仅仅使用抗生素治疗，而没有使用特效药抗毒素治疗。破伤风主要是由于毒素引起，使用抗毒素抗体治疗越早，效果越好。仅对全身治疗，没有处理原发伤口。对原发伤口的清理很重要，能消除毒素的来源。治疗方法如下，肌内注射抗破伤风血清，每次每只兔 $2 \times 10^4 \sim 4 \times 10^4$ U，1天1次，连用2～3天。镇静解痉挛，肌内注射25％硫酸镁溶液1～

2mL。对症疗法，可注射强心剂、葡萄糖生理盐水、维生素等。外伤处理，用0.2%高锰酸钾溶液冲洗后，再涂上5%碘酊，然后再撒上碘仿或磺胺粉。预防应防止外伤，剪毛时注意不要剪破皮肤，一旦剪破皮肤，及时用5%碘酊涂擦。把喜欢打斗的兔分开饲养，以防咬伤。笼内避免有钉子和带刺物，以防钉伤和刺伤。搞好饲养管理，保持兔舍的空气流通良好。

━━━━━ 第二十五节　兔类鼻疽 ━━━━━

本病是由类鼻疽假单胞菌引起兔、啮齿类等多种动物的人畜共患病。临床特征是急性败血症，皮肤、肺、肝、脾、淋巴结等处形成结节和脓肿，鼻腔和眼有脓性分泌物，有时出现关节炎。

一、病原

类鼻疽假单胞菌又称类鼻疽杆菌，是革兰染色阴性的短杆菌，有鞭毛，能运动。单个、成双、短链或栅状排列，形似别针或呈不规则形态，菌体两端钝圆，呈球杆状，具有两极浓染的特性；病料用吉姆萨染色可见假荚膜。类鼻疽假单胞菌在25～27℃生长良好，42℃仍可生长，最适pH6.8～7.0。在4%甘油琼脂上，可形成0.3～0.6μm、半透明的光滑菌落；随着培养时间延长，菌落增大，表面粗糙并出现皱纹。该菌在血琼脂上生长良好，缓慢溶血。该菌与鼻疽杆菌之间有共同的抗原成分，可分为两个血清型，Ⅰ型具有耐热和不耐热两种抗原，主要存在于包括中国在内的亚洲；Ⅱ型只有耐热抗原，主要存在于澳洲和非洲。本菌对外界环境的抵抗力较强，在土壤和水中能存活1年以上，但不耐高热和低温，常用消毒剂可将其杀死。

二、流行病学

在自然条件下，类鼻疽杆菌主要感染啮齿动物，也可使马、牛、绵羊、山羊、猪、犬、猫等感染发病，兔和豚鼠对本菌高度易感，各种年龄与各品种的兔都有易感性。主要经伤口、呼吸道或消化道感染。本病可通过跳蚤等昆虫的叮咬而在易感动物中传播。有人认为本菌属于一种条件性致病菌，它存在于土壤和水中，属于正常栖居菌。当家兔感染本菌后，由于外部和内部环境改变，从而使机体抵抗力降低，造成本病的暴发。

三、临床症状

急性型多见于幼兔，表现为厌食、发热、咳嗽，鼻腔内流出大量分泌物。在眼角也出现浆液性或脓性分泌物。病兔颈部和腋窝淋巴结肿大，表现呼吸急促，甚至由于窒息而死亡。关节肿胀，运动失调；公兔睾丸红肿、发热。病程1～2周，死亡率不高，有的母兔出现子宫内膜炎的症状或造成孕兔流产。成年兔一般多呈隐性或慢性经过，临床症状不明显。

四、病理变化

本菌进入机体后以菌血症形式经淋巴系统扩散到全身各器官和组织。细菌扩散到肺和鼻黏膜后，在鼻黏膜处形成结节，这些结节可能破溃形成溃疡。肺有结节性脓肿或肝变区，肝、脾、肾、淋巴结、睾丸或关节有散在的、大小不等的结节，其内常含有浓稠的干酪样物质。腹腔和胸腔的浆膜上有许多点状坏死灶。睾丸和附睾组织有干酪样坏死区域。在全身的淋巴结，特别是颈部和腋窝淋巴结内有干酪样的小结节。有神经症状的病例可见脑膜脑炎，后躯麻痹的病例多在腰、荐部脊髓出现脓肿。

五、诊断方法

根据流行病学、临床症状和病例剖解变化，可对本病作出初步诊断。确诊本病主要基于病原的分离和鉴定。实验室检查采取病料涂片，用荧光抗体染色后镜检，或用含有头孢菌素和多黏菌素的选择性培养基进行分离培养。也可用间接酶联免疫吸附试验进行鉴定，予以确诊。

六、误诊防止

由于本病临床表现复杂多样，感染动物有急性、慢性之分，病理损伤的部位也不完全相同，需要和表现呼吸道疾病的其他慢性疾病进行鉴别。

（1）兔结核病　兔结核是慢性病，病程较长，病兔表现厌食、消瘦和贫血。在内脏器官和淋巴结形成的结节，坚硬结实。兔鼻疽是急性病，病程短。实验室检查，取病料涂片，染色镜检，结核杆菌为革兰阳性杆菌，并具有抗酸染色的特性。

（2）兔伪结核病　本病的主要病变在盲肠蚓突和圆小囊浆膜下有乳脂样结节。将病料接种于普通琼脂上，22℃培养24h，伪结核耶新杆菌长出湿润、黏稠、光滑的菌落，而类鼻疽菌不生长。

（3）兔巴氏杆菌病　本病引起病兔流鼻液，但鼻黏膜上无结节和溃疡。以病料涂片，染色镜检，巴氏杆菌为两极着色的卵圆形阴性杆菌，可以鉴别。

（4）兔沙门菌病　幼兔和妊娠母兔发病率高。流产型多发生于妊娠1个月前后的母兔，患病兔从阴道流出红色或脓样黏液，随之发生流产。发生败血的患病兔，多突然死亡。剖解见多个器官有充血和出血斑点，气管内有红色泡沫，黏膜充血出血；肺实变水肿，肝肿大，表面有针尖样坏死灶；脾充血肿大，呈紫蓝色；母兔子宫肿大，子宫壁增厚，伴有化脓性子宫炎，子宫呈乌黑色，部分子宫黏膜上有溃疡。

七、误治与纠误

常规抗生素对本病原有效。氯霉素，每只兔每次50～100mg，肌内注射，每日2次，连用5日。卡那霉素，每兔每次100～250mg，肌内注射，每日2次，连用5日。强力霉素，每千克体重5～10mg，每日内服1次，连用3～5日。除上述外，还可用四环素和磺胺药物进行治疗。预防主要是加强对兔群的饲养管理，严防饲料与饮水受污染。防止发生各种外伤，如发生外伤，应及时进行外科处理。兔场不准饲养其他动物。兔舍、兔笼、用具及环境定期进行全面消毒，不接触污染的土壤和水。杀灭吸血昆虫，搞好灭鼠工作。发生病情时，病兔隔离治疗，无治疗价值的一律淘汰，不准食用。病死兔及其分泌物和排泄物全部烧毁、深埋，彻底进行消毒。工作人员应注意自身防护，严防感染。

第二十六节 炭 疽 病

兔炭疽是由炭疽杆菌引起的急性、热性、败血性传染病。其特征是败血症变化，脾脏显著肿大，皮下及浆膜下有出血性胶样浸润，血液凝固不全，呈煤焦油状。

一、病原

病原为炭疽杆菌，属于芽孢杆菌科，需氧芽孢杆菌属。这种细菌为链状、竹节状的粗大杆菌，两端平直，有荚膜，革兰染色呈阳性。无鞭毛，与空气接触时，在菌体中央可形成卵圆形或圆形的芽孢。炭疽杆菌的繁殖型菌体对外界抵抗力较弱，加热70℃经10～15min，或煮沸可立即死亡。一般的消毒药能在短时间内杀死本菌。但形成炭疽芽孢后则抵抗力特别强大，在干燥状态下，可存活50年以上，在直射阳光下可生存100h。5％石炭酸经1～3天、3％～5％来苏尔经12～24h、4％碘酊经2h可杀死芽孢。

二、流行病学

病兔是本病的传染源，被污染的饲料、饮水、用具是本病传播的重要媒介。消化道与呼吸道是本病的传播途径，也可经吸血昆虫的叮咬经皮肤传染。各种年龄的兔与各品种的兔均有易感性，但纯种兔发病率和死亡率高于杂交兔。兔群一旦发病，在短时间内可导致大批死亡。本病一年四季均可发生，但多见于炎热的夏季。雨水多、吸血昆虫多、洪水泛滥等，易引起本病发生。

三、临床症状

本病潜伏期为10～12h。病兔表现为体温升高，精神沉郁，缩成一团，呈昏睡状态，不食，不饮，呼吸困难，黏膜发绀，行走不稳，战栗，血尿和腹泻，在粪便中常混有血液和气泡。病程稍长，病兔的喉部、头部可发生水肿，导致呼吸极度困难，口、鼻流出清稀的黏液，颈、胸、腹下严重水肿，一侧眼球突出，发病后2天左右死亡。死后天然孔出血。

四、病理变化

不得随意剖检病死兔。必须剖检时，要严格做好个人防护和各种消毒措施。病死兔尸僵不全，颈、胸、腹下及臀部水肿，切开水肿部流出微黄白色胶冻样水肿液，血液凝固不良。胃黏膜出血、溃疡，肠黏膜充血，被覆暗红色黏液，肠系膜淋巴结肿大，切面有点状出血。肝肿大、出血，切面外翻，流出暗红色血液，凝固不全。脾肿大，呈暗红色，质软如泥。气管严重出血，肺轻度充血。心肌松软，心尖有出血点，心血呈酱油色。胆囊肿大，充满黏稠胆汁。

五、诊断方法

家兔患炭疽病的经过很急，死亡较快，根据临床症状诊断比较困难。死后天然孔出血，尸僵不全，血液凝固不全时，应怀疑本病。确诊要靠死后进行微生物检查及血清学诊断。实验室检查采取血液、水肿液或脾脏等病料涂片，进行荚膜染色，镜检可见带荚膜的革兰阳性大杆菌。或者用病料进行炭疽沉淀试验及荧光抗体试验，予以确诊。

六、误诊防止

由于本病少见，部分兽医从未见过此病，缺乏临床经验，同时分析鉴别能力差，从而造成误诊。

（1）兔巴氏杆菌病　急性败血性兔巴氏杆菌病，在临床上主要表现为呼吸急促，鼻腔流出浆液性或脓性分泌物，有胸膜炎症状。剖检见肝脏有许多坏死灶，脾脏不肿，皮下无胶样浸润。以病料涂片，染色镜检，可见两极浓染的卵圆形小杆菌。

（2）兔恶性水肿　本病虽然发生急性炎性水肿，皮下有胶样浸润等与炭疽相似，但恶性水肿后期水肿部变松软，无热、无痛，有捻发音。剖检不出现天然孔出血，血液呈现煤焦油样，脾脏显著肿大等炭疽病特异性病变。以肝脏涂片，染色镜检，可见无关节、微弯曲的长丝状菌体。或做免疫荧光抗体试验，予以鉴别。

七、误治与纠误

炭疽属于急性病例，经常是由于不能确诊，而延误治疗，耽搁病情。青霉素每只兔每次$20×10^4$U，肌内注射，每隔6～8h注射1次，连用3天。链霉素按每千克体重20～30mg，肌内注射，每天2～3次，连用3天。注射抗炭疽高价血清，每只兔皮下注射2mL。用磺胺类药物也有一定效果，如与抗炭疽血清、青霉素、链霉素同时应用，效果更好。预防要注意以下3个问题：兔场发生本病时，要立即向上级有关兽医和卫生防疫部门报告，同时采取有效的封锁、消毒措施。防止本病传播、蔓延。严格遵守兽医卫生制度，对病兔要彻底烧毁或深埋。被污染的场地和用具等，要用4%烧碱或20%漂白粉、0.1%升汞进行彻底消毒。发生过炭疽病的地区，每年应注射1次炭疽芽孢苗，免疫期为1年。

第二十七节　兔附红细胞体病

兔附红细胞体病是由附红细胞体引起的一种人畜共患传染病。临诊以高热、贫血、黄疸、消瘦和脾脏、胆囊肿大为主要特征。

一、病原

附红细胞体是立克次体目无浆体科的成员，菌体较小。附红细胞体是寄生在动物红细胞表面和血浆中的一种多形性单细胞微生物，其形状有卵形、哑铃形、杆状、顿号状和球形。在自然状态下，光镜检查红细胞呈橘黄色，附红细胞体为淡蓝色，且折光性强。多数以单独或呈链状排列形式附着在红细胞表面，少数游离于血浆中。附红细胞体对干燥和化学药物比较敏感，常用浓度的消毒药可在几分钟内将其杀死。0.5%石炭酸溶液37℃ 3h可将其杀死。但对低温抵抗力强，5℃可存活15天，冻干保存可存活数年。

二、流行病学

本病可经直接接触传播。如通过注射、打耳号、剪毛及人工授精等经血源传播，或经子宫感染垂直传播。吸血昆虫如扁虱、刺蝇、蚊和蜱等以及小型啮齿动物是本病的传播媒介。各种年龄、各种品种的家兔都有易感性。一年四季均可发生，但以吸血昆虫大量繁殖的夏、秋季节多见。兔舍与环境严重污染、兔体表患寄生虫病、存在吸血昆虫滋生的条件等，可促使本病的发生与流行。

三、临床症状

潜伏期 3~21 天，以 1~2 月龄幼兔危害最严重，成年兔症状不明显，呈带菌状态。病兔精神不振，食欲减退，体温升高，结膜淡黄，全身无力，不愿活动，喜卧。呼吸加快，心力衰弱，尿黄，粪便时干时稀。有的病兔出现神经症状，运动失调，无目的地运动，遇到障碍头顶住不动，眼半睁半闭。神经症状多为突然发生。最后由于贫血、消瘦、运动失调而死亡。

四、病理变化

病死兔血液稀薄，黏膜苍白，质膜黄白，腹腔积液，脾脏肿大，胆囊胀满，胸膜脂肪和肝脏黄染。所有的死兔膀胱胀大，充满黄色透明的尿液。

五、诊断方法

根据流行特点、临诊症状，结合病变可作出现场诊断。实验室检查采取病兔耳静脉血一滴，滴于载玻片上，加等量生理盐水稀释，轻轻盖上盖玻片，在高倍镜和油镜下观察。附红细胞体呈环形、球形、蛇形、顿点形或杆状等，多数聚集在红细胞周围或膜上，活动自如，伸展、旋转、翻滚、前后、左右均可活动。被感染的红细胞失去球形立体形态，边缘不整而呈齿轮状、星芒状、不规则多边形。

六、误诊防止

临床资料不全，没有全面检查，如简单而必要的血涂片都没有做。兽医拘泥于现象，更不究其本质，呼吸急、体温高、有鼻液等症状即认为是感冒；见到血尿，即诊断为肾炎。忽视实验室的必要检查，导致误诊发生。兔附红细胞体病和李氏杆菌病均有神经症状，应注意鉴别诊断。

李氏杆菌病：革兰阴性球杆菌，发病后，口吐白沫，低声嘶叫，眼结膜炎。母兔发生流产，神经症状呈间歇性，行动不稳，向前冲或转圈，运动肌肉震颤或抽搐，快者 1~3h 死亡。心腔、胸膜腔有多量透明液体，肝脾表面有淡黄色或灰白色坏死点，脑组织充血和水肿，子宫炎。

七、误治与纠误

主要是由于误诊导致误治，当用常规的抗生素治疗效果不好后，才重新诊断。用新胂凡纳明（914）配成5%水溶液静脉注射。剂量按每千克体重40～60mg，本药剂刺激性强，静脉注射时不要漏到皮下，以防皮下坏死。10%磺胺嘧啶钠每次1～2mL，肌内注射。四环素和土霉素也有一定治疗效果，每千克体重40mg肌内注射，每天2次，连用2～3天。预防：本病可以直接接触传播，如通过剪毛、剪耳号等外伤感染传播，所以当出现外伤时应及时处理，防止感染。吸血昆虫，加刺蝇、蚊子等，以及啮齿动物是本病的传播媒介，所以应定期清除污物、杂草及吸血昆虫、蚊、蝇滋生地，以防止叮咬传播。在发病后，兔舍可用0.2%过氧乙酸溶液或2%烧碱水消毒。

第二十八节　兔密螺旋体病

兔密螺旋体病又称兔梅毒，是由兔密螺旋体引起的成年兔的一种慢性传染病。以外生殖器官和颜面部的皮肤、黏膜发生炎症、结节和溃疡为特征。

一、病原

本病病原体为兔密螺旋体，属于螺旋体科，密螺旋体属。这种细菌为细长、弯曲的螺旋形，菌体长$10～16\mu m$，宽$0.25\mu m$，多散在，有时排成栅状。革兰染色呈阳性，有鞭毛，无芽孢，有荚膜，能运动，无抗酸性。本菌为厌氧菌。用吉姆萨染色为玫瑰红色。本菌在形态上和人梅毒的苍白螺旋体相似，很难区别。兔密螺旋体抵抗力低，一般消毒药品都可杀死它，用3%来苏尔。1%～2%烧碱溶液或1%～2%甲醛均可取得良好的灭菌效果。

二、流行病学

本病仅发生于家兔，其他动物和人均不受感染。通常发生于成年

160

公兔和母兔，以母兔感染率高。年龄和繁殖性能是影响发病的一个重要因素。交配是最主要传播途径，可通过生殖器或外生殖器的接触从病兔传给健康兔。病兔污染的垫草、用具等也是本病传播的媒介。尤其局部受伤时，更增加了传染的机会。本病仅损害皮肤和黏膜，不损害内脏器官。本病无明显季节性，但在寒冷的兔舍或冬季室外饲养的兔，较温暖环境中的兔发病更多。常散发或在与配种有关的地方流行。

三、临床症状

本病的潜伏期为2～10周，长的可达3个月以上。最早的症状是生殖器官和肛门周围发红、肿胀。可见患病公兔的龟头、包皮和阴囊肿大。患病母兔先是阴道边缘或肛门周围的皮肤和黏膜潮红、肿胀、发热，形成粟粒大的结节或有细微的水泡。随病程的发展，肿胀部位和结节表面有浆性渗出物而变为湿润，形成棕色痂皮。轻轻剥下痂皮，可露出溃疡面，创面湿润，稍凹陷，边缘不齐，易出血，溃疡周围常有或轻或重的水肿浸润。由于损伤部位疼痛和痒感，病兔经常用爪抓痒，并把病菌带到鼻、眼睑、唇、爪等部位，使这些部位的被毛脱落，皮肤红肿，形成结痂。剥离结痂后可露出溃疡面，湿润凹下、边缘不整齐，易出血。慢性感染部位多呈干燥鳞片状，稍有突起，腹股沟淋巴结可能肿大。公兔阴囊水肿。患病公兔性欲减退，母兔失去配种能力，受胎率明显下降。病兔精神、食欲、体温、大小便等无明显变化。本病进展缓慢，可持续数月。

四、病理变化

外生殖器及其周围见有大小不一、数量不等的灰白色结节和溃疡，溃疡面上有的有棕色痂皮，剥去痂皮溃疡凹陷、边缘不整齐，易出血。严重病例，颜面部也有相同病变。有的病例表现腹股沟淋巴结和咽淋巴结肿大，康复兔的溃疡区愈合后形成星状疤痕。

五、诊断方法

根据临床症状和本病发病情况及剖检病变即可作出初步诊断。确诊需要采集病变部位的黏膜或溃疡面的渗出液做涂片，固定后用吉姆萨染色法染色，检查是否有螺旋体。

六、误诊防止

兔梅毒主要通过性接触传播，兽医调查病史不详或体检不全是误诊的常见原因，有些病例的临床表现并非不典型，而是因为临床医师询问病史不详细，体格检查不全面。忽视有关流行病学资料的采集，在病史询问时，不问病兔是否交配过，不问病兔的周围兔发病情况，没有仔细找每一个有助于诊断的线索。有许多误诊的病例，一旦注意了周围的发病情况，就很快明确了诊断。因兔密螺旋体病与阴部炎均为外生殖器官出现病变，其病变极为相似，应仔细观察区别诊断。不能单凭某些症状而作出诊断，应进行病原、临床症状综合分析、论证和判定，必要时可采阴道黏液检查。

（1）兔外生殖器官炎症　本病主要通过外伤感染，病原是金黄色葡萄球菌，可发生于各种年龄的家兔，孕兔可发生流产，仔兔死亡，阴道流出黄白色、黏稠的脓液，阴户和阴道黏膜溃烂，常形成溃疡面，形状如花椰菜样，或有脓疱。而兔密螺旋体病多发生于成年兔，母兔不发生流产，仔兔不死亡，无脓疱，无阴道分泌物，据此可作出鉴别诊断。

（2）兔疥螨　多发生于无毛或少毛的足趾、耳壳、耳尖、鼻端以及口腔周围等部位的皮肤。患部皮肤充血、出血、肥厚、脱毛，有淡黄色渗出物、皮屑和干涸的结痂，而外生殖器官部位的皮肤和黏膜均无上述病变。

七、误治与纠误

由于兽医对本病不了解，对药理知识掌握不牢固，没有应用针对性很强的抗生素，如利用氟苯尼考、环丙沙星等抗生素治疗。本病由兔密螺旋体引起，选用抗生素要有针对性。肌内注射青霉素，每千克体重 $4 \times 10^4 \sim 5 \times 10^4$ U，每天 4 次。链霉素按每千克体重 $15 \sim 20$ mg，肌内注射，每天 2 次，连用 $3 \sim 5$ 天。静脉注射新胂凡纳明与肌内注射青霉素联合进行，效果比单一药物治疗的效果好。但注射时应注意，不要漏到血管外，以防发生炎症。患部用 2% 硼酸溶液或 0.1% 高锰酸钾溶液冲洗之后，再涂上青霉素膏。

从外地购入的种兔，应详细检查外生殖器官，对健康兔要隔离饲养观察 30 天以上，证实确无此病，才可进入兔场。配种前应详细检查公、母兔的外生殖器官，严禁用病兔或可疑病兔进行配种。对病兔立即进行隔离治疗，病重者应淘汰。病兔的兔笼、用具，用 1%～2%烧碱水或 2%～3%来苏尔彻底消毒。杀灭病原体。

第二十九节　兔衣原体病

兔衣原体病又称鹦鹉热或鸟疫，是由鹦鹉热衣原体引起的一种人畜共患传染病，也是一种自然疫源性疾病。本病在临床上以肠炎、肺炎和流产为特征。

一、病原

衣原体是介于立克次体和病毒之间的一种病原微生物，只能在活细胞内繁殖，增殖过程因不同的发育周期有始体和原体之分。始体为繁殖型，无传染性；原体具有传染性，感染主要由原体引起。菌体呈球形或卵圆形，大的 $0.7～1.2\mu m$，小的为 $0.2～0.3\mu m$。经吉姆萨染色法染色，形态较小而具有传染性的原体被染成紫色，形态较大的繁殖性始体则被染成蓝色。受感染的细胞内可查见各种形态的包涵体，由原体组成，对疾病诊断有特异性。衣原体在一般培养基上不能繁殖，常在鸡胚和组织培养中增殖。实验动物以小鼠和豚鼠对其具有易感性，鸟类和除人以外的哺乳动物是衣原体的自然宿主。病原对外界抵抗力不强，70%酒精、3%过氧化氢、0.2%甲醛等，可很快将其杀灭。

二、流行病学

本病经呼吸道、口腔及胎盘感染。螨、虱、蚤与蜱为传播媒介。各品种的兔与各种年龄的兔均可感染发病，但以 6～8 周龄的兔发病率最高，安哥拉兔多发。本病一年四季均可发生，呈地方性流行或散发。家兔营养不良，过度拥挤，长途运输，患细菌性或原虫性疾病，环境污染等应激状态，可导致发病而大批死亡。

163

三、临床症状

主要是肺炎、肠炎、脑炎和流产。肺炎症状主要表现鼻腔有脓性分泌物，咳嗽，打喷嚏，高热，精神沉郁，食欲下降，并出现结膜炎；肺有坏死病灶。肠炎症状的主要表现是幼兔的消瘦，水泻，脱水，低热，中性白细胞增多，多形核中性白细胞减少，发生急性死亡。兔衣原体性脑膜脑炎，病兔发热，沉郁，不食，虚弱，口腔流涎，四肢无力，关节肿大，卧地，四肢呈划水状，角弓反张，最后出现麻痹症状，3 天之内死亡。兔衣原体性流产孕兔发生流产或产死胎。

四、病理变化

兔衣原体性肺炎剖检可见肺的尖叶、心叶及膈叶充血与硬变，肺小叶间中隔增厚，外观似大理石状。气管与支气管黏膜充血，肝坏死，脾肿大。兔衣原体性肠炎剖检可见胃肠道前段充满液体，结肠内有大量澄清、黏液性内容物。肠系膜淋巴结肿大，脾萎缩，还可见到肺炎与结膜炎的病变。兔衣原体性脑膜脑炎剖检可见纤维蛋白性脑膜炎、胸膜炎和心包炎病变。脑膜和中枢神经系统血管充血、发炎、水肿。脾和淋巴结肿大，有的发生大叶性肺炎病变等。兔衣原体性流产剖检可见母兔子宫及阴道黏膜发炎，胎儿水肿，皮下及肌肉出血等。

五、诊断方法

实验室检查发病初期可采集病兔的分泌物、排泄物或病变组织等进行涂片，用吉姆萨液或改良马基维诺液染色、镜检，可见到衣原体的包涵体或始体和原体。同时，采集血清进行补体结合试验、间接血凝试验或琼脂扩散试验等，予以确认。

六、误诊防止

衣原体病临床表现可以是单一病变，也可以是多系统受损、有时缺乏典型的症状和体征，因此易与受累部位的其他疾病相混淆造成误诊。因此，要详细地询问流行病学史，及时进行血清学检查，以减少误诊的机会。兽医诊断思路狭窄，仅注重局部而忽略整体，只看到与本专业关系密切的症状、体征、检测结果，未将其他临床表现联系起来进行综合分析；只想到常见病、多发病，缺乏鉴别诊断的习惯和意识；受以前诊断的误导或局限，主观臆断，这些是造成各种疾病误诊的常见原因。要减少误诊，医生必须要养成鉴别诊断的良好习惯和意识，努力扩展思路，摆脱习惯和经验的束缚，敢于怀疑以前（包括自己、他人、知名专家）的诊断或结论，做出自己的正确判断。衣原体病、沙门菌病、球虫病的临床症状为腹泻、流产和内脏器官有坏死病灶，鉴别诊断可根据细菌学、症状和病理变化等综合判断。在诊断本病过程中，注意与兔布鲁菌病、兔肺炎克雷伯菌病及兔李氏杆菌病相鉴别，其方法主要是进行病原体检查及血清学试验。

(1) 沙门菌病　病原为沙门菌，革兰阴性杆菌，可在普通培养基上生长，在麦康凯培养基上生长良好。病兔渴欲增加，体温高，沉郁，不吃，怀孕母兔发生流产。胎儿体弱，皮下水肿，很快死亡。自阴道流脓样分泌物。康复兔不易受孕，幼兔病时腹泻排乳白色泡沫臭粪。剖检可见肠黏膜充血出血，膜下层水肿，肠系膜淋巴结水肿坏死，圆小囊、蚓突有溃疡和小结节，心、肝脏有同样结节。

(2) 肠型球虫　卵囊呈圆形或椭圆形，孢子体呈一端尖、一端钝的香蕉形。在粪便和肠黏膜上发现有多量球虫卵囊，就可确诊。眼球发紫，结膜苍白，贫血，出现黄疸。腹部膨胀呈青紫色，急性型突然四肢痉挛。死亡兔血液稀薄，凝固不良。十二指肠、回肠、盲肠黏膜充血，肠管扩张。蚓突、圆小囊、肝脏有灰白色坏死病灶。

七、误治与纠误

衣原体是一种在家兔体内长期生存并又广泛传播的病原体，属条件致病菌。抗生素喹诺酮类，在治疗衣原体方面临床效果较好，其中常用的药物有氧氟沙星，环丙沙星等；阿奇霉素、强力霉素、复方新诺明和土霉素类也有效。土霉素粉剂口服，每天每只兔 100～200mg，连用 3～4 天。红霉素肌内注射，每千克体重 20～40mg，每天 2 次，连用 3～4 天。对发生眼疾和流产的病兔采取对症治疗。预防主要是加强对兔的饲养管理，提高机体的抵抗力，搞好卫生，及时清除兔舍内的粪便，做到定期消毒。从外地引进种兔时要进行隔离检疫，确定无病后才能混群饲养。当有本病发生时，对病兔进行隔离治疗。对被污染的用具、兔笼、场地进行消毒，尸体深埋处理。人也能感染衣原体，所以在与病兔接触和处理病死兔时应注意防范。

第三十节 兔支原体病

兔支原体病是由支原体引起的家兔的一种慢性呼吸道传染病。临床上以呼吸道和关节的炎症反应为主要特征。

一、病原

支原体广泛存在于土壤、污水和组织培养物中，可从家兔的鼻咽、结膜和呼吸道分离到，是一种呼吸道寄生菌。支原体已发现的有90多种，其中有32种对人、动物和昆虫有致病作用。对家兔危害严重的主要是肺炎支原体和关节炎支原体，可造成15％的家兔发生死亡。支原体对外界环境的抵抗力不强，耐低温，不耐热，常用消毒剂均可将其杀灭。

二、流行病学

本病经呼吸道传播，也可通过内源感染。各种年龄与品种的兔都有易感性，但以幼龄兔发病率最高，长毛兔易感性最强。一年四季均可发生，多发于早春和秋冬寒冷季节。兔舍、空气及环境污染，天气突变，受寒感冒，饲养管理不良等可诱发本病。

三、临床症状

本病往往呈慢性经过，开始咳嗽，流浆液性鼻液，随后出现呼吸加快，打喷嚏，食欲减少，不愿活动，渐进性消瘦，贫血。可视黏膜发绀。长时间的流鼻液则成为黏液性。由于黏液黏附于鼻腔及周围，老是用前爪抓痒，常打喷嚏。有的病兔四肢关节肿大，屈曲不灵活。

四、病理变化

本病的主要病变在肺、肺门淋巴结。急性死亡兔肺有不同程度的气肿和水肿，肺尖叶和中间叶有紫红色病变。慢性病例肺肉变，将病变部位割下来放在水里可以下沉。淋巴结肿大，切面湿润，周缘水肿，气管及支气管有多量泡沫状浆液。后期出现纤维素性、化脓性和坏死性肺及胸膜炎。

五、诊断方法

根据临床症状和病理变化可做出初步诊断，确诊需做微生物学检查。实验室检查采集病兔的呼吸道分泌物及肺部病变组织，进行支原体分离培养，或做免疫荧光抗体试验与间接血凝试验等可以确诊。

六、误诊防止

由于病原毒力和家兔机体抵抗力的差异，临床各类型支原体病表现较复杂，但各类型均有相应的特征，要熟悉各期需要鉴别的病种及其要点，仔细分析病情，总会从中发现若干有诊断价值的特征性表现，只要考虑到此病，一般情况下诊断并不困难。兽医临诊时只注意症状，不究其因，很多病的临床症状是相似的，必须从其共有的症状，分析和找到某一病的特有症状方可区别之。其次是经验主义，见到体温升高、流涕、呼吸急等症状就认为是感冒或细菌性肺炎，不进一步进行实验室诊断。

(1) 鼻炎肺炎型巴氏杆菌病　鼻炎肺炎型巴氏杆菌病的病原是巴氏杆菌，而支原体性肺炎的病原为支原体。鼻炎肺炎型巴氏杆菌病流出的鼻液多为黏性、脓性，而且还可以把细菌传染到眼、皮下、耳，引起眼结膜炎、皮下脓肿和中耳炎。而支原体病则无此现象。鼻炎肺炎型巴氏杆菌病可出现大对性肺炎、脓胸，而支原体病很少出现脓胸。兔巴氏杆菌病病兔除有鼻炎及肺炎症状外，还有中耳炎、结膜炎、子宫脓肿、睾丸炎、脓肿及全身败血症等病型。病理变化除肺部病变外，还可见到其他实质脏器充血、出血、变性与坏死等。采集病料涂片，染色镜检，可见两极着色的卵圆形小杆菌，即为多杀性巴氏杆菌，故可与兔支原体病相鉴别。

(2) 波氏杆菌病　波氏杆菌病是以肺、胸膜脓疱为特征，而支原体病则无此病变。兔波氏杆菌病病兔除有鼻炎与支气管肺炎症状外，还可出现脓疱性肺炎。剖检可见肺部有大小不一的脓疱，肝表面有黄豆至蚕豆大的脓疱，还可引起心包炎、胸膜炎、胸腔积脓等。波氏杆菌为小杆菌，容易在培养基生长，而支原体菌体形态为多形性，在一般培养基上不能生长。采集病料，涂片镜检，可见革兰阴性多形态的小杆菌，即为波氏杆菌，故可与兔支原体病相鉴别。

（3）肺炎球菌病　兔肺炎球菌病除有呼吸道及流鼻涕症状外，气管和支气管黏膜充血、出血严重，肺部有大片的出血斑或水肿、脓肿。多数病例呈纤维素性胸膜炎和心包炎。肝肿大呈脂肪变性、脾肿大，阴道和子宫黏膜出血。病原体为肺炎双球菌，革兰染色阳性。

七、误治与纠误

支原体是介于细菌与病毒之间的微生物，大小为 $20\mu m$ 左右，结构复杂多样，没有细胞壁，有两层细胞膜。凡是通过作用于细菌的细胞壁发挥杀菌作用的抗菌药物，如青霉素类、头孢菌毒类等，对支原体不发挥杀菌作用。而属于大环内酯类的抗生素，对支原体具有杀灭作用，适合于支原体感染的治疗。肌内注射卡那霉素，每千克体重 $10\sim20mg$，每天 1 次，连用 $3\sim5$ 天。肌内注射盐酸土霉素，每千克体重 $40mg$，每天 $1\sim2$ 次，连用 $3\sim5$ 天，或肌内注射土霉素油剂，即将土霉素粉剂与植物油或石蜡油混合肌内注射，每天 1 次，连用 $3\sim5$ 天。肌内注射盐酸四环素，每千克体重 $40mg$，每天 $1\sim2$ 次，连用 $3\sim5$ 天。盐酸金霉素，每千克体重 $5\sim10mg$，以甘氨酸钠注射液稀释，摇匀肌内注射，也可静脉注射。支原净、泰乐菌素、思诺沙星等用来治疗支原体病也有良好的效果。预防应加强饲养管理，搞好兔舍与环境卫生，常消毒，防止受寒感冒，消除各种应激因素。不从疫区引进种兔，对引进的种兔要严格检疫，隔离饲养观察，安全无疫方可混群。发生疫情时，病兔应隔离治疗或淘汰，防止扩大蔓延。

第三十一节　兔曲霉菌病

兔曲霉菌病又称曲霉菌性肺炎，是由烟曲霉菌引起的家兔的一种呼吸道传染病。以呼吸道，尤其是肺和支气管炎为特征的疾病。

一、病原

本病主要由烟曲霉菌引起，偶尔黑曲霉菌也有不同程度的病原性。曲霉菌分生孢子呈串球状，在孢子柄顶囊上呈放射状排列。本菌为需氧菌。一般霉菌培养基上均可生长繁殖。曲霉菌和它们所产的孢子在自然界中分布很广。在稻草、谷物、发霉的饲料、笼子、用具和空气中都有本菌的存在。曲霉菌的孢子抵抗力很强，煮沸后5min才能被杀死，在一般消毒液中需经1~3h才能灭活。

二、流行病学

幼龄家兔对烟曲霉菌较易感染，常成窝发生。成年家兔则很少见到。家兔曲霉菌一般呈慢性经过。自然感染一般发生于潮湿、闷热、通风不良的兔舍。有时因不断饲喂发霉饲料，吸入大量霉菌孢子而发病。窝箱内的垫料、空气和发霉饲料含有大量烟曲霉菌孢子是引起本病的主要传播媒介。家兔因受冷致使呼吸道发生卡他性炎症、营养缺乏或其他疾病而抵抗力下降时，霉菌即可大量繁殖引起发病。

三、临床症状

本病急性病例很少见，多为慢性经过。慢性病例有时看不到明显的临床症状，往往在尸体剖检时才能发现。病兔表现为逐渐消瘦，精神委顿，食欲减退，呼吸困难日益加重，咳嗽，从鼻孔流出黏液性鼻液，并伴有眼角膜浑浊或溃疡，鼻黏膜苍白或发绀，出现明显症状后，大多在几周内死亡。

四、病理变化

当烟曲霉菌及其孢子侵入呼吸道后，在呼吸道黏膜发育的同时，引起局部炎症反应，剖检于肺表面和肺组织内可发现散在粟粒大至绿豆大的黄白色或暗灰色结节，在结节的中心有化脓灶，其中含有真菌菌丝，周围有结缔组织包膜。有的在气管黏膜见有异物性肺炎病症，可继发肺坏死。还发现在肺表面有圆形小结节，在胸膜下和肺组织内到处都可见到黄色或灰色结节，结节的内容物呈黄色干酪样，结节相互融合时则呈不规则状、边缘有锯齿状坏死病灶。有时可见菌丝体，成绒球状。

五、诊断方法

根据病兔逐渐消瘦和呼吸困难等临床症状，结合剖检病变即可作出诊断。实验室检查取病变组织（以结节中心为好），置载玻片上，加生理盐水 1～2 滴或 2%氢氧化钾少许，用细针将结节拉碎，10～20min 后，盖上盖玻片，于弱光下镜检，见到特征性的菌丝体和孢子，即可确诊。也可将病料接种于马铃薯培养基及其他真菌培养基上，进行分离培养和鉴定，予以确诊。

六、误诊防止

根据渐进性消瘦、呼吸困难和病理变化特征，一般可以做出初步诊断。真菌性肺炎肺的结节病理变化与结核病和坏死杆菌病相似，应注意鉴别诊断。

(1) 结核病　结核病除进行性消瘦、呼吸困难外，还表现有明显的咳嗽喘气，有的出现腹泻，四肢关节变形等。结核病除有肺上的结节外，在肝、肾、肋膜、心包及肠系膜淋巴结上均有结节，而结节的切面有白色干酪样物，并且肺内的结节相互融合能形成空洞。这些病理变化是真菌性肺炎所没有的，而真菌性肺炎仅在肺深部组织的结节病变明显。采集病料涂片，用抗酸染色法染色镜检，可见细长丝状、稍弯曲的红色结核杆菌。

(2) 坏死杆菌病　由坏死杆菌引起的一种急性、散发性传染病。主要以口腔疾患为特征，病兔不能吃食，流涎，口、唇与齿龈黏膜坏死，形成溃疡。病兔腿部和四肢关节或颌下、颈部、面部以至胸前等处的皮下组织发生坏死性炎症，形成脓肿和溃疡，病灶破溃后发出恶臭味。多数病例在肝、脾、肺等处有坏死灶。

(3) 兔肺炎　肺炎除呼吸困难，精神不振，少食外，还表现出明显的咳嗽；呼吸浅表，听诊有湿性啰音，体温升高等。该病多发于气候突变，见于个别幼兔，没有传染性。剖检肺部及肺没有黄白色的结节。

七、误治与纠误

经常被当做细菌病治疗，而导致治疗失败。本病属于真菌病，必须使用抗真菌药治疗。两性霉素 B 能抑制全身感染的真菌。两性霉素 B 按每千克体重 0.25～0.5mg 计，用 5%葡萄糖溶液配成 0.1%的稀释液静脉注射，每周 2～3 次，注射时应缓慢进行。制霉菌素：每

只幼兔每次用 $1×10^4$～$2×10^4$U，均匀混于饲料中喂给或灌服，每天 2 次，连用 2～3 天。克霉唑（三苯甲咪唑）：每只幼兔每天 0.02～ 0.05g，分 3 次口服，连用 5～7 天。灰黄霉素：每只幼兔每次 0.005g，口服，每天 2 次，连用 5～7 天。所有的抗真菌药物毒性均 较大，治疗时要注意对兔肝脏的保护。预防：兔舍、兔笼被真菌污染 时，应彻底清扫，并用福尔马林熏蒸消毒。也可用火焰喷射消毒，将 飘扬的兔毛烧掉，并把角落里的垫草、碎物烧毁。不使用发霉变质饲 料，也不用发霉潮湿的草垫窝，垫草应保持清洁干燥。饲料防霉是关 键，适当地在饲料中添加防霉剂（丙酸及其盐类），采用喷雾法加入 饲料中并搅拌均匀以抑制霉菌的生长。

第三十二节　兔体表真菌病

兔体表真菌病又称皮肤霉菌病、毛癣病，是由致病性真菌感染皮 肤表面及其附属结构毛囊和毛干引起的一种真菌性传染病。其特征为 兔皮肤上的不规则的小块脱毛或圆形脱毛、断毛及皮肤炎症。本病的 显著特点是奇痒。

一、病原

本病的病原为大小孢子和毛癣菌。真菌广泛生存于土壤中。在一 定条件下可感染家兔，人和其他动物也可感染发病。病原对外界具有 很强的抵抗力，耐干燥，对湿热抵抗力不强，干燥环境下可存活 3～ 4 年，煮沸 1h 即可杀灭。对一般消毒药耐受性强，一般磺胺类药物 及抗生素对本菌无效。

二、流行病学

病兔是本病的主要传染源。主要是病兔与健康兔直接接触，也可 通过各种用具及人员间接传播。各种品种的兔均能感染，幼龄兔比成 年兔易感。潮湿、多雨、污秽的环境条件，兔舍及兔笼卫生不好，以 及皮肤和被毛卫生不良，可促使本病发生。本病一年四季均可发生， 多为散发。一般不死亡，主要影响生长和毛皮质量。

三、临床症状

本病的特征是感染皮肤出现不规则的块状或圆形的脱毛、断毛和皮肤炎症。皮肤有不规则的小块或圆形脱毛、断毛和皮肤炎症。感染首先从耳、鼻、面部开始，呈圆形或椭圆形突起，上覆一层灰白色或黄色干痂，有白色皮屑，断毛不均匀；然后传播至脚、腿乃至全身表皮，感染处的兔毛在皮层处断裂脱落，同时真菌分泌有毒物质，患部瘙痒；继而出现小结节和小溃疡，并发其他细菌感染引起患部毛囊肿胀，严重时病兔逐渐消瘦，病程长达数月。剖检可见患部结痂，痂皮下组织发生炎性反应，有小的溃疡。毛囊出现脓肿。表皮过度角质化。

四、诊断方法

本病临床特征为兔皮肤不规则地小块或圆形脱毛，断毛及皮肤炎症。结合病史，可作出初步诊断。实验室确诊主要包括：直接镜检：自病变部采集被毛和癣屑等，用10％氢氧化钾溶液处理后镜检，可发现真菌孢子或菌丝。培养检查：用添加抗生素的沙堡弱葡萄糖琼脂培养基等在25℃培养2～3周后分离鉴定。组织学检查：真菌结构的检查宜用雪夫氏过碘酸染色，呈现伴发角化亢进的非特异性渗出性炎症，有时可看到毛囊破坏和脓肿。免疫学检查：怀疑深在性乃至真皮内病灶时，可作毛癣菌素皮内试验以作鉴定。Wood氏灯检查：用波长360nm紫外线照射，以判定病变由何种皮肤真菌引起。大小孢霉感染的被毛呈阳性反应。此方法可用于皮肤真菌感染的鉴别诊断。

五、误诊防止

真菌性皮炎是家兔的常见病，临床医生应认真询问病史、仔细查体，注意临床特征及其联系是避免误诊和漏诊的关键。部分临床医生知识面狭窄，见到皮肤病就按疥螨病治疗，而且不注意临床检查，更不要说化验了，造成误诊。因此，临床医生加强皮肤病知识的学习，注重与其他疾病进行鉴别诊断。根据临床资料结合流行病学进行鉴别诊断。鉴别诊断如下。

（1）兔疥螨病　由疥螨而引起，主要寄生于头部、掌部的短毛处，然后蔓延至躯干部，患部奇痒、脱毛，皮肤发生炎症和龟裂等，从深部皮肤刮皮屑可检出疥螨。

（2）营养性脱毛　本病多发生于夏、秋季节，呈散发，多见于成年与老年兔。皮肤无异常，断毛较整齐，根部有毛茬，多在 1cm 以下。发生部位一般在兔的大腿、肩肿两侧及头部。病兔无痒感，局部皮肤也没有炎症。

（3）湿性皮炎　皮肤局部脱毛，有溃疡。因被毛长期潮湿而引起炎症。多发生在颌下、颈下、会阴、后肢，被毛经常潮湿，皮肤发炎，脱毛糜烂，甚至溃疡、坏死。

六、误治与纠误

误治主要由于误诊。临床治疗主要使用抗真菌疗法。一般磺胺类药物及抗生素对本菌无效。采用全身加局部的治疗措施。第一，因为真菌性皮肤病比较顽固，不容易治疗，在临床治疗中，药量要大，疗程要长。临床因为治疗不彻底反复的病例很多。第二，抗真菌药的毒性很大，可以降低机体的抵抗力，特别是内服药，治疗中要防止药物对家兔的损伤，不可长期用药。如两性霉素 B、灰黄霉素等对神经系统、血液、肝、肾均有严重副作用，还可引起孕兔流产和胎儿畸形。第三，不能忽视局部的治疗。第四，要注意家兔环境中的病原消灭，经常家兔身上的病治好了，很快又反复了，因为兔窝、垫料等还有大量的病原，导致家兔再次感染。可用以下药物治疗：灰黄霉素：按每千克体重 25mg 制成水悬剂，每日胃管投服 1 次，连用 14 天；群体治疗，可在每千克饲料中加 0.75g 粉状灰黄霉素，连用 14 天。局部治疗时，先剪去患部的毛，立即烧掉。用温皂水洗去皮屑及痂皮，然后用 3% 来苏尔与碘酊等量混合每天涂擦患部 2 次，连用 3~4 天可治愈；涂擦达克宁，每天 2 次，连用 5~7 天。预防，应常年坚持消灭鼠类及吸血昆虫，保持兔舍、兔笼、兔体及用具清洁卫生，注意通风换气。加强饲养管理，不喂发霉的干草和饲料，并添加富含维生素 A 的胡萝卜和青饲料等。消灭体外寄生虫，定期对兔群进行药浴。严防健兔与病兔接触，病兔停止哺乳及配种。病兔用过的笼具及用具等，用福尔马林全面消毒，病死兔一律烧毁，污物及粪尿消毒后深埋。

第三十三节 兔放线菌病

兔放线菌病是由放线菌引起的一种慢性散发性传染病。以骨髓炎和皮下脓肿为特征。

一、病原

放线菌是介于真菌和细菌之间的原核微生物，引起家兔发病的主要是牛放线菌，其次为伊氏放线菌和林氏放线菌。牛放线菌和伊氏放线菌是放线菌病的主要病原菌，两者均为革兰染色阳性，不运动，无芽孢的杆菌。在动物组织中呈带有放射状菌丝的颗粒型聚集物，外观似硫黄颗粒，呈灰色、灰黄色或灰棕色，质地柔软或坚硬。制片经革兰染色镜检，见中心菌体紫色，周围辐射状菌丝红色。林氏放线菌是皮肤和柔软器官放线菌病的主要病原，不运动，不形成芽孢和荚膜的多形态的革兰染色阴性杆菌。在动物组织中也形成菌丝，无明显辐射状菌丝，革兰染色后中心与周围菌呈红色。本菌为兼性厌氧菌，在二氧化碳条件下生长良好。本菌为一种嗜血清的微生物，因能在血清琼脂培养基上生长，而在普通培养基内几乎不生长。各种放线菌对干燥和热抵抗力较弱，对消毒剂敏感，一般消毒剂均能达到消毒目的。但对石炭酸抵抗力较强。

二、流行病学

病原菌在自然界中有较强的抵抗力，广泛存在于污染的土壤、饲料和水中，也常常寄生在家兔的口腔和上呼吸道中。只要皮肤病和黏膜发生损伤，放线菌可乘机进入组织内繁殖，便有可能感染。饲养环境不良、管理不当、皮肤损伤，特别是喂粗硬饲草时，发病的机会增加。所以在家兔常常为散发。

三、临床症状

本菌可侵袭下颌骨、鼻骨、足、跗关节、腰椎骨、造成骨体炎。病兔表现下颌骨或其他部位骨骼的肿胀，采食困难。与此同时受害的皮下软组织出现炎症、肿胀，甚至形成脓肿或蒂囊肿，随着病程的延长，结缔组织内出现增生形成致密的肿瘤样团块。病变的组织中可充满脓液，最后由于组织破溃形成瘘管，使脓液从瘘管内排出。主要的病变多见于头、颈部。

四、病理变化

病变受害的骨骼出现单纯性骨髓炎，周围软组织也形成化脓性炎症。病变部位的脓汁无特殊的臭味、黏液样、坚韧。脓汁内含有直径为 3～4mm 的干酪样颗粒，它是本菌的集落，通常称为"硫黄颗粒"，在显微镜下可见辐射状的、肥大的棍棒样菌丝。在结缔组织内不但含有特征性的肉芽组织，并含有这种颗粒。

五、诊断方法

本病的诊断主要依据临床症状，据病变和病变组织中"硫黄颗粒"的染色，可做出初步诊断。取病变部位的脓液，从中选出颗粒，洗涤，放在清洁载片上压碎，作革兰染色，可见革兰阳性的短杆状、菌状和分支状的放线菌。

六、误诊防止

本病由于具有特殊的病理变化，不难做出诊断。主要是和一些其他化脓性疾病发生误诊，如葡萄球菌病。误诊的原因是本病经常散发，不常见，容易被误诊为其他常见病。另外，本病也可以和其他化脓细菌形成混合感染，出现漏诊。临床医师对放线菌病缺乏认识，也是误诊的原因之一，要求医生不仅应有扎实的理论知识和丰富的临床实践，还应培养良好的综合思维能力，认真查体，掌握放线菌病的阳性体征。不主动学习，认真思考，缺乏动态观察病情的意识，不能及时发现问题并进行有鉴别诊断意义的特殊检查等，均是造成误诊的主观原因。防止误诊的方法是进行实验室检验。

葡萄球菌病：葡萄球菌病也可以形成脓肿，但脓液内无硫黄颗粒。借助实验室检查，用革兰染色，葡萄球菌则是革兰阳性球菌。牛放线菌中心呈紫色，周围辐射状菌丝是红色，革兰阳性。

七、误治与纠误

本病属于放线菌，部分抗生素无效。误治主要是由于医生对放线菌病缺乏足够的认识，误诊为其他化脓性细菌，而使用对放线菌不敏感的抗生素。牛放线菌对青霉素、红霉素、林可霉素较敏感，林氏放线菌对链霉素、磺胺类药物较敏感，放线菌对碘化合物也敏感。治疗时首选青霉素类、红霉素或大环内酯类抗生素。配合碘制剂效果更好。可肌注青霉素和静脉注射碘化钠。因为药物很难渗透到浓液中，故用抗生素治疗放线菌病剂量要大，时间要长，否则效果不好。发病后从经济价值考虑以淘汰为主。对于种兔，早治疗、早诊断是治疗本病的关键，软组织病灶经治疗可能康复，但是骨的病变则难以康复。对局限性病灶，只要界限清楚，可用外科手术的方法切除，或用烧烙的方法将病灶烧烙净。创口用碘酊纱布充填引流，每天更换一次纱布，同时每天口服碘化钾。目前尚没有预防本病的疫苗。主要依靠加强平时的饲养管理。如饲喂柔软的干草，防止口腔及皮肤的损伤，发现伤口及时进行外科处理。

第四章 家兔寄生虫病的误诊、误治和纠误

在养兔生产中，人们普遍对传染病造成的危害有深刻认识并对传染病的防治高度重视，而对寄生虫病的发生和危害往往重视不够。其实，在养兔生产过程中，寄生虫病也是多发的，并且危害相当严重。寄生虫不仅导致患兔不同程度的病理损伤，还造成饲料利用率低，给经济上带来巨大损失，甚至影响到人类的身体健康。部分兔的寄生虫病可引起兔的大批发病、死亡，如兔的球虫病，绦虫蚴病等；部分兔的寄生虫病也可降低兔的生产性能，如兔患肝片吸虫病，能使兔增重减少12％左右。兔患螨虫病时，皮革损失10％～15％。兔的寄生虫病还影响到兔的生长、发育、繁殖或兔产品的废弃，如幼兔遭受寄生虫感染后生长发育受阻，有些寄生虫还侵害兔的生殖系统，直接影响兔的繁殖能力，如兔弓形虫病等。再如，兔的连续多头蚴病，可导致兔的部分肌肉和脏器不能被食用而废弃，兔的弓形虫病能感染人，对人类健康造成极大威胁。因此，在养兔生产中，我们必须对寄生虫病给予高度重视，并积极采取各种措施加以预防和治疗，来保证养兔业的健康顺利发展。

一、寄生虫病的诊断原则和防治措施

家兔寄生虫病的诊断不仅是治疗病兔的依据，而且也是掌握当地各种寄生虫病流行情况以及进行药物驱虫试验时所必需的手段。

寄生虫病的正确诊断，是有效防治寄生虫病的前提。寄生虫病的诊断分生前及死后诊断。由于寄生虫病患兔往往无特殊临床症状，因此，临床症状在诊断上只能作参考。寄生虫病的正确诊断，必须采取综合性的方法，遵循在流行病学调查及临床诊断的基础上检出寄生虫

病的病原体的基本原则。其中主要是病原学的诊断，可借助直接的或间接的各种方法，证明患兔机体存在着寄生虫病的病原体。

（一）生前诊断

对可疑病兔的诊断，应根据流行病学资料的分析和临床症状的检查作出初步判断，最后依据病原学检查发现寄生虫的虫卵、卵囊、包囊、幼虫、虫体及其片段等方能确诊。在查找病原有困难时，尚可采用动物接种、诊断性驱虫及 X 线检查等方法进行诊断。免疫学诊断法和分子生物学检查技术在寄生虫病诊断方面的应用发展很快，但目前仍只作为辅助诊断方法和进行流行病学调查。

1. 流行病学调查

流行病学主要研究寄生虫病在家兔中传播、流行、发生、发展的规律。在流行病学调查中，应调查和掌握当地的自然条件，兔的饲养管理水平，兔的生产性能、发病及死亡情况，寄生虫的种类，形态特征，发育史，中间宿主及传播媒介的存在和分布等，从中得出规律性的资料。如研究兔肝片吸虫病，首先应研究构成本病流行的各环节，中间宿主的种类、形态、生活史和生活习性。对上述问题的具体细节弄清以后，进而作区系调查，查明本病感染率、感染强度和发病季节等。只有弄清这些问题，才能进一步设法改变兔肝片吸虫及其中间宿主的必需生活条件，制订出切实可行的防治肝片吸虫病的有效防治措施。

因此，在诊断寄生虫病时，首先应详细调查了解这些相关的资料，再加以综合分析，从流行病学角度得出所发生的可能寄生虫病，为进一步诊断指明方向，有利于采取更为准确的诊断方法。

2. 临床检查

临床检查可查明兔的营养状况、临床表现和疾病的危害程度，为寄生虫病的诊断奠定基础。有的寄生虫病具有典型的临床症状。如疥螨病引起兔发生剧痒、消瘦，患部皮肤脱毛、结痂症状。对于这些有特征性症状的寄生虫病，在流行地区通过对兔的临床检查，可以作出初步诊断。对某些外寄生虫病，可发现病原体，建立诊断，如兔毛虱病等；多数寄生虫病只引起兔出现贫血、消瘦、下痢、水肿和幼兔生长发育受阻等共同的症状，而没有特异性症状。对这类寄生虫病，虽然根据症状不能作出诊断，但可根据症状确定大概范围，为下一步采用其他诊断方法提供依据。

寄生虫病的临床诊断方法与其他疾病的诊断方法相同，但应注意检查整个群体的症状表现，而且在检查中要特别注意家兔的营养状况、可视黏膜的色泽、粪便情况、皮肤病变及一些特殊症状等。

3. 实验室诊断

由于多数寄生虫病都无特异的示病症状，流行病学的调查也只能提供发生某种寄生虫病的可能性。因此，采用各种实验室方法，查明动物体内外有无寄生虫的存在，是寄生虫病诊断中必不可少的手段。它主要包括寄生虫病的病原学诊断、动物接种和免疫反应诊断。对于不同的寄生虫病可采用不同的检验方法。

(1) 病原学诊断

① 粪便检查法　通常寄生于消化道及与其相通的肝、胰脏的蠕虫，寄生于兔支气管的肺线虫，寄生于兔肠系膜静脉的血吸虫，寄生于消化道的球虫等，均可通过粪便检查发现寄生虫的虫卵、幼虫、成虫及其碎片等，建立确实诊断。这是诊断寄生虫病常用的病原学检测方法。检查时，粪便要新鲜，特别是检查原虫滋养体时一定要新鲜粪样；同时要注意防止粪样之间的相互污染。通常，先观察粪的颜色、稠度、气味、黏液多少、有无血液、饲料消化程度，特别应仔细观察有无虫体、幼虫、绦虫的体节、蝇蛆等。其次是粪中虫体检查，为发现大型虫体及节片，先检查粪表面，然后轻轻拨开粪便观察较小虫体或节片，可将粪便置于较大容器中，加入 5～10 倍量的水（或生理盐水），彻底搅拌后静置 10min，然后倾去上层粪水，再重新加入清水搅拌静置。如此反复多次，至上层液体透明，最后倒去上层透明液，将少量沉淀物放在黑色浅盘（或衬以黑色纸片或黑布的玻璃皿）中检查，必要时可用放大镜或解剖显微镜检查。发现的虫体用镊子、针或毛笔取出，以便鉴定。第三步为粪中虫卵、卵囊和包囊的检查。有两种方法：一种为直接涂片法，即先在载玻片上加 50％甘油水溶液或常水数滴，再用火柴梗或小木棒取粪便一小块，与载玻片上的液体混匀，去掉粪渣，将已混匀的粪便溶液涂成薄膜，薄膜厚度以能透过书报上的字迹为度，然后加盖玻片置低倍镜下镜检。此法的检出率低，每次应作 3～5 片进行检查，效果才会更好。另一种为浓聚法，它分

为沉淀法和漂浮法。沉淀法即取粪便5～10g置于烧杯中，加10～20倍量水充分搅匀，再用金属筛或纱布滤过于另一杯中，滤液静置20min后倾去上层液，再加水与沉淀物重新搅匀、静置，如此反复水洗沉淀物多次，直至上层液体透明为止，最后倾去上清液，用吸管吸取沉淀物滴于载玻片上，加盖片镜检。漂浮法多用饱和盐水漂浮法，即取5～10g粪便置于100～200mL烧杯中，加入少量漂浮液搅拌混合后，继续加入约20倍的漂浮液。然后将粪液用金属筛或纱布滤入另一杯中，舍去粪渣。静置滤液。经40min左右，用直径0.5～1cm的金属圈平着接触滤液面，提起后将黏着在金属圈上的液膜抖落于载玻片上，如此多次蘸取不同部位的液面后，加盖片镜检。

② 皮肤及其刮下物检查　多用于蜱及螨病的检查。

③ 血液检查　用于诊断血液原虫病。血液来源一般为末梢血液。

（2）动物接种法　动物接种是用采自患兔的病料，对有易感性的实验动物（如小白鼠、家兔等）进行人工接种，待寄生虫在实验动物体内大量繁殖后，再对实验动物进行病原体检查。该法多用于某些原虫病，如弓形虫病。

（3）免疫反应诊断法　应用免疫学的各种反应进行寄生虫病诊断是很有价值的。常用于兔寄生虫病诊断的免疫学试验有补体结合反应、凝胶沉淀反应类、凝集试验类、免疫荧光抗体法、酶联免疫吸附试验、斑点酶联免疫吸附试验、胶体金技术等。免疫学诊断的关键是提供足够量的特异性抗原。在实际应用中注意消除或减少交叉反应和假阳性反应。

（4）X线检查　可用于棘球蚴病、脑多头蚴病及肺吸虫病的诊断。

（5）药物诊断　包括驱虫诊断和治疗诊断。驱虫诊断是用特效驱虫药对疑似病兔驱虫，收集驱虫后3天内排出的粪，肉眼检查粪便中的虫体，确定其种类及数量，以达到确诊目的。治疗诊断是用特效抗寄生虫药对疑似病兔进行治疗，根据治疗效果来确定诊断。

（6）分子生物学技术　随着分子生物学技术的迅速发展，聚合酶链式反应（PCR）和DNA探针技术等已应用于多种寄生虫病的诊断。

（二）死后诊断

对患病动物的尸体或在大群患病动物中选择个别病例进行寄生虫学剖检，可以发现所有组织器官中的全部寄生虫和病理变化，测出感染强度和鉴别感染的寄生虫种类。寄生虫学剖检法在寄生虫病的诊断方法中，是一种最可靠的方法，既能定性，即能准确地测知感染的寄生虫种类，又能定量，即能了解每种寄生虫的感染强度。这种方法除用于诊断外，还用于流行病学的调查，也是评价药物驱虫效果的重要方法之一。根据不同目的，可分为以下三种方法：

（1）寄生虫学完全剖检法　解剖检查被检动物的所有组织器官，收集体内外寄生的全部寄生虫，然后进行分类计数。

（2）个别器官的寄生虫学剖检法　本法用来检查个别器官感染寄生虫的程度。检查时仅对某一器官进行检查，收集其全部虫体，然后进行鉴定和计数，而对其他器官则不检查。

（3）个别虫种的采集法　仅对动物脏器或组织中的某种寄生虫进行收集检查，而对其他种类的寄生虫则不予检查。

二、动物寄生虫病的防治

动物寄生虫的种类繁多，每种寄生虫又各有其本身的特点，同时寄生虫病的传播和流行又同自然环境条件和社会因素有着密切的关系，这就大大增加了防治工作的难度和复杂性。因此，对动物寄生虫病的防治，必须贯彻"预防为主"的方针，采取综合防治措施，通过长期不懈的努力，才能控制和消除动物寄生虫病，达到保障养殖业发展和保护人民身体健康的目的。

（一）防治原则

各种寄生虫病都各有其流行特点，其防治措施也不尽相同，但它们的流行都必须具备传染源、易感动物和适宜的传播途径三个环节。因此，切断寄生虫病流行的三个环节便是防治各种寄生虫病的基本原则。

（1）控制传染源　控制传染源是防止寄生虫病流行的重要环节。在疫区，对患病动物进行及时治疗，同时对动物群体进行定期的预防性驱虫，以驱杀动物体内外的寄生虫。在非疫区，应尽量不从疫区输入动物，如必须引进时，则应采取严格的隔离检疫、治疗等措施，以免引入传染源。对保虫宿主也要采取有效的防治措施。

（2）切断传播途径　针对寄生虫传播的全过程，采取相应的措施，以杀灭外界环境中的寄生虫、阻断寄生虫的发育、减少感染阶段的寄生虫接触和感染宿主的机会。主要措施包括：粪便的无害化处理；注意饲料、饮水、厩舍和环境卫生；讲究饲养方式；把好屠宰关；加强检疫；对需要中间宿主和传播者的寄生虫，还应尽可能地控制、消除中间宿主和传播者。

（3）保护易感动物　目的在于增强动物的抵抗能力，减少寄生虫的危害。主要措施是保证动物的全价饲养，使动物获得足够的各种营养物质。对于一些已有疫苗可供使用的寄生虫病，则可行人工接种疫苗，以提高动物的特异性免疫力。

（二）防治措施

对不同种类的寄生虫、不同种的动物，其防治措施的侧重点亦有所不同，但总的说来包括下面一些方面。

1. 动物的驱虫

动物的驱虫就是用药物杀灭动物体内和体表的寄生虫。由于寄生虫局限于宿主体内或体表的这个阶段是它们生活史中较易突破的环节，而当它们散布在自然界的阶段，虽然缺乏庇护，但由于虫体小、散布广，往往难于扑灭。因此，驱虫是一项极其重要的防治措施，在生产上也是易于实施的一项措施。动物的驱虫具有双重意义，其一是杀灭或驱除动物体内外的寄生虫后，使宿主得到康复；其二是随着寄生虫的杀灭，减少了宿主动物向自然界散布病原体的机会，从而起到了预防其他家畜感染的作用。驱虫按照目的和对象的不同，可分为以下两种。

（1）治疗性驱虫　是针对病兔采取的紧急措施，可以在一年中的任何时候进行，主要目的是用抗寄生虫药物治愈病兔。

（2）预防性驱虫　这是针对有寄生虫寄生的动物群体所进行的一种定期性的驱虫措施，不论其发病与否，主要目的是防止寄生虫病的暴发。

182

① 定期预防性驱虫　根据寄生虫在当地的流行规律，在每年的一定时间进行一次至多次驱虫。对于大多数蠕虫，通常采用一年两次以上的预防性驱虫。一次在秋末冬初进行，这是最重要的一次预防性驱虫，既可保护动物的安全越冬，又能减少翌年牧场的污染；另一次是在冬末春初时进行。有时也可采取每季度驱虫一次。对于有些蠕虫，最好能采用"成熟前驱虫"，即趁一种蠕虫在宿主体内尚未发育成熟的时候，用药驱除之。这样，可以把寄生虫消灭在成熟之前，从而防止宿主排出病原污染环境，并能阻断病程的发展，有利于保持家兔的健康。具体驱虫时间应根据寄生虫的生活史和流行病学特点以及药物的性能等因素来确定。

② 长期给药预防　在幼兔的饲料或饮水中，加入抗球虫药，让其长期服用，可防止球虫病的发生，也是目前预防兔球虫病的重要措施。为了预防兔的胃肠道线虫病，可在感染季节将某些药物混于精料内让兔自行舔服。随着药物剂型研究的进展，一些缓释制剂和控释制剂的应用能有效地预防兔的寄生虫病。

（3）驱虫时的注意事项

① 正确选择驱虫药物　正确选择驱虫药物是保证驱虫效果的重要前提。所选药物应高效、安全、价廉和使用方便。如一次驱除多种寄生虫时，应选择广谱驱虫药或选择几种有效药物联合使用。如进行成熟前驱虫时，则应选择对幼虫有效的药物。

② 用药量要准确　驱虫时用药量一定要准确。用量不足，达不到驱虫效果，而且容易诱发抗药性的产生；超量用药则会引起宿主中毒。为了保证用药量的准确，对驱虫动物的体重应尽量用实际称重法，无条件时应采用体尺测量估重法进行计算，尽量少用目测估重法。如通过混饲或饮水大群给药时，药物应按规定比例加入饲料或饮水中，特别应注意充分混匀。

③ 保证驱虫的安全　大群驱虫前，应先挑选少数动物进行驱虫试验，确定安全、有效后再全面铺开；尤其对未曾使用过的药物更应先做试验。驱虫时和驱虫后应注意观察动物的反应，发现中毒要及时抢救。实施驱虫时，要根据药物的安全性，对体弱、有病、怀孕的动物缓驱、分次用药驱或免驱。

④ 防止病原的散布　驱虫后，动物会随粪便排出大量的虫体、

幼虫和虫卵，如不妥善处理，将会造成环境的污染。因此，驱虫时应将动物集中在指定的地点进行，并搜集服药后 3～5 天内排出的粪便和虫体，进行生物热处理以杀死病原，避免病原的散布。

⑤ 驱虫效果的检查　驱虫后，除观察动物的精神、营养、粪便等方面的改善情况外，可以在给药后一个月左右抽查一定数量的动物，根据其体内虫体或虫卵的减少情况，对驱虫效果作出全面评价，总结经验，找出问题，以供今后驱虫参考。

2. 加强粪便管理

许多寄生虫的虫卵、幼虫、孕节、卵囊、包囊等都随宿主粪便排至外界，再发育到感染期而感染其他动物。因此，加强粪便管理，防止家兔粪便随处散播，收集家兔粪便经无害化处理杀死其中的病原体后再作肥料等，是防治寄生虫病的重要措施之一。由于寄生虫的虫卵、卵囊等的抵抗力较强，一般消毒剂对它们无效，但对热敏感，在 50～60℃ 就能将其杀死。因此对粪便进行无害化处理最为简单易行的方法就是将粪便收集起来，制作堆肥，在微生物的作用下，发酵产生的生物热高达 70℃，不仅能杀死粪中的病原体，而且粪便腐熟后提高了肥效，有利于种植业的发展。

3. 杀灭中间宿主和传播者

许多寄生虫必须在中间宿主体内发育到感染阶段，才对动物具有感染能力，有些寄生虫必须通过传播者的传播才能引起动物的感染，因此，杀灭无脊椎动物中间宿主和传播者就成为防治这些寄生虫病的措施之一。但是，这些无脊椎动物的种类多、数量大、分布广，要消灭和控制它们存在着很大的难度，因此，只能根据其种类的不同而采用改变滋生环境，或用物理、化学及生物学的方法来加以杀灭。同时，应注意保护生态环境和维护生物的多样性。

总之，对动物寄生虫病的防治，必须针对每一种寄生虫的发育史和流行病学中的各个关键性环节，采取综合措施才能奏效。对于一些涉及面广的重要寄生虫病，如日本血吸虫病、棘球蚴病等，还必须有各级行政组织的参与，建立专门的防治机构，制定防治方案和相应的法令，由各级行政组织依法实施，并加强管理、监督和宣传教育，才能收到切实的效果。

球虫病是由艾美尔科、艾美尔属等多种球虫寄生于肠和胆管上皮细胞内而引起的，是家兔最常见且危害极为严重的一种寄生虫病。1～4月龄的幼兔最易感，感染率高达100%，并能引起幼兔大批死亡。根据其寄生部位不同可分为肝球虫病和肠球虫病，以混合感染最为常见。

一、病原

本病的病原为艾美耳属球虫。我国各地常见的兔球虫共14种。其中斯氏艾美耳球虫寄生于肝脏胆管上皮细胞，其余各种均寄生于肠黏膜上皮细胞内。危害最严重的是斯氏艾美耳球虫、肠艾美耳球虫、中型艾美耳球虫等。球虫成虫呈圆形或卵圆形，球虫卵囊随兔的粪便排出体外。球虫的形体很小，必须在显微镜下才能看到。在病兔粪便中看到的是球虫卵囊。卵囊按其发育情况分未孢子化卵囊和孢子化卵囊两种。只有孢子化卵囊感染家兔后，才能形成球虫病，未孢子化卵囊没有传染能力。球虫的发育分为3个阶段，即无性繁殖阶段、有性繁殖阶段和孢子生殖阶段。第一阶段的无性繁殖是导致家兔发病的主要原因。卵囊对化学药品和低温的抵抗力很强，大多数卵囊可以越冬。卵囊在干燥和高温下容易死亡，在80℃的热水中经10s死亡，在沸水中立即死亡。紫外线对各个发育阶段的球虫都有很强的杀灭作用。

二、流行病学

不同年龄兔都可以感染本病，但1～3月龄的幼兔发病率和病死率最高。本病一年四季均可发生，但以多雨季节，尤其是梅雨季节，兔舍温度经常保持在20℃以上的温热潮湿的气候条件下发病率最高。本病主要通过消化道传染。感染是由于家兔吞食了球虫的孢子化卵囊引起的。病兔的粪便沾污饲料、饮水是本病的主要传染途径。此外，苍蝇、蜂虫，以及人的手、脚和一切用具等沾染了卵囊也是传染源之一。球虫病的病愈康复兔以及感染球虫的成年兔成为长期带虫者，经常排出卵囊，也成为传播本病的重要来源。兔舍卫生条件差，拥挤潮湿，兔营养不足，特别是缺乏维生素，易促进本病的流行。

三、临床症状

临床上根据发病的快慢又分为急性、亚急性和慢性。急性的表现为突然死亡，类似于兔病毒性出血症；慢性的则表现为反复顽固性腹泻，日渐消瘦，精神、食欲差，最后继发感染或衰竭而死亡。本病的潜伏期一般为 2～3 天，有时潜伏期更长一些。根据寄生部位不同，本病可分为肠型、肝型及混合型三型。

（1）肠型　大多数呈急性经过，有时突然死亡。此型多见于20～60 日龄幼兔。常见的表现是腹泻，其性状可为稀薄的粪便，或是带有黏液的较稀的粪便，或是水样粪便，头向后仰，吱吱惨叫，很快死亡，濒死前有转圈、打滚等明显的神经症状。慢性的常呈现为顽固性下痢，或便秘与下痢交替发生。肠微胀，膀胱内积满尿液，腹部显著膨大，体质虚弱。

（2）肝型　常为慢性，前期症状不明显，肝脏肿大，触压肝区有痛感。后期可视黏膜发黄，呈黄疸症状。幼兔呈现神经功能障碍，四肢痉挛，下痢，极度衰弱而死亡。

（3）混合型　病兔表现精神不振，食欲下降，伏卧不动，眼、鼻、口分泌物增多，眼黏膜苍白，被毛粗乱，尿频，腹泻与便秘交替出现。腹围增大，肝肿大，肝区痛感。虚弱消瘦。后期出现神经症状，最后多因极度衰弱死亡。死亡率为 50%～60%，有时高达 80% 以上。

四、病理变化

特征性病变在肠道，尤其是小肠，炎症特别明显，肠壁变薄，外观呈粉红色。常可见鼓气，严重的整个小肠鼓气；肠内容物呈黏糊状或含有气体的稀糊状，甚至含有多量红色黏液，肠内壁充血，有的甚至有渗出性出血，黏膜容易脱落，盲肠鼓气，浆膜出血或水肿；有的病兔肺有轻度水肿、充血，甚至出血，但不太严重。其余器官病变不明显。多见身体消瘦，被毛粗乱，可视黏膜苍白或呈黄色，肛门周围被粪便污染。

186

剖检肝型球虫病可见肝肿大，肝表面及实质内有许多白色或淡黄色的结节性病灶，呈圆形，如粟粒，大至豌豆大，沿小胆管分布。慢性者胆管周围和肝小叶间的结缔组织增生，使肝细胞萎缩，肝脏体积缩小（间质性肝炎），肝硬化。胆囊黏膜有卡他性炎症，胆汁浓稠，内含许多脱落和崩解的上皮细胞。

剖检混合型球虫病可见上述两种型病变，且病变更严重。

五、诊断方法

根据发病特点、临床症状和剖检变化可作初步诊断。确诊需要在显微镜下检查粪便有否球虫卵囊后才能作出。可采用直接涂片法，或采用饱和盐水漂浮法检查粪便中的卵囊。另外，将肠黏膜刮屑物或肝脏病灶刮屑物制成涂片，镜检球虫卵囊、裂殖体或裂殖子。

六、误诊防止

误诊病例：球虫病多发生在春秋两季潮湿阴雨天气，因球虫在潮湿环境易发育和生存。球虫病以出血性肠炎为特征，慢性球虫病经常和普通的肠炎、肝炎相混淆，急性球虫病可以和兔瘟、兔大肠杆菌病混淆。

临床症状的相似性和非典型性是误诊的主要原因。典型的兔球虫病很容易确诊，只要解剖病兔或死兔，发现肝脏病变或肠道病变就可以确诊，如果辅以球虫卵囊检查，更能提高准确率。但是对于急性或慢性病例多数会发生误诊。如急性病例，因为死亡急，死前有神经症状，会和兔瘟混淆。主要是由于大夫思维僵化形成的，通常认为寄生虫都是慢性病，而不会有急性死亡，所以看见急性死亡病例就诊断为兔瘟。如果大夫严格遵守诊断程序，即使怀疑是兔瘟，通过进一步的剖解还是可以确诊的，但是部分大夫经常不愿动手，仅根据临床症状得出结论，误诊在所难免。对于慢性病例的误诊也和大夫的不认真、不细心有关，虽然慢性病例经常和普通病、营养代谢病相似，根据临床症状，诊断中不难怀疑到寄生虫病，如果进行剖解或寄生虫虫卵检查，不难确诊。但是部分大夫犯有经验主义，先入为主，懒于动手，仅根据表面症状就进行治疗，造成误诊和误治。

寄生虫病由于其自身的特异性，在临床诊断中，根据剖解变化和

187

病原学检查不难确诊。所以，要防止误诊，一是要求大夫勤于动手，二是要使用实验室检查的方法，三是要做好鉴别诊断。

（1）结核病　是由结核分枝杆菌引起的一种慢性传染病。通常散发，病兔有气喘、咳嗽等呼吸道症状。剖检可见到体内多个器官（肺、消化道、肝、肾、脾和淋巴结）出现灰白色的坚硬结节，从粟粒大到绿豆大，结节外包裹纤维组织，中心为干酪样物质。

（2）兔病毒性出血症　是一种病毒病；仅感染兔子；受年龄影响，主要感染青年兔和成年兔，1月龄以下的仔兔极少发病；最急性和急性型，呈暴发性，发病急，死亡快，以呼吸道症状为主，死前常表现神经症状。慢性型无典型症状。剖解表现全身性出血性变化，以呼吸道淤血，出血最为严重，肝脾肾淤血肿大，胃肠道淤血出血。血液学检查白细胞显著下降。单纯兔瘟的病理变化仅有出血性病变，没有化脓性和坏死性病变。

（3）兔大肠杆菌病　多发于幼兔，最急性不现症状即死亡。病兔腹部膨胀，糊状拉稀，有时也排出成串珠样较软的粪便，表面常带有黏液，病兔渐渐稍疲，甚至严重脱水，食欲减退，精神不振。肠道病变与球虫病有些相似，小肠充血、出血，各个肠段可见炎症、肠胀，空肠、回肠、盲肠、结肠充满明胶样黏液。能分离到纯净的大肠杆菌，而正常情况下是分离不到的。该病除了与球虫病混合感染的病例外，一般不易在肠道直接观察到球虫卵囊，且用环丙沙星等抗生素治疗效果明显。

（4）兔魏氏梭菌病　是一种由兔魏氏梭菌产生的外毒素引起的家兔急性肠道传染病。1～3月龄的仔兔多病。特征为急剧腹泻、水泻和迅速死亡。病兔体温不高，病初排灰褐色软便，随后水泻，粪色黄绿、黑褐或腐油色，呈水样或胶冻样，散发特殊的腥臭味。主要病变在胃肠道。胃黏膜有出血斑和溃疡斑，小肠后段存满胶冻样液体和气体，盲肠肿大，浆膜有出血斑。可用动物接种实验检查肠毒素。

（5）兔肝片吸虫病　病兔厌食、消瘦、贫血、黄疸。眼睑、颌下、胸腹下有水肿，粪检有肝片吸虫虫卵、主要表现为肝脏病变，没有肠道病变，剖解肝脏胆管见有肝片吸虫虫体。病原形态和虫卵都与球虫不同。

（6）兔栓尾线虫病　病原为栓尾线虫。粪检有栓尾线虫虫卵。剖检可见盲肠、结肠黏膜上有栓尾线虫虫体。病原形态和虫卵都与球虫不同。

正确的诊断：应从流行病学、临床旋状、粪检进行综合分析，并将镜检粪便和直肠刮取物中发现球虫卵囊作为确诊的重要依据。血便、恶臭、剖检见直肠特殊出血性炎症和溃疡的存在也有很高的诊断意义。

七、误治与纠误

本病误治主要是临诊看到拉稀就认为肠炎，而不去分析引起肠炎的原因，因临床上表现拉稀的有传染病、寄生虫病、内科病等，由于诊断错误而未及时应用抗球虫特效药物，造成延误治疗时机。确诊后，使用抗球虫药治疗即可。但本病的关键还是要做好预防。潮湿、温暖的环境最适宜于球虫卵囊孵化，温度以 20～30℃ 时最适宜，特别是梅雨季节更应重视。从断奶至 2.5 月龄的兔子最易感，这一年龄段都应在饲料中添加预防性抗球虫药。特别要注意以下几点。由于兔笼垫板上粪便污染严重，而兔粪在球虫病的传播上是很重要的因素。对于寄生虫病治疗最大的失误就是，仅治疗家兔身体中的寄生虫，而不管环境中的病原，其实对于像球虫这种土源性寄生虫疾病，只要处理好粪便，就可以降低其发病。因此，要搞好清洁卫生，草、料和饮水要防止兔粪污染，有条件的对兔粪可进行发酵处理，并每隔一段时间就消毒 1 次。其次要选质量可靠、产生耐药性较低的抗球虫药，如主要成分为地克珠利一类的产生抗药性较低的球虫药，而磺胺类药作为预防用一般不可取，因为磺胺类药对肠道的消化功能有一定的影响。根据现在的发病情况，从仔兔开食到 3 月龄内的兔均应添加预防性抗球虫药。由于抗球虫药的耐药性，临床许多球虫药治疗效果不好，因此，在使用中要交叉用药或轮换用药。通常采用的抗球虫中药的治疗效果也不差，如常山、青蒿、柴胡等，不仅可以杀死球虫，还可以提高家兔的抵抗力，增加采食量。

第三节 兔豆状囊尾蚴病

本病是由豆状带绦虫的幼虫——豆状囊尾蚴寄生在兔体内所引起

的绦虫蚴病。豆状囊尾蚴寄生于兔的肝脏、网膜、肠系膜和腹腔浆膜内。这种病是世界性分布。

一、病原

本病的病原为豆状囊尾蚴，是豆状带绦虫的中绦期。豆状囊尾蚴呈白色的囊泡状，豌豆大小，有的呈葡萄串状。囊壁透明，囊内充满液体，有一白色头节，上有 4 个吸盘和两圈角质钩，计 28～36 个。豆状带绦虫为白色带状，分节，长 60～150cm。

二、流行病学

成虫寄生于狗、狐狸、狼等肉食动物的小肠中，带有大量虫卵的孕卵节片随其粪便排出体外。家兔误食了随粪便排出到体外的孕卵节片或虫卵污染的饲料或饮水致病。六钩蚴在消化道逸出，钻入肠壁，随血流到达肝实质发育 15～30 天，以后从肝脏钻出到腹腔继续发育形成豆状囊尾蚴，使兔出现豆状囊尾蚴病的症状。含有豆状囊尾蚴的动物的脏器被狗、狐狸等吞食后，囊尾蚴在其体内发育为成虫，这些动物即出现豆状带绦虫的症状。狗、猫的绦虫感染率相当高。因此，养狗或猫的兔场豆状囊尾蚴病的感染率也很高。该病一般呈慢性经过。

三、临床症状

家兔轻度感染豆状囊尾蚴后，一般没有明显的症状，仅表现为生长发育缓慢。感染严重时可出现临床症状。寄生于肝脏、肠系膜等处之后，造成肝脏发炎，肝功能严重受损。慢性病例表现为消化紊乱，不喜活动等。病情进一步恶化时，表现为精神不振，嗜睡，消化紊乱，消瘦，腹围增大，食欲减少，体重减轻，幼兔严重感染可导致死亡。豆状囊尾蚴侵入大脑时，可破坏中枢和脑血管。急性发作时可引起病兔突然死亡。

四、病理变化

虫体寄生部位主要在胃大网膜、肠系膜和直肠后部的浆膜上。也有的寄生在肝脏和腹膜上。剖检可见肝脏、肠系膜、网膜表面及肌肉中有数量不等、大小不一的灰白色透明的囊泡。虫体呈卵圆形，有半透明的膜，内含透明的液体，在囊壁上可以看到白色的头节。囊泡常呈葡萄串状。肝脏肿大，肝实质有幼虫移行的痕迹。急性肝炎病兔的肝的表面和切面，有黑红色或黄白色条纹状病灶。病程较长的，可转为肝硬化。病兔尸体多消瘦，皮下水肿，有大量的黄色腹水。

五、诊断方法

本病生前确诊比较困难，因为没有典型的特征性病状，只有病兔死后剖检时看到豆状囊尾蚴才可确诊。

六、误诊防止

误诊病例：豆状囊尾蚴病经常表现为慢性消耗性疾病，和慢性病兔伪结核病，兔球虫病相似，解剖病变也有相似之处。

误诊原因：寄生虫病在早期通常没有特异性的临床表现，除非经常对粪便进行检查，否则早期很难发现。不重视流行病学的调查也是导致误诊的原因之一，如果怀疑是兔豆状囊尾蚴病，就应该认真分析流行病学，看兔场有无狗等食肉动物，或兔场周围有野生食肉动物，家兔的饲草是否有被它们粪便污染的可能，不难得出正确的结论。临床症状和病理变化的相似性及医生的粗心是误诊的重要原因。

误诊防止：提高医生对豆状囊尾蚴病的认识，掌握其临床特征及流行病学特点，注意仔细询问病史，了解病兔的生活习惯，是否养殖场内有犬等动物。在临床症状上，很难将这些病区分开来，但可以使用试验方法将它们区分开来。解剖后较易区分，球虫的结节，兔伪结核的干酪样坏死和豆状囊尾蚴的半透明囊，一是出现的位置不一样，二是形态也不一样，如果医师有基本的常识，认真观察还是可以确诊的。

类症鉴别：本病的死后诊断并不困难，只要在腹腔见到豆状囊尾蚴虫体便可确诊。但活的病兔诊断比较困难，需依靠实验室进行诊断。

（1）兔伪结核病　兔伪结核病与兔豆状囊尾蚴病均为慢性病，表现为逐渐消瘦，衰弱，食欲减退。因此，仅从临床症状很难加以区别。但伪结核病病兔，手触摸腹部能感到回盲部及圆小囊肿大，蚓突变粗变硬，有时也可以摸到肠系膜淋巴结肿大。而兔豆状囊尾蚴病一股触摸不到。从病死兔的病理解剖上则较易鉴别。伪结核病在脾脏、肝脏、盲肠和圆小囊等脏器上可见干酪样粟粒大的结节；而兔豆状囊尾蚴病主要在胃大网膜、肠系膜和直肠后部的浆膜上可见到似成串的葡萄样半透明的豆状囊尾蚴。

（2）兔球虫病　肝型兔球虫病肝脏上能见到从粟粒到绿豆大的球虫结节，如果取该结节压片置显微镜下观察，可见到大量的球虫卵囊，因而容易鉴别。

（3）肝片吸虫病　病原为肝片吸虫，病兔厌食，消瘦，便秘与腹泻交替，贫血，黄疸，眼睑、颌下、胸腹下出现水肿。剖检可见肝脏胆管内有肝片吸虫虫体。

（4）栓尾线虫病　病原为栓尾线虫，寄生少时不显症状，严重时食欲减退，消瘦，拉稀。尾部脱毛和皮炎。粪检有虫卵。剖检可见盲肠、结肠黏膜上发现虫体。

七、误治与纠误

如果诊断正确，一般不会发生误治。兔豆状囊尾蚴病属于绦虫蚴病，部分大夫由于不了解寄生虫的差别和分类，不了解寄生虫药的驱虫范围，使用伊维菌素来治疗，造成治疗失败。吡喹酮治疗家兔豆状囊尾蚴病疗效显著，口服和肌内注射都可以，肌内注射比口服疗效更好。每天每千克体重 15～25mg，皮下注射，每天 1 次，连用 5 天。丙硫苯咪唑：按每千克体重 35mg，口服，每天 1 次，连用 3 天。

预防：兔场内禁止养狗、猫，以防止其粪便污染兔的饲料和饮用水。同时也应防止外来狗、猫等动物与兔舍接触；对兔尸肉和内脏进行检疫，严禁用含有豆状囊尾蚴的动物脏器和肉喂狗、猫。同时对狗、猫定期驱虫，驱虫药用吡喹酮，用量按每千克体重 5mg，口服，驱虫后对其粪便严格消毒。

第四节　兔　螨　病

兔螨病又叫兔疥螨病，是由疥螨和痒螨寄生于家兔耳郭、脚趾、吻部等体表部位引起的慢性接触性皮肤传染病。临床特征是患部剧痒、脱毛和结痂，严重的甚至患部化脓溃烂，进而消瘦、虚弱，继发败血症而死亡。

一、病原

本病病原为疥螨虫，又叫兔螨。常见的有疥螨和痒螨。痒螨属于痒螨科，痒螨属。虫体长 0.3~0.8mm，呈长圆形，口器呈圆锥形，同螯肢形成伸长的"喙"，两对前腿较发达。雌虫第一、第二和第四对及雄虫的第一、二、三对腿的跗节上有吸盘，雌虫和雄虫的第三对腿上有刚毛。疥螨属于疥螨科，疥螨属。虫体长 0.2~0.5mm，呈圆形，所有的腿都粗短。雄虫第一、二、四对腿及雌虫第一、二对腿跗节上有钟形吸盘。口器呈蹄铁形，为咀嚼型。在显微镜下观察，是一种灰白带黄色的小虫，形似蜘蛛。疥螨虫寄生于皮肤表面，或钻到皮肤内形成隧道，吃食细胞液和淋巴液；痒螨寄生于皮肤表面，用口器刺穿皮肤吸吮渗出液为食。痒螨对不利因素的抵抗力比疥螨强，离开宿主以后的耐受力显得很强。如在 6~8℃的温度和 85%~100%空气湿度条件下，在兔舍内存活 2 个月。在 −2~12℃时经 4 天死亡，在 −25℃时经 6h 死亡。痒螨和疥螨的卵对环境的抵抗力很强，不易被药物杀死。

二、流行病学

本病具有高度的传染性，常迅速传播整个兔群而危害家兔生产。病兔是主要的传染源。本病为接触感染，健康兔与病兔直接接触而感染，也可以通过被病兔污染的兔舍、兔笼及各种用具而间接感染。此外，还会通过饲养人员、兽医人员的手，将疥螨虫从病兔身上传到健康兔的身上使其感染得病。狗及其他动物也能成为传播媒介。本病多发生于秋末和冬季。笼舍潮湿、饲养密集、卫生条件差等均可促使本病蔓延。瘦弱和幼龄兔易遭侵袭。

三、临床症状

兔疥螨病依其发生部位不同，分为身螨和耳螨两种。身螨，是由疥螨和背肛疥螨引起的；耳螨是由痒螨引起的。

（1）身螨 常发生于兔的头部、嘴唇四周、鼻端、面部和四肢末

193

端毛较短的部位，严重时可感染全身。患部皮肤充血，稍微肿胀，局部脱毛。病兔发痒不安，常用嘴咬脚爪或用脚爪搔抓嘴及鼻孔。皮肤被搔伤或咬伤后发生炎症，逐渐形成痂皮。病兔骚扰不安。因此引起食欲减退，消瘦得很快，严重者死亡。

（2）耳螨　一般先在耳根部开始，以后蔓延到整个耳朵。引起外耳道炎，渗出物干涸后，形成黄色痂皮塞满耳道。耳朵肿胀、发痒化脓。如扩散到中耳和内耳或到达脑膜，可引起神经症状。

四、病理变化

剖检可见皮肤发生炎性浸润、发痒，发痒处形成结节及水疱。当结节、水疱被咬破或蹭破时，流出渗出液，渗出液与脱落的细胞、被毛、污垢等混杂在一起，干燥后结痂。痂皮被擦破后，又会重新结痂。随着病情的发展，毛囊和汗腺受到侵害，皮肤角质层角化过度，患部脱毛，皮肤肥厚，失去弹性而形成皱褶。

五、诊断方法

根据临床症状，可以初步诊断。确诊需选择病兔患病皮肤与健康皮肤交界处刮取皮屑进行疥螨虫的检查，在低倍显微镜下观察查找到虫体，有的虫体甚至还能活动，即可确诊。

六、误诊防止

误诊病例：兔螨病是家兔的常见病。经常和其他皮肤病误诊，如真菌性皮肤病、湿疹等。

误诊原因：临床症状相似是造成误诊的关键。特别是临床大夫基本知识缺乏，见到皮肤病就确诊为螨虫，没有很好地进行调查和分析。其次，在临床中真菌性皮炎和螨病或细菌性感染合并发生的也并非少见。

误诊防止：临床大夫应该锻炼好基本功，对于不能确诊的病例，最好进行辅助检查，不难确诊。

鉴别诊断：本病与湿疹、毛癣等病的症状相似，诊断时应注意区分。

（1）湿疹　病兔局部有痒感，但没有螨病严重，在温暖环境中痒感不加剧。有的湿疹不痒，皮屑内无活螨。

（2）毛癣　本病为皮肤真菌引起的皮肤病，病兔的鼻面或耳部出现环形、突起的灰色或黄色结痂，易剥离。剥离后皮肤光滑，有时也可在爪及躯干部发生，使毛根受到破坏。其特征是出现环形覆盖着珍珠灰样闪光鳞屑的秃毛斑。镜检能发现霉菌的分支菌丝与特殊孢子。患部无痒感。

（3）兔虱病　病原为兔虱。病兔皮肤瘙痒，爪抓，啃咬，摩擦。拨开被毛，可见毛根黏附的虫卵和黑虱在爬动。

（4）中耳炎　耳下垂，外听道有分泌物。检查见中耳发炎或化脓，歪头。没有积痂和痒螨。

（5）脚垫及脚皮炎　病原为葡萄球菌，病兔脚部肿胀，有痂。多因地面粗糙、潮湿而病，无传染性。常形成溃疡，痂皮薄，疼痛。无厚痂皮，无奇痒。

（6）过敏　患兔也表现出全身瘙痒的症状，但是还有其他的过敏表现，如呼吸、心跳加快，流涎或口吐白沫，结合用药或饲料分析不难区分。

七、误治与纠误

主要采用局部涂擦杀虫药，结合全身注射抗虫药来治疗。因为驱虫药的毒性较大，经常发生的误诊是家兔因为舔食体表的杀虫药而中毒。特别是体外的杀虫药毒性很大，如果皮肤已经破溃，就要防止吸收中毒。在局部用药前，必须要对患部进行清理，将皮屑、结痂或兔毛清洗干净再涂药，否则治疗效果不好。如果是使用敌百虫进行涂擦，就不能使用碱性溶液如肥皂等清洗患处，因为敌百虫遇到碱会变成毒性更强的敌敌畏，还容易吸收中毒。另外，家兔生存环境中的病原消灭也很关键。因为即使家兔治好了，但是兔舍、垫料和兔笼上还有病原，家兔还会被感染再次发病，造成本病持续不断发生。因为许多杀虫药对虫卵的杀灭效果不好，因此，必须有足够的疗程，通常是2～3个，间隔7～10天，使虫卵都孵化为幼虫而被杀死。

常规的治疗方法如下：先患部剪毛，揭去患部痂皮。然后用50～60℃温肥皂水，或0.1％高锰酸钾溶液清洗患部。洗净后隔0.5～1天，再选用下列药物进行治疗。伊维菌素500kg饲料拌2g，连用7

天；或用针剂，皮下注射，每千克体重 0.3mg。注射 1 次即可。敌百虫配成 1%～2% 水溶液，擦洗患部，间隔 1 周再擦洗 1 次。或用敌百虫 1 份、甘油 20 份、水 79 份配皮肤擦剂，隔日擦 1 次，轻者 1～2 次，重者 3～4 次，效果良好。对兔病脚或外耳发生螨病的，可用药液浸泡法，每次 3～5min，治好为止。

预防：发现病兔立即隔离。病兔用过的笼与食盆，进行刷洗消毒后再用。新引进种兔要仔细检查，或单栏饲养观察一段时间后再并群。

第五节　兔弓形虫病

家兔弓形虫病是由龚地弓形虫引起的一种人畜共患病。龚地弓形虫可寄生于人和猫、猪、豚鼠、家兔等多种动物。猫是它的终末宿主，而家兔等是它的中间宿主。

一、病原

本病病原为龚地弓形体原虫，与其他家畜和人的弓形虫形态相同，是一个种。弓形虫根据发育的不同阶段，有不同的形态。滋养体和包囊出现在兔中间宿主体内；裂殖体、配子体和卵囊只出现在终末宿主（猫）体内。滋养体又称速殖子，存在于细胞内或细胞外，主要见于急性病例。在腹水中，常可见到游离的单个虫体，其形态呈新月形、香蕉形或弓形，长 4～7μm，宽 2～4μm，一端稍尖，一端钝圆，核偏于钝圆的一端。经吉氏液或瑞氏液染色后，胞浆呈蓝色，核染成紫红色。在单核细胞、内皮细胞、淋巴细胞等有核细胞内还可见到正在繁殖的虫体，形状多样，有柠檬形、圆形、卵圆形和正在出芽的不规则形等。包囊又称组织囊。此类出现在慢性病例或无症状病例。主要寄生在脑、视网膜、骨骼肌、心肌以及肺、肝、肾等处。通常呈卵圆形，有较厚的囊膜，囊内含有数个至数千个慢殖子。

二、流行病学

弓形虫的滋养体通过口、鼻、咽、呼吸道黏膜，眼结膜和皮肤侵入兔体内；更为普遍的可能是兔摄食了被卵囊污染的食物、饲草料、饮水以及土壤等。弓形虫进入兔体后，主要是通过淋巴血液循环侵入有核细胞，并在胞浆内进行无性生殖。猫吞食了含有包囊的动物组织或发育成熟的卵囊后，包囊内的慢殖子或卵囊内的子孢子即进入猫消化道，侵入肠上皮细胞，进行球虫型发育和繁殖。

猫感染后1～2周内即开始排出卵囊，一昼夜可排出卵囊 $10 \times 10^4 \sim 20 \times 10^4$ 个。卵囊在外界环境中经1～5天或更长的时间发育为卵囊内含有孢子囊和子孢子的孢子化卵囊。在猫体内的卵囊保持感染力可达数月之久。卵囊在常温下保持感染力可达1～1.5年，一般常用消毒药对卵囊无作用，混在土壤和尘埃中的卵囊能长期存活。

三、临床症状

本病根据症状的急缓，可分为急性和慢性两种类型。

（1）急性型　主要发生于幼兔。此型发病急，病初病兔突然发热，体温升高至 $40℃$ 以上，食欲消失，呼吸加快，昏睡。接着病兔鼻孔流出浆液性或脓性的鼻液，眼有浆液性眼屎，腹部腹水增加而膨胀。粪便一般正常。几天后中枢神经受害，出现惊厥，发生局部性或全身性麻痹，尤其多见于后腿。病程短，通常发病后2～8天死亡。

（2）慢性型　主要发生于成年兔，病程较长。病兔食欲下降，消瘦，出现不同程度的贫血，最后神经系统功能发生障碍，后肢麻痹。经过治疗一般可以康复。

四、病理变化

急性型病兔的肠系膜淋巴结及脾脏多呈严重的水肿及大面积坏死；肝、脾肿大，暗红色，有许多粟粒大小、不规则的灰色坏死灶；胰脏明显水肿，有分散的小坏死点；心肌上常有纺锤形坏死灶；胸、腹腔内有大量黄色渗出液；消化道黏膜出血，有扁豆大小的溃疡。慢性型主要以肠系膜淋巴结明显肿大和坏死为特征，肝、脾、肺上有白色坏死点及小结节。

五、诊断方法

由于家兔患弓形虫病后，一般无特征性的临床症状，且多为隐性感染，故临床诊断比较困难，易造成误诊，应进行综合诊断。对临床上表现体温升高、精神沉郁、神经性运动失调或麻痹的病兔可考虑是否有弓形虫病，再结合剖检病兔，见有肝、脾、肺水肿、出血、坏死为特征的病兔可怀疑本病。确诊应进行病原学或血清学检查。

病原学检查时，取病兔的肺、肝、淋巴结等组织作成涂片，用吉姆萨染色或瑞氏染色，高倍镜下观察，若发现有弓形、月牙形或香蕉形（一端稍尖，一端钝圆），胞浆为淡蓝色，核呈蓝紫色，位于钝圆一端，平均大小为 $4\sim7\mu m$ 的滋养体，即可确诊。对慢性型病兔，可将胰、肝、淋巴结等组织研碎，加入 10 倍生理盐水，然后取上清液 $0.5\sim1mL$ 接种于小白鼠腹腔内，而后观察小白鼠有无症状出现，再剖检，看腹腔液中有无虫体即可确诊。

六、误诊分析

弓形虫病临床表现具有多样性和复杂性。没有一个症状和体征为该病所特有。由于大多数医疗单位尚未建立检测弓形虫病原或血清抗体的试验方法，故诊断率很低。弓形虫病由于侵犯全身诸多器官和组织，且可因侵犯不同的组织和部位出现不同的临床症状，容易和多种疾病误诊，如兔球虫病，巴氏杆菌病和伪结核病等。要确诊必须通过辅助诊断，如实验室虫体检查、动物接种试验和血清学试验。

七、误诊原因

对弓形虫病的流行特征认识不足，是造成误诊的重要原因。症状体征无特征性，即使是急性感染也因其临床表现的复杂多样，易与许多疾病混淆，使临床诊断极为困难。患兔以未明热为突出表现，抗生素治疗无效时，急于控制体温，盲目使用肾上腺皮质激素，虽使病情暂时得以缓解，但却掩盖了病情，使弓形虫病的特异性抗体有可能阴转化，造成长期误诊。目前一般医院尚无条件进行弓形虫病的特异性血清学及免疫学检测，致一些病例被长期误诊。病理医师对标本中的弓形虫认识无实践经验，不能为临床医师提供依据。由于对本病缺乏认识和警惕。在鉴别诊断时，没有考虑到弓形虫病这一诊断。

八、误诊防止

首先要详细采集流行病学资料，认真询问病史，仔细进行体格检查，进行必要的实验室检查，在综合分析的基础上，才有可能作出正确的诊断。其次，弓形虫病在临床上能否发现和及时诊断，要具备两个基本条件：第一，要提高对弓形虫病的认识，对弓形虫病的临床表现有比较基本和全面的了解，对可疑病兔应做仔细的临床观察。第二，要普遍开展弓形虫病特异性诊断的实验室工作，对可疑家兔要进行必要的实验室检查。最后，弓形虫病是一个散在性分布，与感染途径直接有关，临床表现复杂，且不易被发现的严重疾病。发病形式多样，可为急性感染，也可为隐性感染。可单纯感染，也可混合感染。可以是原发病，也可以是继发病。因此，在详细询问病史重视流行病学资料调查的基础上（如系孕兔应询问有无流产史、死产史及畸胎史），遇下列情况时，应考虑本病的可能：①反复发热，伴淋巴结肿大，或有精神、神经、心、肺、肌肉、皮肤、关节等症状；②对病因不明、反复发作、久治不愈的疾病，使用抗生素和对症治疗效果不佳者；③无痛性淋巴结肿大；④原因不明肝脾肿大；⑤原因不明的中枢神经系统疾病。类症鉴别如下。

（1）兔巴氏杆菌病　病原为巴氏杆菌。最急性，不显症状即突然死亡；当兔巴氏杆菌病出现肝脏病变并有许多坏死点时，易引起误诊。但该病主要病变部位在呼吸系统，在鼻腔、喉、气管等黏膜上有多量黏液性、脓性分泌物，并有充血、出血等炎症变化，肺严重充血、出血，常出现水肿，这些病变不难与弓形虫病相区别。病料涂片镜检，可见两极染色的卵圆小杆菌。

（2）兔李氏杆菌病　病原为李氏杆菌，体温 40℃ 以上，不吃，结膜炎，流黏液性鼻液，运动失调，头偏向一侧，转圈，死亡快。孕兔流产。剖检可见肝脏、脾脏有坏死灶，淋巴结肿大，胸腹腔积液。特别是子宫有化脓渗出物或暗红液体。心包有大量积液。皮下、淋巴结、肺水肿。病料涂片镜检，可见 V 字形排列的短杆菌。

（3）兔波氏杆菌病　兔波氏杆菌病病原为波氏杆菌，仔兔多急性，成年兔多慢性。流黏液性鼻液，呼吸加快，日渐消瘦。仔兔常因鼻液干结堵塞鼻孔，呼吸发出鼾声。败血型则很快死亡。剖检可见肺、肝表面有脓疱。

（4）兔肺炎克雷伯菌病　病原为克雷伯菌，体温升高，流鼻液，呼吸急促，很快衰弱，死亡。表现腹胀，排黑色糊状粪，仔兔剧烈腹泻，孕兔流产。剖检可见气管出血，充满泡沫液体，肺充血、出血，呈大理石状。胸腹腔有血色液体。胃、小肠、盲肠有多气体。盲肠有黑褐色稀粪。病料涂片镜检，可见两端相接的卵圆或杆菌。

（5）肝型球虫病　肝型球虫病病变部位主要局限在肝脏，在肝脏上的结节是由结缔组织包裹着球虫卵而形成的，为白色或淡黄色结节，大小从粟粒到绿豆粒大，取结节在显微镜下压片观察见到球虫卵囊。而弓形虫病的病变部位较广泛，除肝脏外，肠系膜淋巴结、脾脏、肺和心脏均可见广泛性坏死灶，压片观察见不到球虫卵囊。

（6）伪结核　病变所形成的部位主要在盲肠蚓突、圆小囊和脾脏或肝脏，形成弥漫性灰白色乳脂样或干酪样粟粒大的结节。而弓形虫病病变主要在肠系膜淋巴结、脾、肝、肺和心脏形成广泛性坏死。除了病理变化以外，伪结核病的细菌分离鉴定也是非常有必要的。

九、误治与纠误

弓形虫属于原虫，但是由于其流行情况和发病特征，经常被当做传染病来治疗，如用抗生素来治疗。其实，绝大多数的抗生素对弓形虫无效。磺胺类药有一定的疗效。磺胺嘧啶加三甲氧苄胺嘧啶，前者首次剂量 0.2g/kg 体重，维持量 0.1g/kg 体重；后者 0.01g/kg 体重。每天 2 次，连用 5 天。乙胺嘧啶和磺胺嘧啶（SD）联合治疗对弓形虫速殖子有协同作用。前者剂量为第一日 20mg，两次分服，继以每日 2mg/kg。乙胺嘧啶排泄极慢，易引起中毒，发生叶酸缺乏及骨髓造血抑制现象，临床使用需要注意，不可长期应用。20%磺胺嘧啶钠肌内注射，成年兔每只每次 4mL，幼兔每只每次 2mL，每天 3 次，连用 3~5 天。所有磺胺药对肝肾都具有毒性，特别是在酸性环境下，更由于形成结晶引起肾毒性，因此，使用中最好在饮水或饲料中添加碳酸氢钠，疗程不能太长，一般最长 7 天，必须停药 2~3 天再用。也可以用螺旋霉素或克林霉素。螺旋霉素有抗弓形虫作用，且能通过胎盘，对胎儿无不良影响，适用于妊娠期治疗，治疗时常与磺胺嘧啶和乙胺嘧啶交替使用。

预防：平时应加强兔舍的卫生管理，经常打扫兔舍及兔场，定期做好消毒工作，防止人畜将侵袭性弓形体的卵囊带入兔场。病兔场用加热的消毒药水进行消毒，能提高杀死卵囊的效力；做好防鼠、灭鼠，防止猫进入兔场，以防猫、鼠粪便污染兔场。要防止猫进入兔舍。如果发生本病，对受威胁的兔，将磺胺类药物混在饲料内，连喂1周，可收到预防效果。

第六节　兔　虱　病

兔虱病是由兔虱寄生于兔体表而引起的一种慢性体外寄生虫病。

一、病原和流行病学

本病病原为兔虱。虫体是一种背腹扁平、无眼、无翅的吸血昆虫。身体由头、胸、腹三部分组成，外被角质，体表无毛。足的末端有坚强的爪，可以牢固地固定在兔毛上不至于脱落。虫卵椭圆形，黄白色，下端有胶状物，能牢固地粘在兔毛上，不易脱落。兔虱只能寄生在家兔身上，不能在其他动物身上寄生。兔虱的感染来源，是寄生于家兔身上各发育阶段的虱子，其感染途径是直接接触，尤其在兔笼狭窄，兔舍潮湿、拥挤的兔场更易感染。或由于兔虱潜伏于兔笼或用具上，当兔接触这些地方后而染上该病。由于兔虱繁殖快，所以兔虱病在兔场中能迅速传播。

二、临床症状

兔虱寄生于兔体表，它在叮咬吸血时，刺透皮肤，损伤血管，并且分泌有毒的唾液，刺激皮肤的神经末梢而引起剧痒。兔用嘴咬或用爪抓痒而使皮肤损伤，导致出血、渗血而形成干涸硬痂，并出现脱毛、脱皮、皮肤增厚和皮炎等症状，严重时病兔食欲不振，消瘦，抵抗力减低，易感染其他疾病。

三、诊断方法

兔虱病的诊断比较容易，在发现兔有瘙痒不安、消瘦贫血、生长发育不良时，检查兔体表，发现血虱即可确诊。

四、误诊分析

通常兔虱病较易诊断，误诊主要是由于医生不负责任、体格检查不仔细、病史调查不认真、思维面太窄造成，见到皮肤瘙痒就认为是兔螨虫病。

五、误诊防止

临床体格检查要认真，注意鉴别诊断。与兔螨病的鉴别诊断：螨病的病变部位都在耳郭、脸部等处，在这些部位常可见到结痂。特别是取结痂物在显微镜下观察，可见到与虱病明显不同的虫体，容易鉴别。

六、误治与纠误

可用以下药物治疗：伊维菌素注射，每千克 0.2mL 皮下注射；可用 23×10^{-6} 的蝇毒磷，0.5%～1% 敌百虫溶液涂擦，或用 20% 氰戊菊酯 5000～7500 倍稀释液涂擦，疗效较好；百部根 1 份、清水 7 份，煮 20min，冷却到和家兔的体温一样时，用棉花蘸上药液，涂于患部，在 24h 内可杀死兔虱。如用敌百虫驱虱，必须禁用肥皂或碱性药液洗皮肤，因为敌百虫遇到碱性溶液会变成敌敌畏，不仅比敌百虫毒性强，还极易被皮肤或黏膜吸收而中毒。

预防：平时应加强兔舍的卫生管理，经常打扫兔舍及兔场，并定期做好消毒工作。定期进行检查，发现病兔应及时隔离治疗，防止病兔进入兔场。

第七节　肝片吸虫病

兔肝片吸虫病是由肝片吸虫寄生于兔的肝脏胆管所引起的一种吸虫病。本病分布广泛、感染普遍，除兔外，人、猪、反刍兽及马属动物也可感染。本病主要以急性或慢性肝炎和胆囊炎，并发全身性中毒现象及营养障碍为特征，危害相当严重，特别是以青粗饲料为主的家兔，发病率和死亡率均较高。

一、病原

本病的病原为肝片吸虫，属片形科，片形属。虫体扁平，呈叶片状，新鲜时呈棕红色，固定后变为灰白色。虫体长 20～35mm，宽

5～13mm。虫体前端呈圆锥状突出，称头锥。头锥后方变宽，称为肩部。肩部以后变窄。体表有很多小刺，有口吸盘和腹吸盘。两吸盘之间有生殖孔。肝片吸虫为雌雄同体，可自体或异体受精。虫卵呈长卵圆形，黄褐色，有一个不明显的卵盖，卵壳薄而透明，大小为$(116～132)\mu m \times (66～82)\mu m$。

二、流行病学

肝片吸虫寄生于兔的肝脏胆管内，成熟的虫卵随胆汁进入消化道，随粪便一起被排出体外，落入水中，在适宜的温度（15～30℃）下孵出毛蚴。毛蚴钻入中间宿主椎实螺的体内，发育为尾蚴。尾蚴自螺体内逸出，进入水中，附着在水草上发育为囊蚴。家兔采食了附着囊蚴的水草或水后而感染发生肝片吸虫病。本病多发生在夏、秋两季，与中间宿主椎实螺繁殖产卵、迅速生长有关。

三、临床症状

本病一般情况下表现为急性和慢性两种病型。

（1）急性型　主要由幼虫在肝组织中移行造成。病兔表现为精神沉郁，食欲减退，病初体温升高，喜伏卧，贫血，腹痛，腹泻，黄疸，逐渐衰弱，肝区有压痛，并很快死亡。有的因出血性肝炎而死亡。

（2）慢性型　主要由成虫寄生在胆管造成的。病兔运动无力，被毛松乱，无光泽，消瘦，严重贫血，可视黏膜苍白，结膜黄染；后期严重水肿，特别是眼睑、颌下、胸下水肿尤为明显，消化功能紊乱，腹泻及便秘交替出现，逐渐衰竭而死。

四、病理变化

急性死亡的病兔，可见幼虫穿过小肠壁并由腹腔进入肝实质，引起肠壁和肝组织损伤，肝肿大，肝包膜上纤维素沉积、出血、有数毫米长的暗红色虫道，虫道有凝固的血液和很小的童虫。幼虫穿行还可引起急性肝炎及内出血，腹腔中有血性液体，出现腹膜炎病变。

慢性死亡的病兔，可见寄生的成虫。兔体消瘦，皮下、心冠及肠系膜等处水肿，胆管、肝脏发炎和贫血。早期肝脏肿大，后期萎缩硬化。有较多虫体寄生时，可见胆管扩张，胆管壁增厚、变粗甚至堵塞，胆汁郁滞而出现黄疸。胆管呈绳索状突出于肝脏表面，管内壁有磷酸钙、磷酸镁等盐类沉积，使胆管内膜变得粗糙，内有虫体及污浊稠厚、棕绿色的液体。

五、诊断方法

根据症状、流行特点和粪便虫卵检查可作出初步诊断。剖检病变符合本病特征并从胆管中发现肝片吸虫成虫，则可作出确诊。

六、误诊防止

对肝片吸虫病认识不够深入，是误诊最主要的原因。尽管肝片吸虫病临床表现复杂，但只要我们重视季节性等流行病学资料，牢牢掌握肝片吸虫症状（贫血、黄疸、水肿），体征（肝区压痛）等特征表现，多数病例临床还是可以尽快做出诊断。临床上绝大多数误诊还是由于没有重视肝片吸虫病的流行病学和临床表现，目光只局限于某个症状；或不是按照一元论的观点，把机体看成一个整体，而是把多个脏器的损害分割开来，做出各自的诊断。本病感染早期，由于临床症状不典型，容易出现误诊。多因临床医师问诊不详细，对肝片吸虫病掌握不够所致。主要误诊为消化系统疾病，通常用抗生素治疗无效后，才会怀疑寄生虫病。加强流行病学调查，必要时使用辅助检查，不难确诊。类症鉴别如下。

（1）兔球虫病　病原为球虫，病兔厌食，消瘦，下痢，贫血，黄疸。肝型肝区有压痛，腹水，粪球干小，外包褐色黏液如串珠状。粪检有卵囊。剖检可见肠黏膜有许多白色小结节（内有卵囊），肝表面有白或淡黄色粟粒至豌豆粒大的结节，压片低倍镜检，可见大量裂殖体、裂殖子、配子体。

（2）兔弓形虫病　病原为弓形虫。急性型病兔厌食，消瘦，贫血，流水样鼻液，嗜睡，运动失调。慢性型，多为老龄兔，后躯麻痹，均能突然死亡。剖检可见心、肺、肝、脾、淋巴结均有坏死灶。慢性，肺、肝有粟粒大结节，盲肠有溃疡。血清凝集反应阳性。

（3）栓尾线虫病　病原为栓尾线虫，寄生少时不显症状。病兔腹泻，消瘦，粪检有虫卵。虫卵壳薄，一侧扁平。剖检：盲肠、结肠黏膜上有虫体。

(4) 兔日本血吸虫病 病原为日本血吸虫。病兔腹泻，消瘦，贫血，严重的便血。剖检可见肝脏表面有灰白或灰黄色小结节，肝脏硬化、有腹水。门静脉可找到虫体。直肠黏膜有溃疡或灰黄色坏死灶。粪检有虫卵。

(5) 兔豆状囊尾蚴 病原为豆状囊尾蚴。病兔厌食，消瘦，腹泻，口渴，腹胀，嗜睡。剖检可见腹腔有囊泡。

七、误治与纠误

本病的病原属于吸虫，用抗吸虫药治疗即可。不仅要治疗兔体内的寄生虫，更要重视对家兔粪便的管理，采用发酵的方法杀死虫卵，防止其进一步污染环境。治疗可选用下列药物。①硝氯酚：按每千克体重 3～5mg，口服，或按每千克体重 1～2mg，肌内注射。②丙硫苯咪唑：按每千克体重 20mg，每天 1 次，连用 3 天。③吡喹酮按每千克体重 80～100mg，口服。预防：首先对病兔及带虫兔进行驱虫；对以饲喂青饲料为主的家兔，每年要进行定期预防性驱虫；要注意饲草和饮水卫生。不到有中间宿主的水边及低湿处割青料和取水喂兔。水生植物要用 2‰石灰水洗净晾干，杀灭囊蚴后再饲喂家兔；应及时清理兔粪，并进行堆积发酵处理；定期对兔舍进行彻底消毒；消灭中间宿主椎实螺；加强饲养管理，增强家兔对疾病的抵抗力。发现病兔，应及时隔离治疗。

第八节　兔华枝睾吸虫病

兔华枝睾吸虫病是由华枝睾吸虫寄生在肝胆管内引起的一种人、兽共患病。除寄生于兔外，还寄生于人、犬、猫、猪、貂、獾等动物。

一、病原和流行病学

本病病原为华枝睾吸虫，虫体呈柳叶形，透明，前端尖细，后端钝圆，体表平滑无棘。体长 7.3～13.5mm，体宽 2.0～3.0mm。口吸盘略大于腹吸盘。咽呈球形，食道短，两条肠管直达虫体后端。睾丸分支，前后排列，位于体后部。卵巢略分叶，位于睾丸之前。受精囊呈椭圆形，位于睾丸与卵巢之间。劳氏管细长。开口于虫体背面。排泄囊呈"S"形位于体后部，末端开口为排泄孔。虫卵小，棕黄色，形似灯泡，一端有卵盖，另一端有很小的刺，大小为（25～30)μm×(13.2～18.7)μm。虫体发育需要两个中间宿主，虫卵随终末宿主粪便排出，落入水中被第一中间宿主（淡水螺）吞食，在其体内孵出毛蚴，再发育形成胞蚴、雷蚴和尾蚴。尾蚴离开螺体进入第二中间宿主（淡水鱼或虾）体内发育形成囊蚴。终末宿主食入含有囊蚴的鱼虾而感染，在终末宿主体内发育成成虫。

二、临床症状

虫体寄生于胆管内，机械地刺激胆管而引起胆管和胆囊发炎，管壁增厚，管腔变窄，胆管周围纤维结缔组织增生，严重时可使附近的肝实质萎缩，甚至引起肝硬化。大量的虫体寄生可阻塞胆道，使胆汁流通受阻。病兔表现消化不良，食欲不振和下痢等症状。重度感染可引起死亡。

剖检可见胆囊肿胀，胆汁浓稠，内含虫卵或虫体。肝脏体积缩小，颜色变淡，表现凹凸不平和质地变硬。

三、诊断方法

根据剖检病变符合本病特征，并从胆汁内检查发现虫卵或虫体就可以确诊本病。

四、误诊防止

临床诊断思路狭窄，见到腹泻就认为是细菌感染，而不考虑引起腹泻的寄生虫病也很多，加之本病由于较少见到，大夫不熟悉寄生虫病的流行季节性和区域性，属于少见病，容易被医生漏诊。忽视流行病学调查，病兔是否有机会接触淡水鱼虾，是误诊的一个重要原因。对于寄生虫病，必须重视流行病学的调查。另外，检查不详细，没有系统地检查，特别在活体诊断时，由于临床症状不典型，不注意对病史和流行病学询问，也容易诊断为普通消化系统疾病，解剖后见到虫体，较易确诊。

五、误治与纠误

可用吡喹酮每千克体重 50～70mg 口服。禁止用洗鱼的下脚水拌料喂兔，防止兔饲料中混入生鱼、生虾等。

<hr>

第九节　肝毛细线虫病

肝毛细线虫病是由肝毛细线虫寄生于兔肝脏所引起的疾病。此线虫还可寄生在鼠类、狗、猪、狼等 20 多种动物及人。

一、病原和流行病学

本病病原为肝毛细线虫，属于毛细科，毛细属。虫体非常纤细，白色。雄虫长约 22mm，尾端钝圆，无交合伞。有交合刺一根，外有无小刺的鞘。雌虫长约 52～104mm，阴门位于食道的末端，尾钝圆，肛门位于体末端。虫卵呈椭圆形，两端具有塞状物，大小为 （63～68）μm×（30～33）μm。

成熟的雌、雄虫在宿主肝脏内产卵，虫卵滞留在肝脏中。仅有少数虫卵可通过损伤的胆管随胆汁进入肠中，随粪便排出。含有虫卵的肝脏被另一动物吞食后，肝脏被消化，虫卵随粪便排出。或者宿主尸体腐烂后，肝脏被消化，虫卵随粪便排出。或者宿主尸体腐烂后，虫卵自肝脏散出。虫卵污染饲料和饮水，被兔等动物吞食，卵壳在肠内被消化，幼虫钻入肠壁，随血流入肝，发育为成虫。

二、临床症状

病兔生前无明显的症状，仅表现为消瘦，食欲降低，精神沉郁。病兔死后，可发现肝肿大，肝表面和实质中有纤维性结缔组织增生，肝脏有黄色条纹状或斑点状结节，有的为绳索状。结节周围肝组织可出现坏死灶。

三、诊断方法

本病生前诊断困难。只有通过兔尸剖检，在肝脏内发现虫卵才能确诊。

四、误诊防止

粪便检查是诊断寄生虫病的重要依据。临床医师除要掌握临床资料和发病规律外，应把粪便检查列为寄生虫病的常规检查。临床医师要了解病原检出率低是造成误诊的重要原因，不能通过一两次检查阴性，就确定为阴性，要定期复查，配合流行病学调查，防止误诊。在兔病中，本病属于少见病，容易被医师误诊为其他疾病。临床特征不典型，也是导致本病误诊的重要原因之一。需要进行鉴别诊断。

（1）兔片形吸虫病　病原为片形吸虫，病兔腹泻，消瘦，贫血，粪检有虫卵。黄疸、便秘与腹泻交替发生。严重时，颌下、胸腹下水肿。剖检可见胆管内有虫体。

（2）栓尾线虫病　病原为栓尾线虫。病兔拉稀，消瘦。剖检可见盲肠、结肠黏膜上有虫体。粪检有虫卵。

（3）豆状囊尾蚴　病原为豆状囊尾蚴。病兔消瘦，腹泻，阵发性发热，口渴，腹胀，嗜睡。剖检可见腹腔有透明囊泡。

五、误治与纠误

兔肝毛细线虫属于线虫病，使用抗线虫药治疗即可。可选用以下药物治疗，①甲苯达唑：按每千克体重 100～200mg，口服，每天 1次，连用 4 天。②丙硫苯咪唑：按每千克体重 15～20mg，口服，每天 1 天，连用 4 天。预防主要是消灭老鼠，同时避免鼠粪污染饲料和饮水；加强饲养管理和卫生管理，经常打扫兔舍及兔场。对饲槽和水盘等定期消毒；及时将发病兔隔离治疗，病兔的尸体要烧毁或深埋。

第十节　兔栓尾线虫病

兔栓尾线虫病又称兔蛲虫病，是由兔栓尾线虫寄生于兔的盲肠及大肠内所引起的一种线虫病。

一、病原和流行病学

本病病原为兔栓尾线虫，属于尖尾科，栓尾属。雄虫长 3～5mm，宽330μm，有一根长的弯曲的交合刺。雌虫长 8～12mm，宽

550μm，阴门位于前端，肛门后有一细长尾部。虫卵的大小为103μm×43μm，卵壳光滑，一端有卵盖，内含 8～16 个胚细胞或一条卷曲的幼虫。本病分布广泛，是家兔常见的一种线虫病。成虫寄生于家兔（有时也寄生于野兔）的盲肠和大肠。

二、临床症状

少量感染时，家兔一般不表现临床症状。严重感染时。表现为精神沉郁，食欲下降，被毛粗乱，逐渐消瘦，下痢。严重者可导致死亡。剖检可见肠黏膜受到损伤，有时发生溃疡及大肠炎症。这主要是由幼虫在盲肠黏膜内发育，并以黏膜为食引起的。

三、诊断方法

本病生前诊断困难。只有病兔死后剖检时在盲肠及大肠内发现虫体才能确诊。

四、误诊防止

有些病例的临床表现并非完全不典型，而是因为临床医师询问病史不详细，体格检查不全面导致误诊。只重视临床资料，而忽视流行病学资料及既往的寄生虫病发生和流行情况，近期内有无驱虫，没有进行粪便检查。在流行区域内，临床医生对寄生虫病的诊断可能较注意，但对非流行区域的发病，要注意是否最近购入新兔，仔细进行粪便检查，可以减少误诊。对于寄生虫病，除掌握临床资料和发病规律外，应该将粪便检查作为常规检查。其次，临床症状没有特异性表现，临床医师仅局限于常见病的诊断，也是误诊的重要原因。必要时可以通过驱虫性诊断来验证。类症鉴别如下。

（1）兔球虫病 病原为球虫。病兔拉稀，消瘦，腹胀。剖检：肠黏膜有许多白色小结节，内有卵囊。粪检有卵囊。

（2）肝片吸虫病 病原为肝片吸虫，病兔腹泻，或便秘与腹泻交替发生，黄疸，消瘦，粪检有虫卵。颌下、腹下水肿。剖检可见胆管粗糙、增厚，肝脏内胆管有虫体。

（3）日本血吸虫病 病原为日本血吸虫，病兔腹泻、消瘦，有血痢、贫血、腹水，粪检有虫卵。剖检可见肝脏硬化，在门静脉可见虫体。

（4）豆状囊尾蚴：病原为豆状囊尾蚴。病兔食欲减退，消瘦，拉稀，腹胀，阵发性发热，沉郁，嗜睡。剖检可见腹腔有囊泡。

五、误治与纠误

兔栓尾线虫病属于线虫，用驱线虫药治疗。左旋咪唑按每千克体重 5～6mg，口服，每天 1 次，连用 2 天；丙硫苯咪唑按每千克体重 10mg，口服，每天 1 次，连用 2 天。平时应加强兔舍的卫生管理，经常打扫兔舍及兔场，对饲槽和水盆等定期消毒，兔粪必须进行无害化处理，以免虫卵扩散；加强饲养管理，增强家兔对疾病的抵抗力，发现病兔应及时隔离治疗；对兔群每年分 2 次进行定期驱虫。

第十一节　兔绦虫病

兔绦虫病是由墨斯属的绦虫寄生于兔的小肠内所引起的肠道寄生虫病。

一、病原和流行病学

本病病原为墨斯属的绦虫。虫体呈白色、扁平带状，身体由许多节片构成。头节近似球形，无顶突，无钩，具有 4 个吸盘。成熟节片的宽度大于长度，长 0.45～0.6mm，宽 5～7mm。每个节片内有两套雌雄生殖器官。雄茎囊呈长管状，与阴道平行共同开口于生殖腔内。雌性生殖器官，卵巢由 40～50 个棒状小叶组成扇形或菊花状。孕卵节片子宫呈横囊状，里面充满大量虫卵。虫卵形状不一，有三角形、圆形、近方形，壳较厚，内有六钩蚴和梨形器。

兔绦虫在发育过程中必须经过中间宿主地螨。成虫寄生在兔的小肠内，随兔粪排出孕卵节片和虫卵到外界，被生活在土壤中的地螨吞食，在地螨体内发育成似囊尾蚴，成熟的似囊尾蚴具有感染性。兔吞食有似囊尾蚴的地螨而感染，在兔的小肠内发育成成虫。

二、临床症状

如果家兔感染的绦虫不多，常无症状表现出来。一旦绦虫寄生的数量增加时，就会出现下列的主要病状：由于虫体对病兔的机械损伤和产生的毒素的毒害，病兔消化吸收机能发生障碍，减少了营养物质的吸收。又由于虫体的掠夺和腹泻损失了大量的营养物质，病兔因缺乏营养而贫血、消瘦，发病的幼兔生长发育缓慢；公兔性欲差，配种能力低；母兔发情、排卵机能亦降低，致使繁殖率下降。严重时，病兔吸收了毒物之后出现神经症状，运动失调，最后极度衰竭而死亡。

三、诊断方法

根据病兔的症状表现为极度消瘦并有神经症状则可怀疑本病。剖检后在肠中发现虫体即可确诊。

四、误诊防止

兽医的寄生虫知识贫乏，不加思考与分析，只见其表不究其本，如只凭拉稀和腹痛现象，就错误诊断为胃肠炎。长期习惯性拉稀，生长发育迟缓以及腹病现象，是寄生虫病的表现特征，及早应进行粪便寄生虫检查，就能在涂片视野里发现大量虫体而确诊。其次，兔绦虫轻度感染时，没有临床表现，严重时，仅凭外观症状也难以确诊。误诊多是没有进行详细的检查，仅根据临床症状得出结论。防止误诊的方法是进行病原学检查。

胃肠炎：寄生虫病和胃肠炎都可引起消瘦、拉稀和腹痛症状。但寄生虫病引起消瘦呈逐渐发生的长期病程，而胃肠炎引起消瘦是近期内脱水所致，病情急，病程短；蛔虫可引起拉稀但体温不高，胃肠炎出现拉稀，大便伴有黏液或血液，有的出现体温升高。采用粪便寄生虫检查法，很容易将两者区别开来。

五、误治与纠误

本病的治疗主要是驱虫。兔绦虫病属于家兔的肠道寄生虫病，用驱绦虫的药治疗效果较好。氯硝柳胺：按每千克体重 50～60mg，一次口服；丙硫苯咪唑：每千克体重 10mg，一次口服。硫双二氯酚：每千克体重 200mg，混于饲料中喂给。

动物的驱虫药种类众多，每种药都有自己的适合范围，对于确诊的寄生虫病用专门的、针对性强的驱虫药，效果会更好，如吸虫用驱吸虫药，绦虫用驱绦虫药。临床上，一些养殖户由于缺乏基本的寄生虫病知识，在驱虫上，仅用一种最常用驱虫药如伊维菌素驱虫，就认为可以消灭所有的寄生虫了。其实，伊维菌素仅对线虫和节肢动物有效，对绦虫和吸虫无效。

在给药途径上，如果是消化道寄生虫，口服给药的效果是最好的，同时口服时，最好空腹喂给，减少肠内容物对药物的影响，如早晨给药；大群通过拌料给药，一定要将药物搅拌均匀，防止中毒。对于新药或以前没用过的药，通常先用一部分家兔进行试验，没有问题后，再大群给药。要注意部分药物对怀孕家兔的影响，以免流产。

平常要加强饲养管理，注意饲料和饮水的清洁卫生，减少虫卵的污染。经常发病的兔场，饲喂的青草等最好用2‰石灰水浸泡半小时，冲洗掉石灰晾干后饲喂，可杀灭虫卵；兔粪中含有很多孕卵节片，粪便要堆沤发酵，进行无害化处理，杀死虫卵。

第五章 家兔普通病的误诊、误治和纠误

第一节 口 炎

口炎是口腔黏膜表层或深层组织的炎症。多以口腔黏膜潮红，肿胀，流涎为主要特征。按炎症的性质可分为卡他性口炎、水泡性口炎、溃疡性口炎和坏疽性口炎。

一、病因

首先是机械性刺激：如硬质和棘刺饲料，尖锐牙齿（玻璃片、钉子和铁丝等）等都能直接损伤口腔黏膜，继而引起炎症反应。其次是物理、化学性刺激：如采食霉败饲料，误食刺激性较强的化学药品，如生石灰、氨水、强酸、强碱，各类高浓度防腐剂和消毒药等。另外，继发于其他疾病，如继发于舌伤、咽喉炎和维生素 B 缺乏等。

二、临床症状

初期有饮食欲，但采食小心，有口腔不适感。咀嚼缓慢或困难或不咀嚼。流涎，口腔黏膜潮红、肿胀，甚至出现水疱、溃疡和坏疽等。患兔常常搔抓口腔，诊查时，口腔敏感，口温升高，呼出的气体有时有异味或恶臭味。患兔想吃食又不敢吃食，当食物进入口腔后，刺激到炎症部位引起疼痛。

三、诊断方法

根据口腔黏膜红、肿、热、痛，感觉过敏，咀嚼障碍，流涎，局部淋巴结肿大，以及拒绝口腔检查等症状即可诊断。

四、误诊防止

口炎较容易诊断，但是在临床上，口炎经常作为一种症状表现

出来，所以，经常发生的误诊是将继发性口炎诊断为原发性口炎，而漏诊了原发性疾病，导致诊断错误。因此，在口炎诊断时，必须区分是原发性口炎，还是其他疾病的临床表现。诊断的关键是要找到病因，一般原发性口炎，都有口腔直接受伤史，或能发现伤口。而继发性口炎，除了口腔症状以外，多伴随有其他身体症状。只要仔细鉴别不难确诊。机械性因素所致的口炎常伴有口腔出血经历和局部红肿，甚至脓肿，局部变化明显。化学性因素所致的口炎多以较大面积潮红、肿胀和有灼烧感为特点。水泡性口炎时，口腔黏膜有大小不等、数量不等的水泡。溃疡性口炎时，口腔黏膜糜烂和溃疡。坏疽性口炎时，在溃疡面上常覆有污秽的灰黄色假膜，口臭明显。

五、误治与纠误

单纯性口炎，不难治疗。但是对于继发性口炎，必须诊断出原发病，对原发病进行治疗。必要时需要对原发病进行鉴别诊断。治疗原则如下：先查明病因，重点治疗原发病，预防和治疗继发感染。用生理盐水或 2%～3%碳酸氢钠液，或 0.1%高锰酸钾液，或 0.1%雷佛奴尔液，2%明矾液（流涎多时）冲洗口腔，每天 2～3 次，冲后撒冰硼散。溃疡面应用碘甘油或龙胆紫涂布。如出现体温升高，用青霉素每千克体重 1×10^4～3×10^4 U、链霉素每千克体重 2×10^4 U 肌注，8～12h 1 次。

预防：注意兔笼不能有尖刺外露，不喂干硬有刺饲草，防止口腔发生外伤性口炎。同时经常检验兔的牙齿，如有磨灭不整的，应及时修整，避免化学因素的刺激。发现病兔除治疗外，应给以柔嫩的饲料，以减少对口腔黏膜的刺激。

第二节　胃　炎

胃炎是胃黏膜的急性或慢性炎症，以消化机能障碍、呕吐、胃压痛及脱水为特征。可分为急性胃炎和慢性胃炎两种。临床上以急性胃炎多见。

一、病因

引起胃炎的因素很复杂，采食腐败变质的食物是最常见病因；异物机械刺激（如毛发和石块等）；服用或误食某些药物和化学物质（如重金属或化肥等）；细菌、病毒和寄生虫感染；其他疾病诱发或继发，如肝病、急性胰腺炎，甚至应激反应，都可以成为胃炎的发病原因。

二、临床症状

急性胃炎经常性急性呕吐、精神沉郁和腹痛是主要症状。动物拒食，有极度渴感，但饮水后即发生呕吐。便秘或腹泻，或两者交替发生。重症病例，患兔极度衰弱，肚腹蜷缩，无力，不爱活动。粪便中混有多量的黏液，个别的甚至有血液或灰白色纤维素膜，并有难闻臭味。若持续呕吐，则出现脱水、消瘦、电解质紊乱和碱中毒等。慢性胃炎主要表现为与采食无关的间歇性呕吐。病兔食欲不振，逐渐消瘦，贫血，最后发展为恶病质状态。

三、诊断方法

根据病史、临床症状可初步建立诊断。病兔呕吐和腹痛是代表症状。初期吐出的主要是食糜，以后则为泡沫样黏液和胃液。病兔渴欲增加，但饮水后即发生呕吐。食欲明显降低或拒食，或因腹痛而表现不安。单纯性胃炎，特别是急性胃炎，一般经对症治疗多可奏效，可作为治疗性诊断。

四、误诊防止

胃炎根据呕吐和腹痛不难诊断。关键是要区分是原发性疾病，还是其他疾病的临床表现。临床误诊的情况主要是将其他疾病的胃炎症状诊断为单纯性胃炎，发生漏诊。胃炎作为一种临床症状，很少单纯出现，常表现为传染性疾病、寄生虫疾病、营养代谢性疾病和中毒性疾病的临床症状。防止误诊的关键是找到病因。

五、误治与纠误

正确治疗的关键是找到病因，消除病因，保护胃黏膜，防止继续损伤，对症治疗，止吐，纠正脱水、电解质及酸碱平衡紊乱。病兔应限制饮食，可多次给予少量的饮食。喂给少量青嫩蔬菜和其他易消化的饲料。为了防止食物在胃肠内发酵，可内服磺胺嘧啶、磺胺脒、鞣酸蛋白等，每次 $2\sim4g$。抗胆碱药物可以减少胃的蠕动和痉挛，降低胃壁平滑肌副交感神经的兴奋，减少胃酸分泌和减轻呕吐。如阿托品、东莨菪碱。吩噻嗪类安定药（如氯丙嗪），对阻断内脏受刺激而引起的呕吐有效，可用于反复呕吐的病例（但只能止吐，对治疗胃炎并无帮助）。胃复安，维生素 B_6 注射液或爱茂尔等止吐药物有良好效果。口服胃黏膜保护剂，如思密达、白陶土、氢氧化铝、碱式硝酸铋等。在发生脱水、电解质或酸碱平衡紊乱时，可用 5% 的葡萄糖和林格液等量混合，静脉注射，以补充丧失的体液，并配合应用维生素C，同时注意补充钾离子和防止碱中毒。亦可口服补液盐溶液（任其自由饮用），或行营养性灌肠。当细菌、病毒感染或继发肠炎时，可选用抗生素和抗病毒药物。必要时肌内注射地塞米松，以增强机体抗炎、抗毒素作用。给予制酸剂 H2 受体阻断剂（如甲氰咪胍），可阻断壁细胞的组胺受体，减少胃酸的产生，可用于治疗胃和十二指肠溃疡、返流性食管炎、急性胃出血和胃酸分泌过多综合征。健胃助消化可口服乳酶生、胃蛋白酶、淀粉酶、多酶片、健胃消食片等。对于有胃溃疡的病兔，应少用肾上腺皮质激素类、阿司匹林、保泰松、辛可芬等药物。肾上腺皮质激素类能促进胃酸分泌，长期使用能致溃疡恶化、出血、穿孔，或产生新的溃疡面。阿司匹林、保泰松、辛可芬等可使溃疡病加重，应尽量不用。

第三节 胃 积 食

胃积食，是胃的后送机能障碍，胃内充满过多的内容物，使胃壁扩张，引起腹痛的疾病。是青年兔和成年兔常见的内科病。

一、病因

$2\sim6$ 个月龄的幼兔和青年兔易得。主要是由于贪食过多适口性好、特别是含露水的豆科饲料，难消化饲料（玉米、小麦、黄豆等），高度膨胀的饲料（麸皮），食入腐败的饲料和冰冻的饲料及雨淋的青草而致病。此外，饲料突然改变，喂料时间无规律，饥饿、暴食也可成为本病的诱因。本病亦见于继发肠便秘、肠胀气、球虫病的疾病过程中。天气突变，阴、湿、雨、雪侵袭是发生本病的诱因。

二、临床症状

通常于采食后几小时开始发病。由于胃内容物的刺激，引起幽门紧张性增高，使饲料停滞于胃中膨胀发酵，产生多量气体，胃部逐渐增大，大便秘结或排出带酸臭气体的软粪，体温一般不升高，此时常不被人们所注意。病情进一步发展，表现不安，卧于一角，不愿走动。长时间停留在胃肠中的饲料和细菌分解产物使水分和气体增加，从而胃迅即胀大，同时反射性地引起流涎，表情痛苦，呼吸困难，心跳加快，不断嘶叫，眼半闭或睁大，磨牙，眼结膜潮红，甚至发绀。触诊胃部，可明显感到胃体积胀大，叩诊呈鼓音。由于膈肌被推挤向前，呼吸受阻，心跳加快，并常改换蹲伏部位。如胃肠继续扩张，最后可能导致窒息或胃破裂。

三、诊断方法

根据触摸胃部，胃体积增大如鸡蛋，按压时手触似面团，胃鼓胀时叩诊呈鼓音，结合病变和病因分析可确诊。

四、误诊防止

疾病的早期通常不易发现，等发现后，患兔已经表现很严重，病情发展很快，一旦误诊，会造成病兔死亡。误诊的原因多是大夫问诊不详细，临床经验少，不了解本病。防止误诊的关键是大夫增加自身的知识，看到相关病例能及时作出诊断。原发性胃扩张发展快，病情急剧，大都在食入草料不久后发病，在临床表现上和继发性胃扩张差别不大。对于继发性鼓胀，要确诊原发病因，如结肠阻塞、便秘等。投胃导管和直肠检查可提供可靠的依据和确诊。投胃导管后，从胃管排出大量气体和食糜，气胀症状随之减轻或消失；直肠检查可区别小肠或大肠秘结部位。另外，结肠阻塞或便秘引起的胀气，在大肠后段能摸到大量积聚的干粪球或异物。

五、误治与纠误

及时阻止胃内容物继续发酵是关键。原发性胃扩张可内服止酵剂，石蜡油、豆油 20～30mL 或醋 20～30mL。也可以插胃管导气，或穿刺放气。必要时可口服磺胺药。平时加强饲养管理，做到定时定量饲喂，以防饥饱不均，不喂饲腐败变质饲料，注意卫生。

第四节 腹 泻

腹泻又称拉稀，即家兔在致病因素的作用下，排粪次数和排粪量增加，粪便变稀软或呈水样、糊状为主要症状的一类疾病的总称。各年龄兔均易发生，以 6～12 周龄幼兔发病率最高。

一、病因

引起腹泻的原因很复杂，一般能影响消化功能的因素都可引起腹泻，这些因素包括非感染性和感染性致病因素。非感染性因素如饲喂不洁或腐败变质的饲料、露水草和冰冻饲料，垫草潮湿，腹部受凉或饲料配方突然改变，幼兔断奶过早，贪食过量等引起腹泻。感染性致病因素如由细菌（如沙门杆菌、大肠杆菌、伪结核杆菌、魏氏梭菌、泰泽菌、毛发样芽孢杆菌等），病毒（轮状病毒等），真菌及其毒素，某些寄生虫（如球虫和肝片吸虫）等引起。这些感染性致病因素是在非感染性致病因素的诱发作用下产生的。此外还包括一些中毒性疾病（有机磷化制剂中毒、有毒植物中毒等）。

二、临床症状

根据胃肠黏膜损害程度不同，临诊上出现以下类型的症状。非感染性腹泻：胃肠黏膜表层发生轻度的炎症，排出的粪便稀烂而量多，混有未消化的饲料，有臭味，腹部膨大。急性者粪便呈糊状或水样，粪便沾满肛门附近的毛，粪中无脓血。腹痛，不愿采食，不爱动。有的出现异嗜，采食平时不爱吃的泥沙、被毛或粪尿污染的垫草。感染性腹泻：胃肠黏膜深层炎引起的腹泻，往往在非感染性胃肠炎的基础上发展起来或直接感染而发生。体温升高，精神不振，常蹲于一隅，不愿采食，甚而食欲废绝。粪便变软、稀薄，严重的粪稀薄如水，常混有血液和胶冻样黏液，有恶臭味，病兔消瘦，被毛粗乱、无光泽。腹部触诊有明显的疼痛反应。由于重度腹泻，呈现脱水和衰竭状态。如果胃肠内腐败发酵的有毒产物被吸收，可引起自体中毒，此时全身症状增剧，精神沉郁，结膜暗红或发绀或黄染，脉搏细弱，呼吸促迫，常因虚脱而死亡。

三、诊断方法

根据腹泻的典型症状结合病因分析可确诊。

四、误诊防止

腹泻是许多疾病的临床表现，可以是单纯胃肠道疾病，也可以是全身性疾病。根据临床症状不难确诊。难确诊的是发病原因。首先要区分非感染性腹泻与感染性腹泻，两者最大的区别是：感染性腹泻病因是病原微生物，具有传染性，病死率高。而非感染性腹泻主要是饲料因素，表现为一过性，病因消除即停止腹泻，容易恢复。

五、误治与纠误

非感染性腹泻的治疗：以消除病因，改善管理，饲喂易消化的草料，清理胃肠，恢复胃肠功能为原则。发病后要及时调整饲料，增加粗饲料，减少精饲料。可用以下药物治疗：每只兔口服大黄苏打片0.5~1g，食母生 0.5~1g，乳酶生 1~1.5g，每天 3 次，连用 3~4天。乳酶生能消胀、止泻和解除消化不良。乳酶生最怕和抗生素（如四环素等）、消炎片或痢特灵合用，也不能和鞣酸蛋白、碱式碳酸铋等同服，因为这些药能杀灭乳酸杆菌或降低乳酸杆菌的活性，使其失效。常见的治疗失误就是看见腹泻，就用大量的抗生素治疗，如果粪便检查时有少量脓细胞或没有脓细胞就可以不用抗生素，只要做好液体疗法，选用微生态调节剂和黏膜保护剂，家兔基本可以治愈。使用抗生素，特别是加量使用，反而会破坏家兔肠道菌群平衡，发生二次感染或继发感染。

感染性腹泻的治疗：以杀菌消炎，缓泻防腐，收敛止泻，补液解毒，维护全身功能为原则。视病因、病情的轻重选择药物。杀菌消炎可用以下药物治疗：轻症者口服痢特灵，按每千克体重 10mg，分 2~3 次口服；重症胃肠炎，可口服金霉素，成年兔 0.2g，每天 3 次，连用 3~5 天。收敛止泻，当病兔粪便已经排除，粪便的臭味不大，而仍腹泻不止时，可用下列药物治疗：每只兔口服鞣酸蛋白 0.25g，每天 2 次，连用 1~2 天。也可用药用炭、碱式碳酸铋等。但应注意药用炭、碱式碳酸铋和鞣酸蛋白不能与胃蛋白酶、抗生素等合用，因为碱式碳酸铋为碱性重金属盐制剂，与乳酶生、胃蛋白酶合剂合用会使其药效降低，碱式碳酸铋可在肠道形成保护膜，妨碍抗生素药物的吸收，影响抗生素药物发挥作用。药用炭为强吸附剂，可吸附此类药物，减少吸收，降低药效。鞣酸蛋白可抑制乳酸菌生长，降低乳酶生的药效，又可与多种蛋白质的酶类结合而使其失去活性。腹痛者用阿托品，每次 0.1g，每天 1 次，用 1~2 天，或用颠茄合剂，颠茄合剂是一种毒性较大的药物，使用过多容易引起中毒，一定要按量服用；同时，颠茄合剂能抑制胃酸分泌，并可中和胃蛋白酶合剂中的盐酸并降低胃蛋白酶的活性，故两者不宜同服。脱水严重者，可静注葡萄糖盐水、平衡液、5％葡萄糖或林格液 20~30mL 或灌服补液盐；心脏衰弱者，用 20％安钠咖 1mL，每天 1~2 次，连用 2~3 天。胃胀气或积食者，用胃复安、吗丁啉等治疗。

第五节　便　　秘

便秘是粪便在肠内长期积聚停滞，水分被吸收变干、变硬，致使排粪困难，甚至阻塞肠腔的一种腹痛性疾病，是兔消化道疾病的常见病症之一，以幼兔、老龄兔多见。

一、病因

饲养管理不善，精、粗饲料搭配不当，精饲料多，青饲料少，或长期饲喂干饲料，饮水不足，都可诱发便秘；饲料中混有泥沙、被毛等异物，误食后使胃肠运动减弱，致使形成大的粪块而发生便秘；矿物质饲料补充不足，尤其是食盐缺乏更易造成便秘；环境突然改变，运动不足，打乱正常排便习惯而发病。继发于排便带痛的疾病（肛窦炎、肛门脓肿、肛瘘等），不能采取正常排便姿势的疾病（骨盆骨折、髋关节脱臼等）以及一些热性疾病，胃肠弛缓等全身性疾病的过程中。此外，慢性肠卡他、球虫病也可导致肠蠕动障碍，表现为腹泻与便秘交替，饲料或毛团阻塞同样能致便秘。

二、临床症状

食欲减退或废绝，精神不振，肠音减轻或消失。口腔干燥，不爱活动。有的频作排粪姿势，但无粪便排出或排少量的坚硬小粪球，有的排便次数减少，间隔时间延长，数日不排便，甚至排便停止。尿少，色深，呈棕红色。腹部膨大膨胀，叩诊呈鼓音，有时用手触摸腹部可感知有干硬的粪球颗粒，并有明显的触痛。起卧不宁，常表现头部下俯，弓背探视肛门，此为腹部不适的征象。如无继发症，体温一般不升高。严重者因粪便长期阻塞停留而致自体中毒或因呼吸、心力衰竭而引起死亡。

三、诊断方法

根据排粪减少或无粪便排出，粪球变得干硬，不断做排粪姿势，结合病因分析可确诊。

四、误诊防止

本病的误诊主要和大夫的责任心不强，懒于动手，不细心观察有关。通过腹部触诊和兔子的动作，结合问诊不难确诊。仅根据临床症状要和胃积食、毛球病相鉴别。毛球病兔喜卧，喜喝水，粪便中黏附有毛，毛球过大时，引起腹痛。胃积食病兔多因饥饿后或更换饲料采食过多而病，胃内有大量气体，腹部显著膨大，膨大部占前腹部，后腹不膨大，且肠无积粪。

五、误治与纠误

便秘虽然是一种常见的疾病，但是治疗方法选择不同，治疗效果也不同。治疗方法有使用泻剂，注射促进胃肠蠕动药物和手术等方法。泻剂有油类泻剂、盐类泻剂等，它们又分急剧泻剂和缓泻剂，给药途径可口服，也可选用灌肠；这些方法必须根据秘结的部位、秘结的性质和秘结的程度而决定，例如大肠秘结，选用盐类泻剂时，必须注意其浓度和足够的剂量及用法，注射或口服泻剂后是否用胃肠兴奋药物等都要很好地分析。如果是结肠或直肠秘结，最好选用灌肠方法，如果是小肠阻塞，最好选用口服。如果选择治疗方法不当，不仅不能治愈疾病，有时还造成不良后果，如顽固的肠秘结，开始选用注射新斯的明或毛果芸香碱等而使胃肠兴奋，常因肠蠕动加快，秘结块很硬而造成肠破裂或肠套叠等继发病。

对病重的兔立即停食，多给饮水，用手按摩兔的腹部，促进肠蠕动及压碎粪球，同时用药物促进肠蠕动，增加肠腺分泌，软化粪便。如用硫酸钠或人工盐，成年兔 5～10g，幼兔减半灌服；石蜡油、植物油，成年兔15～20mL，加等量的温水 1 次灌服；必要时可用软肥皂水或盐水灌肠，促进粪便的排出。操作方法是：用粗细能插入肛门的软塑料管缓慢插入肛门内 5～8cm，灌入 40～45℃的温皂水。为了防止肠内容物发酵产气，也可灌服石蜡油 15mL、硫酸钠 10g 或人工盐 5g、植物油 200mL、蜂蜜 10mL、温水 10～15mL 的混合液；口服10%的鱼石脂溶液 5～8mL、食醋 15mL、大蒜泥 10g，大黄苏打片（每片 0.3g，大兔 2 片，小兔 1 片）。剧烈疼痛时，可用安乃近 0.5～1mL 肌内注射。待粪便正常即停药。全身疗法要注意补液、强心。传染病及寄生虫病引起的便秘，球虫病可用抗球虫药和抗生素防治。治疗后要加强护理，多喂多汁易消化饲料，使食量逐渐增加。由饲养管理不当引起的便秘，首先要找准原因，进行科学饲养管理，消除不良因素。

第六节　毛　球　病

毛球病又称毛团病，是指家兔食入过多的兔毛，与胃内食物混合，形成毛球而滞留于胃内的一种疾病。其特征是长期消化不良，便秘，粪便带毛。多见于长毛兔。

一、病因

家兔摄入被毛的原因，一般认为有以下几种：饲养管理不当，如兔笼狭小，互相拥挤而吞食其他兔的绒毛，或长毛兔身上的毛久未梳理，而擀毡造成不适，兔遂咬毛吞食，或互相啃咬，久而久之，便形成吞食被毛的恶癖；不及时清理脱落后掉到饲料中、垫草中的被毛，易随同饲料一起吞下而发病，或某些外寄生虫（如蚤、毛虱、螨等）刺激发痒，兔持续性啃咬，也有时拔掉被毛而吞入胃内；饲料中缺乏钙和磷等矿物质、微量元素、维生素及某些氨基酸，或饲料中精料成分比例过大、过细，起充填作用的粗纤维不足，兔常出现饥饿感，因而乱啃被毛，使兔的食欲反常，形成异食癖。也有的家兔是患有食毛癖。

二、临床症状

病兔表现精神不佳，食欲不振，好卧少动，喜饮水，大便秘结，排出的粪便中常有兔毛。兔毛难于被消化而与胃内容物混合而形成坚固的毛球，阻塞胃幽门，胃内容物无法运出，致使胃容积膨大、肠道空虚，或者通过了幽门而滞留在小肠内，出现肠阻塞，引起大便不通，腹痛。最后因为吸收了饲料发酵时产生的有毒物质或因肠管破裂而死亡。

三、诊断方法

根据消化功能障碍、便秘、腹痛、胃鼓胀等症状，以及腹部触诊时触及坚固成团的毛球即可确诊。

四、误诊防止

本病的误诊和大夫观察不仔细，检查不认真，临床知识匮乏有关。其实，患毛球病的家兔，在粪便中都可以见到兔毛，只要仔细观察，不难发现。通常在本病的早期，因为临床症状轻，一般也不容易被发现，所以，一旦发现临床症状的病兔，胃肠道内的毛球大部分都可以触诊到，如果大夫细心、认真进行体格检查，不难发现异物。但是对于临床知识少的大夫，如果思维中没有这个病，肯定会误诊为便秘或肠梗阻一类的疾病。甚至仅根据临床表现诊断为一般的肠炎，导致误诊。

五、误治与纠误

本病的治疗原则是促进毛球软化，幽门松弛，兴奋胃肠，清除胃肠内的毛球。可灌服豆油或花生油 20～30mL，或蓖麻油 10～15mL，润滑肠道，配合腹部按摩，便于排出毛球。毛球排出后，应饲喂容易消化的饲料，并口服大黄苏打片或酵母片，或龙胆苏打片。如食欲不振，可喂给马齿苋、黄皮叶等有健胃作用的青料，促进消化机能早日恢复。

预防：平时做好饲养管理的工作，及时清理脱落的兔毛，防止相互之间吞食绒毛；兔笼要适当、宽敞，不能过于拥挤，食槽和水槽要每日清理，保持兔笼卫生；日粮配合要注意青粗饲料和精料的适当比例，供给充足的蛋白质、矿物质和维生素，保持营养平衡，防止食毛癖的发生；及时治疗家兔的各种皮肤病，把有食毛癖的病兔单独饲养，进行治疗。

第七节　感　冒

感冒俗称伤风，是由寒冷刺激引起的以发热和上呼吸道卡他性炎症（黏膜表层炎症）为主的一种感染性疾病。以流鼻液、体温升高、呼吸困难为特征。如果治疗不及时或护理不当，容易继发支气管炎、肺炎和巴氏杆菌病。

一、病因

多由于受寒，特别是早春、晚秋季节天气骤变，冷热不均，兔舍潮湿，通风不良，受贼风侵袭，遭受雨淋，有时剪毛后受寒，夜间温差过大，机体不适应及长途运输过度疲劳等外界环境条件的改变等，造成机体抵抗力降低，病原微生物就乘虚侵入而引起。幼兔及体质较差的成年兔发病率高。此外吸入热空气、烟和煤气、尘埃、花粉等，均能导致上呼吸道黏膜发生急性卡他性炎症。维生素 A 缺乏也易患感冒。

二、临床症状

病兔鼻黏膜发生卡他性炎症，流出多量的稀水样黏液，打喷嚏，咳嗽，鼻尖发红，两眼流泪、无神。由于大量黏液堵塞鼻道，呼气时鼻孔内呈肥皂泡状鼓起。此时还可见病兔一系列的全身反应，表现为食欲不振，精神差，常呆立，四肢无力，体温升高到 40℃ 以上，全身发抖。此时，如果治疗不及时，鼻黏膜会发展为化脓性炎症，鼻液浓稠，呈黄色，呼吸困难，进一步发展演变为气管炎，甚至肺炎。如能及时治疗，无并发病，经过几天可痊愈。

三、诊断方法

根据病兔精神沉郁，食欲减退，体温升高，咳嗽，鼻流浆液性或黏液性鼻液，打喷嚏，结膜潮红，可确诊。

四、误诊防止

感冒根据临床症状不难确诊。关键是对感冒后的病情和发展做出准确判断，通常在感冒早期均是上呼吸道炎症，但是大夫接触病例时，很可能已经到了后期，必须判定病位是否到达支气管或肺。其次，要判断继发感染的病原，有无细菌感染等。肺炎肺有啰音，有阵发性咳嗽。支气管炎每天咳嗽次数及每次咳嗽声数较多，初干咳、痛咳，后湿咳，早晚及运动采食时常咳嗽，听诊有干、湿啰音。不同的细菌感染也表现不同，兔链球菌病表现为间歇性下痢，有中耳炎，歪头，行动滚转。有的不显症状即死亡。剖检可见皮下组织出血性浆液浸润，肠弥漫性出血，肝脏、肾脏脂肪变性。病变涂片镜检，可见革兰阳性短链状球菌。兔肺炎球菌病鼻液呈黏液性脓性，幼兔发病突然死亡。剖检可见气管、支气管内有粉红色液体和纤维素渗出物。心包、肺部与胸膜有纤维素和粘连。子宫、阴道出血。病变涂片镜检，可见革兰阳性双球菌。

五、误治与纠误

本病常见的误诊原因是大夫缺乏综合分析能力，在流行初期诊断不明，认为是细菌性肺炎，当应用青霉素、链霉素、土霉素和四环素等几种抗生素无效后，才进行细菌学检验和药敏试验。正确治疗必须进行细菌学检验，明确病原后，选择敏感药品进行治疗，才能提高疗效。治疗原则为解热镇痛，祛风散寒，防止继发感染。可将柴胡50g，炙杏仁、独活、麻黄、甘草各25g，共研为细末，混合均匀。成年兔每天口服2次，幼兔减半，每天2～3次。如风寒感冒，加紫苏粉、荆芥粉及碎生姜各0.5g。如风热感冒，加双花粉、连翘粉、牛蒡粉各 0.5g。复方氨基比林注射液，成年兔每次 2mL，病情较重的，再注射青霉素、链霉素各 $10 \times 10^4 \sim 20 \times 10^4$ U，可很快治愈。

另一种误治是地塞米松的使用。感冒选用抗病毒药物治疗是首要措施，一般应避免或慎重应用地塞米松。因为此药物不管是全身应用（即口服或注射）还是局部外用，都可以延长病程，促进病毒的繁殖，抑制机体的免疫力，加强病毒的侵袭能力，增加细菌和霉菌继发感染的机会，减少干扰素的产生。临床上应该禁止将地塞米松作为常规治疗药大量应用。

预防：应改善饲养管理条件，加强预防和护理工作。兔舍要保持干燥、清洁卫生，定期清理粪便，通风透光，既要保持空气流通，减少不良气体的刺激，又要避免贼风的侵袭。冬季要注意防寒保暖，夏季要注意防暑降温。运输途中要防止淋雨受寒，同时还应避免在阴雨天剪毛或药浴。供给优质的饲料和饮水，增强抗病能力。在气候寒冷和气温骤变的季节，要加强防寒保暖。兔舍要保持干爽、清洁、通风良好。

第八节　肺　　炎

本病是家兔支气管黏膜和肺部的炎症。根据受侵范围分为小叶性肺炎和大叶性肺炎。小叶性肺炎又叫卡他性肺炎，以肺局部炎症为特征。大叶性肺炎是整个肺发生的急性炎症过程，临床上以体温升高、咳嗽为特征。家兔以卡他性肺炎较为多发，且多见于幼兔。

一、病因

寒冷、尘埃、烟雾等刺激，饲养管理不当，某些营养物质缺乏或遭受风吹雨淋，兔舍潮湿，长途运输，过度疲劳等，可使兔呼吸道防卫能力降低，使内源微生物伺机繁殖或外源性细菌、病毒入侵而诱发本病。另外可由感冒、支气管炎等疾病蔓延而感染发生。此外，当误咽或灌药时使药液误入气管或仔兔吸奶时奶汁呛入肺内，可引起异物性肺炎。某些寄生虫也可引发。

二、临床症状

发病后病兔常表现出精神高度沉郁，食欲减少或废绝，体温升高至 40℃以上，呼吸困难，频率增加，呼吸困难的程度随肺炎症面积大小而有一定差异，面积越大，程度越严重。从鼻腔中流出浆液性-黏液性-化脓性鼻涕。听诊病灶部肺泡音减弱或消失，出现捻发音及啰音，病灶周围肺泡呼吸音代偿性增强。病理学检查，血液白细胞总数明显增加，中性粒细胞比例增多，核左移。死兔剖检可发现肺有紫红色大叶性肺炎。

三、诊断方法

根据体温高、咳嗽、流浆液性和黏液性鼻液、呼吸困难、听诊检查和病变可确诊。

四、误诊防止

肺炎是呼吸道炎症的常见表现，通常不难确诊。经常误诊的情况是将支气管炎或轻度感冒误诊为肺炎，或将一种病原感染误诊为另一种病原感染，造成治疗失误。感冒一般不咳嗽，肺部听诊无啰音。支气管炎体温稍升高，初干咳、短咳、痛咳，随后湿咳，鼻液初浆液后转稠，肺部有干、湿啰音。慢性时，早晚、运动和采食时咳嗽加剧。

五、误治与纠误

肺炎病例当伴有脱水等症状时，输液一定要注意速度和数量。绝不能快速大量补液，否则易引起肺水肿，特别是已经出现呼吸湿性啰音时，更应注意数量和速度。治疗方法以加强护理，抑菌消炎和祛痰止咳为主。首先隔离病兔，置于光线充足，通风良好而温暖的兔舍内，供给多汁、易消化的饲料和清洁饮水。青霉素或链霉素肌内注射，成年兔注射 $10×10^4～20×10^4$ U，每天 2～3 次，连用 3～5 天。肌内注射 10％磺胺嘧啶注射液，成年兔 2～3mL，幼兔 1～2mL，再静脉注射 10％葡萄糖生理盐水 10～20mL，每天 1～2 次。体温过高时，可用解热药，肌内注射安乃近或复方安乃近 1～2mL。咳嗽严重的，用吐根阿片、复方甘草合剂等镇咳制剂进行祛痰止咳，也可用盐酸吗啡 0.1g，杏仁水 10mL，茴香水 300mL，混合，1 天 2～3 次，每次一药匙。但是不应过量用镇咳药，若用大量的氯丙嗪、苯巴比妥等镇静剂或过量的镇咳药如盐酸吗啡时，就会抑制咳嗽反射，甚至抑制咳嗽中枢，使炎性分泌物不易排出，不利于改善肺的通气功能，还会导致咳嗽加重或呼吸困难，病情恶化。

第九节 中 暑

中暑又称日射病或热射病，是因烈日曝晒、潮湿闷热，加之兔的汗腺极不发达，机体散热困难所引起的一种急性病。以体温升高，循环衰竭和发生一定的神经症状为特征。各年龄兔都能发病，孕兔和毛用兔多发。

一、病因

本病多发生于气候炎热的夏季，长期处于高温环境（33℃或以上）或在运输过程中暴露于炎热而通风不良的条件下而引起。家兔长时间处于通风不良、过度拥挤的环境中，气温超过体温，兔体内的热因不能向外散发，引起全身内热积蓄而发病。各年龄的兔都能发病，但怀孕母兔最常受害，当巢箱内垫草过厚且很少通风时，幼兔也特别易感。兔对热非常敏感可能与表面积和体重比值大以及绝缘特性的毛皮有关。露天养兔场的家兔受到强烈阳光的照射，易发生中暑。

二、临床症状

发生中暑后，病兔常表现出全身无力，站立不稳，头部摇晃，四脚撑开，烦躁不安，体温持续升高达42℃以上，皮温高。心跳加快，呼吸急促、困难。口腔、鼻腔和眼睑黏膜充血潮红，唾液黏稠，食欲减少或废绝。病情严重者可见到呼吸高度困难，表现为呼吸明显用力，次数增加，可视黏膜发绀，口鼻呈青紫色，有时从口鼻中流出血样泡沫。有的中暑时神经受到刺激，表现盲目奔跑，四肢发抖或抽筋，昏迷不醒，最后多因窒息或心脏停搏而死亡。

三、诊断方法

根据气候炎热，突然发病，以及严重呼吸、血液循环功能障碍等症状特点，可确诊。

四、误诊防止

本病发生有明显的季节性，误诊原因主要是临诊大夫疏忽大意，粗心造成，只要详细问诊，结合临床症状，不难确诊。其次要做好类症鉴别，如妊娠毒血症是因饲料中碳水化合物不足而发病。呼出气有酮味，不因高温闷热发病。氰化物中毒是因吃高粱、玉米的幼苗或再生苗而病。可视黏膜鲜红，瞳孔散大。剖检血液鲜红。

五、误治与纠误

误治主要是由于误诊，诊断准确，不难治疗。发现家兔中暑后，应立即采取降温措施，将病兔放到阴凉处，在其身上覆盖冷水浸湿的毛巾或麻布片，每隔 4～5min 更换 1 次，或将兔体浸入冷水中，待体温降至正常为止。用三棱针刺破耳静脉，放少量血。口服人丹 2～5 粒或十滴水 2～3 滴。

预防：夏季要做好防暑降温工作，兔舍应通风、凉爽，高温天气应在地面洒水或放置冰块，有条件的兔场可安置空调以降低室内温度；长毛兔应及时剪毛；室外兔舍周围要种树遮阳，搭建凉棚，避免强光照射；兔笼应宽敞，防止过度拥挤，运动场或露天兔场应设遮阳凉棚，避免阳光直射；长途运输的车厢要做到通风宽敞，夏季最好在早晚行车，并保证充分饮水。

第十节　生殖系统疾病

一、子宫脱出

子宫的一部分或全部翻转，脱出于阴道或阴道外，称为子宫脱出。母兔在怀孕期运动不足，怀孕期延长，胎儿过大，分娩时间过长，母兔体质虚弱，子宫收缩不良等都可能引起子宫脱出。临床症状见子宫脱出多发生在产后几小时内，出现子宫外翻，并脱出阴户外，拖于笼底，阴道内不断流出血液。子宫不全脱时，手指入产道，可触到套叠的子宫角。全脱时，翻转脱出于阴户外的子宫像肠管，黏膜上有横褶。如不及时整复和治疗，便会发生细菌感染，出现坏死，甚至发生全身感染败血症而死亡。

误诊和误治：子宫脱出经常和阴道脱出、直肠脱出等相混淆，不仔细检查脱出物的性质和结构，极易误诊。常见易混淆的疾病鉴别诊断如下。

（1）阴道脱出　阴道不全脱时，突出于阴户外的阴道较小，站立即缩回阴户。如全脱，则脱出的阴道黏膜发红，即使站立也不缩回阴户。随后阴道黏膜水肿，变紫，粘有粪、草屑，严重时黏膜破损、坏死，影响尿的排出。阴道脱出多发于分娩前。

（2）肛脱和直肠脱出　直肠后段全层脱出肛门外称直肠脱出，直肠后段仅内层黏膜脱出肛门外则称脱肛。有少部肠管样物突出于体外，站立时可缩回，脱出较多时站立不能缩回，不断努责。

（3）膀胱脱出　是膀胱在分娩中脱出于阴道的一种疾病，发生于分娩胎儿未产出前，触摸有波动（尿液）。

二、阴部炎

阴部炎是指公、母兔暴露于外部的生殖器的疾病，以阴部炎症、糜烂和溃疡为特征。阴部炎发生率较高，尤其是母兔发病率更高，严重影响受胎率。本病发生的因素主要是外伤，如兔笼不清洁、不光滑造成刺伤，不清洁的交配，使外伤部位感染细菌发炎溃烂。临床症状表现母兔阴唇、公兔包皮肿大、溃烂，常形成表面溃疡。炎症部位的表面呈深红色或略呈紫色，易出血，形如菜花状，部分肿胀结痂，有黏液分泌物。剥开痂皮常有暗红色血水流出。有些病例肛门肿大、溃烂或外翻。严重病例尾根部被毛粘有黏液脓性分泌物，呈一片糊状。有些病例从阴道内流出黄白色黏液性脓性分泌物。病兔由于炎症疼痛而拒绝交配，即使强行配种也难以受孕。

误诊和误治：根据临床症状可以确诊，但需要做好鉴别诊断。

（1）阴道炎　该病是由于阴道及阴道前庭黏膜损伤和感染所引起的炎症。本病通常在交配、人工授精、分娩、难产或阴道检查时，因阴道黏膜受到损伤感染病原微生物而发生。子宫脱出、子宫内膜炎也可继发阴道炎。临床见母兔从阴道流出炎性分泌物，阴道黏膜潮红肿胀；阴道流出的分泌物有黏液性和脓性。

（2）子宫内膜炎　子宫内膜炎是子宫黏膜及黏膜下层的炎症。其临床表现是从生殖道中排出灰白色混浊的絮状分泌物或脓性分泌物。该病常见于分娩、配种、难产时造成的子宫内膜损伤，受到细菌感染引起炎症。阴道炎、子宫脱出、胎衣不下、流产、死胎等也可能引发子宫内膜炎。患急性子宫内膜炎的家兔，体温升高，精神不振，食欲减退，贪饮。有时会发生腹泻，并出现弓背、努责及排尿姿势，从生殖道中排出灰白色混浊的絮状分泌物或脓性分泌物，在卧下时排出的更多。患慢性子宫内膜炎的家兔，发情不正常，屡配不孕，即使妊娠也容易流产。有时从阴道内排出混浊带有絮状的黏液，子宫外口肿胀充血。有的病兔的子宫颈因肿胀和增生而变狭窄。

（3）子宫蓄脓　是子宫内蓄积大量脓性渗出物不能排出，积存于子宫内，称为子宫蓄脓。主要是慢性子宫内膜炎或胎儿死亡在子宫内发生腐败分解所致。由于子宫壁及子宫颈狭窄或阻塞，使子宫内的渗出物未能排出而蓄于子宫内。临床症状表现为患兔精神不振、食欲减退、烦渴、多尿、呼吸增快、体温升高。母兔阴道排出难闻的黏液性分泌物，多次交配久不怀孕，母兔一侧或两侧子宫扩张。急性感染时，子宫轻度扩张，腔内有灰色的水样渗出物；慢性感染时，子宫高度扩张，子宫壁变薄，呈淡褐色，子宫腔内充满黏稠的奶油样脓性渗出物，常附着在子宫内腔上。

三、流产或死产

母兔怀孕未足月即排出胎儿称流产。怀孕虽已足月，但产出已死的胎儿称死产。临床症状无明显症状，仅表现精神、食欲轻度变化而不被注意，只是见到未足月胎儿和死胎才被发现。怀孕初期，胎儿被吸收，不排出体外，误认为未孕。怀孕15天左右，母兔衔草拉毛，产出未成形胎儿。有时提前3～5天产出死胎，延续2～3天产完。有的还产部分胎儿。产后多数体温升高，精神不好，食欲不振，个别继发阴道炎、子宫炎，阴户排分泌物。有的产后无明显症状。

误诊和误治：兽医工作人员由于临床接触的病种单纯，对一些常见病、多发病的发病规律、病程转归认识不足，缺乏经验，加之学习不够，思路受限，使得本病合并其他疾病者误诊。所以对于病症可以正确诊断，但对于病因却经常诊断错误，造成治疗效果不理想或无效，因此，必须进行鉴别诊断。必要时可通过实验室检验来确诊。

（1）兔沙门菌病　病原为沙门菌。阴道黏膜红肿，从阴户流脓样分泌物。流产的胎儿体弱，皮下水肿，很快死亡，也有木乃伊胎。母兔常在流产后很快死亡。

（2）兔李氏杆菌病　病原为李氏杆菌，有传染性。分娩前2～3天，精神不振，拒食，消瘦，阴户流暗红或棕褐色液体，1～2天病兔流产或死亡。

（3）兔葡萄球菌病　病原为葡萄球菌。阴户周围有脓肿，从阴户流出黄白色黏稠脓液，流产。仔兔常伴发脓毒败血症和"黄尿病"（急性肠炎）。

（4）兔痘　病原为兔痘病毒，有传染性。体表皮肤出现红斑性疹，后成丘疹，中央凹陷的坏死，干燥形成痂皮。剖检可见子宫布满白色结节。

（5）兔肺炎克雷伯病　病原为肺炎克雷伯菌。体温升高，喷嚏，流鼻液，呼吸困难，腹胀，排黑色糊状粪。

（6）维生素A缺乏症　因饲料缺乏维生素A而发病。咳嗽，下痢，角膜混浊、干燥，产弱胎和畸形胎儿。

（7）维生素E缺乏症　因维生素E缺乏而病。步态不稳，平衡失调，四肢肌肉僵直，进行性肌无力。

（8）棉籽饼中毒　因吃棉籽饼中毒，腹痛，粪中带血，黏膜发绀。耳、四肢下端发凉，全身无力。

第六章 家兔营养代谢病的误诊、误治和纠误

第一节 概 述

一、营养代谢性疾病

营养代谢性疾病是营养紊乱与代谢失调引发疾病的总称。家兔利用外部的糖、蛋白质、脂肪、维生素、矿物质和水进行生命活动所必需的生理生化反应。任何一种物质的不足或过量都可对家兔发生不利的作用而产生疾病。在现代集约化的畜牧生产中，家兔的营养物质必须依靠从人工配制饲草饲料中获得。由于各种原因造成的营养过多或营养缺乏都可以产生疾病。有时出现营养代谢性疾病不是因为饲料中营养素的含量不足，而是由于动物的消化机能失调所致。

目前营养紊乱有三种情况，第一种是指在大部分情况下某些营养物质的供应量不足发生的营养缺乏症，主要病因是某些营养物质摄入不足，特别是自然牧草受地质资源、季节等因素影响或表现某一种或几种矿物质营养素不足，或在相当长的枯草季节整体营养水平低下。第二种是某些营养物质供应过量而干扰了另一些营养物质的消化吸收与利用。第三种是营养过剩有关的疾病，如痛风、脂肪肝等。代谢性疾病是指体内一个或多个代谢过程改变导致内环境紊乱而发生的疾病。这一部分疾病又往往与家兔的生产性能密切相关，又称为生产性疾病。

目前我国对营养代谢病的分类是按照营养物质的类型进行的。主要有能量物质营养代谢性疾病，如营养衰竭症、痛风、低血糖症等；矿物质营养代谢性疾病，有常量元素代谢性疾病，如慢性钙、磷缺乏引起的软骨病，微量元素（如 Zn、Mn、Cu、Fe）代谢性疾病及维生素代谢性疾病。

二、营养代谢病发生的特点

营养代谢性疾病的发生具有自己的特点，主要表现如下。

（1）地域性　在地球长期的演化进程中，地壳表面环境条件发生了区域性差异。这种区域性差异一定程度上影响和控制着世界地区人类、动物和植物的发展，造成了生物生态的区域性差异。如果这种环境条件的区域性差异超出了人类和其他生物所能适应的范围，就有可能造成人类、动物的各种地方病。地方性甲状腺肿、地方性氟中毒等疾病都是与地球环境化学因素有关的地方病。我国约有 2/3 的面积缺硒，尤以黑龙江省最为严重。我国新疆有近 80% 的土壤含锌量不足，在冬末春初流行的脱毛症，均为缺锌所引起。

（2）季节性　主要表现为气候对牧草营养成分的影响及气候对家兔的影响两方面。①气候对牧草营养成分的影响：无论在世界任何一个地区，牧草或植物饲料的营养成分在一年不同季节中是不同的。在长达 4~6 个月的枯草季节，可供食用的牧草以茎为主，由于纤维比例高，进入消化道不易被微生物发酵，而蛋白质含量的减少使微生物活性进一步下降；所以消化道需要较长时间处理食物使其从胃通过，这样降低了食物的摄入量。②冬春寒冷气候对家兔的影响：在亚洲的北部以及北欧国家，季节性低气温对家兔的影响是长期的。就我国而言，随着纬度增加，冷的时间越来越长，温度降低的程度也越来越大。虽然家兔通过世代适应，有一定的抗寒能力（如毛绒），但整体上讲，这仍是制约当地家兔生长发育，影响牧业经济的第一季节性限制因素。综上所述，对于家兔而言，由于牧草的季节性丰欠，营养的季节性变化，以及冬春寒冷气候的影响，家兔自身生产的季节性需求，使得家兔在枯草期营养明显不足，不但影响自身的生长与发育，而且影响生产性能，结果是体重下降、母兔怀孕率低或流产或产后仔兔成活率低。

（3）亚临床性营养性疾病　主要是缺乏症，其临床表现往往不太明显，动物处于亚临床健康水平。这是因为营养的消耗是逐步的，此外机体在缺乏营养供应的情况下，尽量减少能量的支出与营养的消耗。因此，疾病的发生需要一个较长时间。如以铜缺乏为例，当铜摄入不足后，肝铜先降低，当肝铜降低到一定程度后血铜才开始降低，组织铜到最后才出现降低。而生产性疾病则发病往往很急，因为这一类疾病的发病本质是内分泌失调导致代谢紊乱所致。

（4）发病慢　从病因到呈现临床症状，一般都在数周、数月甚至更长的时间。

（5）发病率高，多呈地方性发作　如白肌病、软骨病、维生素缺乏症以及微量元素缺乏症等，往往在一个地区好多兔同时发病，有类似某些传染病的流行特征。因而在开始时，常怀疑为某种传染性疾病。特别对幼兔，容易发生误诊。

（6）病程中多伴有酸中毒和神经症状　该类病的大多数，如维生素A、维生素B缺乏症，产生瘫痪的神经症状，运动障碍、共济失调等。

（7）一般体温偏低　除个别的和有继发感染或继发（并发）病的病例外，该类病的体温在正常体温的低限，或正常以下。这是营养代谢疾病与传染病的一个明显的区别。

（8）早期诊断比较困难　营养代谢疾病的好多病，如软骨病、微量元素及维生素缺乏症，早期不易确诊，待临床症状明显后，治疗很费时间，且疗效不大，即使临床治愈，其生产性能大大降低或失去其经济价值。

三、营养代谢性疾病的诊断要点

（1）流行病学调查　着重调查疾病的发生情况，如发病季节、病死率、主要临床表现及既往病史等；饲养管理方式，如日粮配合及组成、饲料的种类及质量、饲料添加剂的种类及数量、饲养方法及程序等；环境状况，如土壤类型、水源资料及有无环境污染等。营养缺乏症的发生往往呈地域性，由于家兔主要采食当地牧草或植物，故地域性某种元素缺乏，就可能使家兔发生相应缺乏症，这类疾病亦称为地方病。比如我国从东北到西南走向有一条缺硒带，在这一地区很易发生硒缺乏症。

（2）临床检查　全面系统地搜集症状，参照流行病学资料，进行综合分析。根据临床表现，有时可大致推断营养代谢病的可能病因。营养缺乏症的主要临床表现是生长发育迟缓或停滞，异嗜，消化紊乱，被毛粗乱，脱毛，骨棱外露，生产性能降低，如产奶下降，母畜繁育机能障碍，如长期不发情，屡配不孕，流产，死胎，胎衣迟滞，骨质关节变形，跛行，运动失调，母畜生产后卧地不起，幼畜视力障碍等。

（3）治疗性诊断　为验证依据流行病学和临床检查结果建立的初步诊断或疑似诊断，可进行治疗性诊断，即补充某一种或几种可能缺乏的营养物质，观察其对疾病的治疗作用和预防效果。治疗性诊断可作为营养代谢病的主要临床诊断手段和依据。

（4）病理学检查　多数营养代谢病没有特征性，有些营养代谢性疾病可呈现特征性的病理学改变，如硒缺乏症等有时可能有典型的病理变化，如痛风时内脏有尿酸盐结晶沉积，维生素 A 缺乏时干眼病等。

（5）实验室检查　在分析饲料的基础上，或临床上根据观察到的症状特点，可直接对病兔的血液、肝、肾等组织进行相关生化指标的分析，以反映家兔当时的营养状态。主要测定患病个体及发病兔群血液、被毛及组织器官等样品中某种（些）营养物质及相关酶、代谢产物的含量，作为早期诊断和确定诊断的依据。测定的指标有血糖、总蛋白、白蛋白、球蛋白、钙、磷、镁、钾、钠、铁、铜、硒等含量，此外还有铅、红细胞压积及一些相关的血清酶，如碱性磷酸酶等。

（6）饲料分析　对于怀疑某种或某些营养素缺乏症，在上述工作的基础上，要进行饲料分析。根据症状结合初步诊断与治疗体会，对饲料中的一些针对性营养素进行分析，如蛋白质、能量、矿物质、微量元素或维生素。特别是对于矿质元素及微量元素，不但要分析怀疑的个体，还要分析数种相关元素之间是否平衡，是否存在明显拮抗元素，如钙过量则影响锌的利用。饲料中营养成分的分析，提供各营养成分的水平及比例等方面的资料，可作为营养代谢性疾病，特别是营养缺乏病病因学诊断的直接证据。

四、营养代谢性疾病的防治要点

营养代谢性疾病的防治要点在于加强饲养管理，合理调配日粮，保证全价饲养；开展营养代谢性疾病的监测，定期对兔群进行抽样调查，了解各种营养物质代谢的变动，正确估价或预测兔的营养需要，早期发现病兔；实施综合性防治措施，如地区性矿物元素缺乏，可采用改良植被、土壤施肥、植物喷洒、饲料调换等方法，提高饲料中相关元素的含量。

五、营养代谢疾病的原因

（1）营养摄入不足　日粮不足或日粮中其他营养物质不足或缺乏。其中以蛋白质（特别是必需的氨基酸）、维生素、常量元素和微量元素的缺乏更为常见。此外，食欲降低或废绝，也可能引起营养物质的摄入不足。

（2）营养物质消化、吸收不良　胃肠道、肝脏及胰腺机能障碍，不仅可影响营养物质的消化吸收，而且能影响营养物质在动物体内的合成代谢。

（3）营养物质需要增多　在不同生理情况下，例如公兔配种期、母兔妊娠和泌乳期、幼兔生长发育期等，所必需的营养物质大量增加；在病理情况下，例如热性病、鼻疽、结核、贫血、蛔虫病以及血吸虫病等，其体内营养消耗增多。

（4）营养物质平衡失调　家兔体内营养物质间的关系是复杂的，除各营养物质的特殊作用外，还可通过转化、依赖和拮抗等作用，以维持营养的平衡。①转化，如糖能转化为脂肪及部分氨基酸，脂肪可转化为糖和部分非必需氨基酸，蛋白质能转化为糖及脂肪。②依赖，如钙、磷、镁的吸收，需要有维生素 D，脂肪是脂溶性维生素的载体，合成半胱氨酸和胱氨酸时，需要有足够量的甲基硫氨酸磷，过少则钙难以沉积。③拮抗，如钾与钠对神经-肌肉的应激性，起着对钙的拮抗作用。充足的铁和锌，可以防止铜中毒；维生素 E 的补给，可以防止铁中毒。日粮中钙过多，可引起因锌不足而造成的不全角化症。可见，某种营养物质的缺乏或过多，都能引起营养物质平衡失调。④动物机体衰退，机体年老和久病，使其器官功能衰退，从而降低对营养物质的吸收和利用能力，导致营养缺乏。

第二节　能量代谢性疾病

一、仔兔低血糖症

（1）概述　仔兔低血糖症是出生后仔兔血糖急剧下降的一种代谢

237

性疾病。临床上以虚弱，平衡失调，体温下降，肌肉不自主运动，甚至惊厥死亡为特征。最急性型病兔突然卧地，全身震颤，流涎，体温降低，磨牙，四肢呈游泳状运动，惊厥，角弓反张，有时跳起或呈犬坐姿势，体温偏低，短时间内死亡。急性型。病兔初期步态不稳，反应迟钝，食欲下降，黏膜苍白，心跳力量弱，卧地不起，四肢伸直或乱蹬，并出现惊厥，最后昏迷死亡。

(2) 误诊和误治分析　仔兔低血糖症是能量代谢性疾病，如果临床医生知识不足，思维方式局限，问诊或查体不够仔细，为貌似各部位的常见病的特点所迷惑，容易和其他传染性疾病相混淆。临床防止误诊的关键是要掌握本病的特征。本病的发生有严格的年龄因素，主要发生于出生后不久的吃奶仔兔，和传染性疾病的最主要的区别是体温降低；如果有条件，可以实验室检测血糖浓度，很容易确诊；如果没有条件，可以尝试实验性治疗，给仔兔补充葡萄糖，治疗效果马上会显现。发生误诊的原因主要是医生业务知识缺乏，对本病没有概念，而做出错误的诊断。一旦确诊本病，很少会发生误治。

二、兔生产瘫痪

(1) 概述　兔生产瘫痪是母兔分娩前后突然发生的一种严重的代谢性疾病。其特征是由于低血钙而使知觉丧失及四肢瘫痪。主要原因是由于临产前后血钙浓度的急剧下降。导致肌肉收缩力下降而瘫痪。病初食欲减少至食欲废绝。精神沉郁。表现轻度不安。有的表现神经兴奋。头部和四肢痉挛。不能保持平衡。随后后肢开始瘫痪。不能站立。测量体温明显下降。有的突然发病，精神沉郁，全身肌肉麻痹，卧地不起，四肢向两侧叉开，不能站立，反射消失或迟钝。

(2) 误诊和误治分析　本病比较容易诊断，因为其发病主要在母兔生产的前后，一旦在此期间发生瘫痪，首先要考虑这个病。但是还会有其他一些引起怀孕母兔瘫痪的疾病，如外伤和传染性疾病，比较容易区分，外伤性瘫痪，可以发现受伤部位，病兔患部会有疼痛感觉，部分可以知到受伤史；传染性疾病引起的瘫痪一般会有其他症状伴随出现，而且体温会升高。有条件的实验室可以检测血钙浓度，较易确诊，也可以尝试实验性诊断，补充钙制剂。第一，因为本病属于急性病，最好以输液的途径补充钙制剂，会立刻显效。错误的给药方法是口服钙制剂或肌内注射钙制剂，都会贻误病情，产生其他并发症。第二，在补充钙制剂时，一定不要漏到血管外面，最好使用葡萄糖酸钙，因为其刺激性小于氯化钙，一旦外漏，损伤比较小。第三，在通过输液补充钙制剂时，不要速度太快，否则会影响兔子的心脏和神经功能，发生急性死亡。

三、妊娠毒血症

（1）概述　妊娠毒血症是家兔妊娠末期营养负平衡所致的一种代谢性疾病，其临床特征是神经机能受损，共济失调，虚弱或失明。多发生于母兔产前4～5天或分娩过程中。发病原因常见于母兔肥胖，运动不足；内分泌机能失调；饲料中碳水化合物供应不足，机体脂肪代谢过多，丙酮、乙酰乙酸在体内积贮；顽固性拒食是本病的主要症状。轻者稍吃青草，不吃精料，粪球变尖变小，排尿减少。呼吸困难，呼出气带酮味（似烂苹果味）。重者厌食，精神沉郁，反应迟钝，粪干常被胶冻样黏液包裹，或排稀粪，有黏液或呈水样，墨绿色，有恶臭味。尿黄白色，浓稠如奶油样。后期衰竭而死亡。有时在临产前发生流产，运动失调，惊厥和昏迷。轻度、中度病例能够恢复。严重病例发病后迅速死亡。病理变化表现为母兔肥胖，乳腺分泌旺盛，卵巢黄体增大，肝、肾、心脏苍白，脂肪变性，脑垂体变大，肾上腺及甲状腺变小、苍白。诊断要点是孕兔肥胖，但饲料中碳水化合物供应不足，在怀孕后期沉郁，呼吸困难，呼出气有酮味，尿量减少，惊厥，昏迷，死前流产。

（2）误诊和误治分析　本病的误诊主要是医生营养代谢病知识缺乏，对本病没有概念，误诊为其他疾病。本病发生具有严格的时间性，多发生于母兔产前4～5天或分娩过程中。不难诊断。但是对于临床知识掌握不牢固或临床经验比较少的大夫，还是容易发生误诊。对于急性病例，首先要和兔生产瘫痪区别，虽然两个病发生在同一时期，但是妊娠毒血症的消化道症状更严重，如严重拒食，粪便恶臭，呼出气带酮味，运动失调等。兔生产瘫痪主要表现为神经症状，如从后肢开始瘫痪，神经反射机能减弱等。在夏季要注意和中暑相区别，中暑多发生在天气炎热的夏季，兔舍闷热、通风不良时发病。体温40～42℃，全身灼热，结膜潮红、发绀。而见不到消化道和呼吸道症状。

　　发病后口服甘油、静注葡萄糖、维生素 C 及复合维生素 B，均有一定疗效。同时加注可的松激素药，调节内分泌机能，促进代谢，可提高疗效。防治措施是在母兔妊娠期，尤其是后期，供给富含蛋白质和碳水化合物饲料。不喂变败饲料，并避免饲料突变和其他应激因素。饲料中添加葡萄糖，可以防止本病的发生。在孕兔妊娠后期，应多加注意观察，一旦发现有异常状况，应立即仔细检查，即能及早发现病兔，及时采取治疗。误治的主要原因是误诊，或是因为不能及时诊断，而延误治疗。本病治愈越早，治愈率越高，对于后期病例，治愈率不高。因此，准确快速诊断，是提高本病治愈率的关键。

第三节　维生素缺乏症

一、概述

　　维生素是家兔所必需的一类有机营养素，虽然它们不是化学性质和结构相近似的一类化合物，但将其归为一类是基于其生理机能和营养意义有类似之处。维生素的需要量很少，但其生理机能却很重要，缺乏就会导致疾病，甚至死亡。维生素的种类很多，根据其溶解性分为脂溶性维生素和水溶性维生素两大类，前者包括维生素 A、维生素 D、维生素 E、维生素 K，后者包括维生素 B_1、维生素 B_2、维生素 B_6、泛酸、生物素、胆碱、维生素 B_{12}、叶酸和维生素 C 等。维生素缺乏症是指单一维生素缺乏症和多种维生素缺乏症，多种维生素缺乏症也叫综合性维生素缺乏症。兔维生素不足或缺乏是一种渐进性过程，当饲料中长期缺乏某种维生素时，最初表现组织中维生素储备量下降，继则出现生化和生理机能异常，进而引起组织学上缺陷，最后才出现临床症状。

二、病因

　　维生素缺乏的原因有原发性和继发性两种，饲料中含量不足属于原发性的；如在早春、晚秋冬季枯草季节，缺乏青绿饲料，又不注意在饲料中补充复合维生素；饲料贮存不当，如暴晒、高温下贮存，发霉变质，都能破坏饲料中的维生素，配合饲料时不重视添加维生素添加剂都能造成维生素缺乏症。由于维生素的吸收和贮留发生障碍，体内破坏加速，以及病理或生理因素对维生素需要量增加引起的维生素缺乏，属于继发性的。如病兔患肝脏疾病或胃肠道疾病，对维生素的吸收、转化、贮存、利用发生障碍；矿物质等微量元素缺乏，影响兔体内维生素的转化和吸收。长期轻度维生素缺乏，并不一定出现临床症状，但可使兔活动能力下降，对疾病的抵抗力降低，因此，饲料中含有合理维生素量，不仅能预防维生素缺乏症的发生，而且还能不断增进健康水平。

三、临床症状

维生素缺乏症的临床表现除了具有共同的生长发育不良外，尚有各自的临床症状和病理变化。

(1) 维生素 A 缺乏症　兔维生素 A 缺乏临床表现为生长停滞，体重减轻，活动减少。患兔出现与中耳炎相似的神经症状，即头偏向一侧转圈，左右摇摆，倒地或无力回顾，缩头，角弓反张，腿麻痹及偶尔惊厥。成年兔和幼兔维生素 A 缺乏，都出现眼损害。一般在角膜中央或中央附近出现混浊、白色斑点或条纹，角膜发干变得粗糙。母兔维生素 A 缺乏，可引起卵子畸形，受精卵着床之前不分裂和变性。患隐性维生素 A 缺乏症母兔，虽能正常产仔，但是仔兔在生后几周内，出现脑水肿及其他缺乏性临床症状。在兔的尸体剖检中，维生素 A 缺乏的明显损害为眼和脑。慢性维生素 A 缺乏，由于动物机体抵抗力下降和继发感染，经常发生肺炎和肾炎。

维生素 A 缺乏症主要影响皮肤、眼睛和生殖系统。轻度缺乏时一般表现不出来，重度缺乏时经常伴随其他疾病出现，不易诊断。确诊的方法是通过实验室化验。由于维生素 A 是脂溶性维生素，补充时不可过量，以免蓄积中毒。

(2) 维生素 D 缺乏症　主要症状是骨骼软化。四肢、脊椎、胸骨等出现不同程度的弯曲和脆弱，常易骨折。骨骼常常变粗，背部弯曲，形成凸起，肋骨与肋软骨结合处及四肢骨骨骺增宽。关节疼痛，行进时姿态强拘，起立困难，特别是后肢行走时受到障碍。有异食现象，生长停滞，被毛粗乱。

维生素 D 缺乏主要影响骨骼，较易诊断。但是有时由于钙磷比例不合理或缺乏，也会表现出类似症状，仅凭外观症状不易确诊，必须通过实验室检验才可以确诊。

(3) 维生素 E 的缺乏　临床上常见的症状是强直，进行性肌无力，食欲减退，体重减轻，渐渐消瘦衰竭而亡；仔兔首先停止增重，食欲下降，进而前肢强直，头微微缩起，有时持续数小时，有的将前肢置于腹下或两后肢之间，有的喜欢侧卧，起立缓慢。病理变化表现骨骼肌、心肌等苍白，呈现透明样变性，坏死肌群有钙化倾向，所以又称本病为白肌病。严重病例尸体剖检时，可见心肌损伤，在心室壁、乳头状肌和心耳上，有界限分明的灰色病灶。上述所有病变不是维生素 E 缺乏特有变化，胆碱缺乏或钾缺乏患兔，心肌和骨骼肌也出现类似变化，诊断时应注意。

(4) 维生素 K 缺乏症　维生素 K 缺乏症表现神经过敏，食欲不振，皮肤和黏膜出血，血液色淡呈水样，凝固不良，黏膜苍白，心跳加快。如有外伤则流血不止，有时还可见到皮下、肌肉和胃肠道出血。

(5) 维生素 C 缺乏症　维生素 C 缺乏症以毛细血管渗透性增加所致的出血和骨骼变形为特征。病兔生长缓慢，黏膜和皮肤出血，齿龈红肿，常继发感染，形成溃疡，四肢疼痛，长骨骨骼后端肿胀。毛细血管脆弱，骨骼变形。

(6) 维生素 B_1 缺乏　家兔表现食欲不振，生长缓慢，表现多发神经炎，肌肉松弛，麻痹，抽搐，昏迷，渐进性水肿。母兔妊娠期发病，产仔下降，弱仔，死胎，烂胎，生后缺陷，仔兔发育迟缓，死亡率高。病理变化脑灰质软化。

(7) 维生素 B_2 缺乏症　缺乏症家兔表现食欲不振，腿足无力。生长受阻。口腔黏膜炎症不易康复，黏膜发黄、流泪和流涎，全身无力，视力减退，消瘦、厌食，频繁腹泻，贫血，痉挛和虚肥，有的出现口炎、阴道炎。繁殖能力下降。被毛粗糙，脱色，局部脱毛，乃至秃毛。

(8) 兔维生素 B_6 缺乏症　耳朵周围出现皮肤增厚和鳞片，鼻端和爪出现疮痂，眼睛发生结膜炎。患兔骚动不安，瘫痪、最后死亡。

(9) 胆碱缺乏症　以生长缓慢、贫血、肌肉损伤为主要特征的疾病。病兔食欲减退，生长发育缓慢，被毛粗糙无光泽，中度贫血，肌肉萎缩，四肢无力，可能导致衰弱死亡。剖检见脂肪肝和肝硬化，腿肌萎缩，呈灰白色。

四、诊断方法

根据临床症状、剖检特点可初步做出诊断，确诊需要实验室检验。

五、防治措施

主要是饲喂全价饲料，同时注意补给富含维生素的青绿饲料，合理搭配精料和粗料。并在饲料中注意添加复合维生素。维生素缺乏症的治疗一般采取缺乏什么补什么的原则，针对缺乏症饲喂富含相应维生素的饲料，也可在饲料中补加相应的维生素。药物治疗，大多数采取内服和注射相应的维生素制剂。

六、误诊防止

误诊的原因：一是只看到临床症状，不究其病因而认为普通病，没有仔细分析引起疾病的原因。二是对饲养管理上的问题不调查，分析病时就未加考虑。单纯普通性疾病一般是个体发生，一旦出现群发性，就应考虑饲料、饲养管理等方面的问题。由于饲料和饲养管理的品种和方式不同，也能引起某些营养代谢病。三是兽医没有进行实验室化验，许多营养代谢性疾病，从外表是看不出的，只有通过化验，才能全面了解病的特征，最后进行综合分析和确诊。四是混合感染，维生素缺乏症在轻度时，较难确诊。在后期，由于维生素缺乏会导致抵抗力下降，所以，会并发或继发各种疾病。

虽然，每种维生素缺乏都有自身的影响范围，但是，这种范围很广，没有特异性，其他疾病也会出现。有一点是共同的，因为饲料的原因引起的维生素缺乏症，会影响所有的兔群发病，所以，在发现兔群整体状态不好时，要怀疑饲料的原因，通过实验室化验进行确诊。但是，对于散养户，或仅是单个兔子，很难诊断，经常误诊，只能靠治疗性诊断。

七、误治与纠误

维生素缺乏症的误治主要是由于误诊，一旦确诊，不难治疗，补充相应的维生素即可。但是超量的维生素也具有毒性，特别是脂溶性维生素，因此，补充维生素时要渐进地进行，不能一次大量补充。

第四节　矿物质缺乏症

一、概述

在家兔体内的各种元素，除碳、氢、氧、氮和硫以有机物形式存在外，其他的各种元素，无论其存在形式如何、含量多少，统称为矿物质。其中含量占机体总质量的万分之一以上者，称为常量元素（如钙、磷、钾、钠、氯和镁等元素）。凡占体重总质量万分之一以下者，称为微量元素（如铁、铜、锰、锌、碘、硒和钴等元素）。矿物质是构成动物机体组织和维持正常生理机能所必需的，对于机体代谢起着十分重要的作用。在传统的饲养模式下，兔自由采食，生长速度比较慢。一般很少发生矿物质缺乏，但是在饲养生长快、产量高的品种时，如果饲料中不注意添加矿物质，就会引起某些矿物质的缺乏。兔体对铁、铜、锰、钴、锌、碘、硒七种元素的需要最为重要，任何一种的缺乏都会对兔的生长、发育、生殖造成不良影响。

二、病因

土壤中的微量元素缺乏，植物生长过程中不能正常吸收微量元素，饲草饲料中微量元素不足或缺乏是导致本病发生的直接原因；食物中营养物质的比例失调，干扰了微量元素的吸收和利用。饲喂配合不当的日粮和不注意补加微量元素，兔的某些消化道疾病影响对微量元素的吸收，如饲料中植酸、纤维素含量过高等可干扰锌的吸收。饲喂过多的甲状腺肿原食物，如硫氰酸盐、葡萄糖异硫氰酸盐等，可干扰碘的吸收，引起碘缺乏症。

三、临床症状

家兔微量元素缺乏症因缺乏的微量元素不同，而症状各异，分别表现如下。

（1）钙缺乏症　兔钙缺乏时，表现为进行性嗜睡、肚腹增大、食欲减少和体质虚弱。眼晶状体混浊及肋骨骨折。生长发育中青年兔钙缺乏，拔食自身被毛，血清钙含量减少，有的发生抽搐。明显的肋骨和肋软骨连接处增大和骨骺变宽等骨软症症状。

（2）钾缺乏症　兔严重钾缺乏，表现为肌肉营养不良。兔钾缺乏尸体剖检：骨骼肌营养不良和肌肉有白色条纹，心肌苍白、坏死，胃黏膜灶性出血，小肠壁变薄透明，肝脏肿大、苍白。

（3）锰缺乏症　家兔饲料中锰含量不足引起的以骨骼畸形为特征的一种营养性疾病。病兔表现为生长发育不良。典型症状为兔生长缓慢，骨骼发育异常，前肢弯曲，骨骼变脆，易发生骨折，骨质疏松，灰质含量减少。妊娠母兔分娩的胎软弱，或出现死胎。公兔精子密度下降，精子活力减退。幼兔生长受阻明显，贫血，被毛无光泽，食欲异常。

（4）镁缺乏症　家兔低血镁所致的以感觉过敏、精神兴奋、肌肉强直或痉挛为特征的一种营养代谢疾病。发病症状与兔的年龄和饲料中镁含量有关，年龄越小、镁含量越少，发病越严重。发病后表现被毛失去光泽，背部、四肢和尾巴脱毛。青年兔镁缺乏表现急躁，心动过速，生长停滞，厌食和惊厥，最后心力衰竭而死亡。母兔镁缺乏仍能配种妊娠，但胎儿不久死亡、吸收。剖检变化不一，有的肾脏上有出血斑，其他脏器基本正常。

（5）铜缺乏症　家兔体内铜含量不足所致的以贫血、脱毛、被毛褪色和骨骼异常为特征的一种慢性营养性疾病。主要症状为脱毛和被毛褪色。病初食欲不振，体况下降，衰弱，贫血，继而被毛褪色和脱毛，并伴发皮肤病变。后期长管骨经常出现弯曲，关节肿大变形，起立困难，跛行。严重的出现后躯麻痹。母兔发情异常，不孕，甚至流产。剖检时可见病兔消瘦，血凝缓慢，心肌变软、变薄、色淡；肝脏、肾脏呈土黄色，肝脏轻度肿大，边缘变钝，肾皮质和髓质界限不清，浑浊。多数病例的肝脏、肾脏有大量含铁血黄素沉着。

（6）锌缺乏症　家兔锌含量不足而引起的以体重降低、脱毛、皮炎和繁殖障碍为特征的一种营养性疾病。锌缺乏可引起多种疾病及病理学改变，主要表现为繁殖能力下降，仔兔多数难以存活，幼兔生长发育停滞。皮肤角化不全，被毛异常、脱毛，皮肤出现鳞片、擦痒，无热候等。食欲减退，生长缓慢，骨短粗，关节僵硬。幼兔成年后，繁殖能力丧失。要注意皮肤出现的鳞片样病变应与疥螨性皮肤病，烟酸缺乏、维生素 A 缺乏等引起的皮肤病区别。

(7) 碘缺乏症　碘缺乏症特征性症状为甲状腺肿大。表现为机体代谢紊乱，发育停滞，掉毛，皮肤厚。公兔性欲减退，母兔不发情，怀孕后易发生流产，出现死胎、弱胎。剖检变化主要是甲状腺增生，颈部黏液性水肿，镜检可见甲状腺组织增生，骨组织钙化作用延迟。实验室测定血清碘的浓度常作为本病诊断指标。

(8) 硒缺乏症　主要表现为被毛稀疏，食欲减退，成年兔体重下降、消瘦、幼兔生长发育迟缓、精神不振，对外界环境反应明显迟钝。重症病例，身体僵直，肌肉乏力，运动平衡失调，转圈，神经系统发生障碍，头歪向一侧，全身痉挛或昏睡。剖检时肌肉色淡，间或有灰白色条纹状病灶，肝肿大、色黄、质硬而脆，呈斑驳状。

(9) 铁缺乏症　多发于哺乳仔兔，集约化兔场比较容易发生本病，以冬春季节发病率较高。主要症状是仔兔精神呆滞，衰弱无力，被毛无光泽，贫血，可视黏膜苍白，呼吸困难或拉稀，甚至造成死亡。成兔生活力降低，生产性能减弱、迟钝、嗜睡、消化障碍。剖检病兔尸体消瘦，皮下和黏膜苍白，血色淡且不易凝固。实验室检查见血红蛋白含量降低、红细胞数减少。

四、诊断方法

根据临床症状可作出初诊，确诊需做实验室检验。若补加微量元素有疗效，再结合饲料分析可作出确诊。

五、防治措施

在兔的日粮配给中，尤其是种兔、幼兔的饲料中适当加入微量元素添加剂。一旦出现缺乏症时要加倍用量，待症状消失后再恢复到预防量。

六、误诊和误治

矿物质缺乏症包括原发性病因和继发性病因。对于原发性病因，主要见于散养户，不适用配合饲料，而在冬春季节，由于饲料单一、品种少而发生。针对这部分病例，误诊发生的比例较高。因为，轻度的缺乏，根本没有特殊的表现，即使严重缺乏，由于个体差异，品种、性别和年龄的原因，也会表现各异。但在临床上有一个共同的特征是生长不良，抵抗力低。误诊的病例多和普通病或其他慢性消耗性疾病相混淆。要准确诊断，避免误诊，必须通过实验室检验矿物质的含量。没有检验条件的，可以尝试治疗性实验，给家兔补充矿物质元素，观察效果。对于集约化饲养，或使用配合饲料的家兔，一般很少发生缺乏，即使有发生的，也是饲料配比失误或假料，只要坚持用正规饲料公司的兔料，一般都可以避免。对于原发性缺乏症，一旦确诊，就不难治疗，误治主要原因是诊断失误。在治疗时，需要注意的是，矿物质并不是越多越好，矿物质过多也会发生中毒，因此，必须注意补充的量，特别是对于一些微量元素，由于使用的量比较少，必须搅拌均匀，以免引起中毒。

对于继发性缺乏，多是由于家兔自身的疾病造成，所以这类缺乏只要在消除原发病以后，自然就可以改变。因此，治疗和诊断应该以原发病为主。如果将寄生虫病、慢性消耗性传染病（如结核病、传染性肠炎）诊断为营养缺乏性疾病，给以补充营养物质，不会取得治疗效果的，可能会见到轻度改善，但不能长久。关键还是对原发病的治疗，即治病还需治本，在消除病因的前提下治标，当然对于急性病例，必须标本兼治。如果仅仅去治疗表面症状，不能消除根本，不仅得不到好的治疗效果，还会贻误病情，增加损失。

第七章 家兔中毒性疾病的误诊、误治和纠误

第一节 概 述

一、中毒性疾病

任何一种物质，不论固体、液体还是气体，通过呼吸道、消化道或皮肤进入动物体内，与体液、细胞和组织发生物理、化学和生物的作用，干扰或破坏动物机体的生理生化机能，导致暂时或永久性的病理损伤，甚至威胁动物生命，这些物质统称为毒物。毒物被机体吸收，引起机体内复杂的生理生化反应，发生病理损伤，甚至死亡，这一过程称为中毒。家兔中毒病是家兔接触或服（吸）入某些有毒物质，从而引起身体出现一系列病理变化，危及家兔生命的一类疾病的总称，是家兔常见的一种普通病。每年都有大量家兔因采食或误食有毒物质而中毒的病例。在大规模集约化饲养的情况下，一旦发生中毒性疾病会造成严重的经济损失。家兔中毒常见的毒物主要有饲料毒物、植物毒素、霉菌毒素、细菌毒素、农药、驱虫药、环境污染毒物以及有毒气体等。特别是在当前工业废水、废料对环境污染和农药、除草剂、添加剂的大量应用，更增加了家兔中毒病发生的机会。家兔中毒性疾病通常表现为突然发病和大群发病，发生这种情况时，有的饲养或管理人员通常会认为是家兔发生了传了传染病，造成误诊和误治，引起不必要的损失，耽误了最佳抢救时机。其实中毒性疾病具有自身的特点，平时越是强健的兔子，吃得多，发病快，病情严重，死亡也越快；成群地暴发，很少有单个发病的；体温下降，一般不升高；通常有消化道症状，如呕吐、腹泻等；抗生素治疗无效。

二、中毒病的特点

中毒病的发生具有一定的地域性、季节性和明显的突发性。

（1）地域性　地壳表面元素分布不均一性造成的区域性中毒病。氟中毒就是一种典型的地方性中毒病，我国除上海市外，全国其他省、市、区均有氟中毒存在。有毒植物中毒也具有地域性，如棘豆属植物（疯草）是全国危害家畜最为严重的一类有毒植物，主要分布在北半球温带高寒、干旱、半干旱地区。

（2）季节性　植物中毒往往具有明显的季节性。如氢氰酸中毒主要发生在夏秋雨季农作物生长旺盛季节。此外，许多农药中毒亦主要集中在农事活动繁忙的春、夏、秋三季。

（3）突发性　大多数中毒病具有突发性。最典型的是农药中毒，如乐果等中毒时往往来不及救治便死亡。氢氰酸、亚硝酸盐等均是食后不久发病或立即发病。即使一些需要经过蓄积剂量才引起中毒的，临床上往往以突发形式表现出来，如慢性铜中毒等。

中毒病的临床特点为：急性中毒多出现神经症状、急性消化紊乱、呼吸困难、急性心力衰竭或休克等症候，兔群往往较密集地在短时间内死亡；慢性中毒发展缓慢，常表现为慢性消化紊乱、日渐消瘦、贫血、黄疸等症候。

三、中毒性疾病的诊断要点

在兽医临床上，由于毒物进入机体的量和速度不同，中毒的发生有急性、亚急性和慢性之分。毒物短时间内大量进入机体后，于24h内发病者，称为急性中毒。毒物长期小量地进入机体，蓄积到一定的程度以后才出现症状，有的需几周、数月甚至数年才发病者称为慢性中毒。在急性和慢性之间发生的中毒为亚急性中毒。因此，要求中毒的诊断要迅速而准确。快速、准确诊断是治疗家兔中毒病的前提，只有查明病因，才能够采取有效的治疗措施。中毒病的诊断比较复杂，特别是慢性中毒病。诊断时，必须从临床症状、剖解变化、化学检验和动物试验等方面进行综合分析。

（1）病史调查　调查中毒的有关环境条件，详细询问病兔接触毒物的可能性。饲料和饮水是否包含有毒植物、霉菌、藻类或其他毒物。发病后有何表现，有无流口水、肌肉痉挛发抖，大小便变化等。发病后有无治疗，用何种药物，效果如何？

（2）临床症状　急性中毒发生迅速，通常具有明显的临床症状。

在排除急性传染病情况下，如果家兔突然零星死亡，且发生在饲喂后不久，病群中又以采食旺盛的家兔症状明显等，一般可怀疑为中毒。除急性中毒的初期，有狂躁不安和继发感染时有体温变化之外，一般体温不高，有时甚至反而降低，这点在与许多急性传染病鉴别诊断时很有价值。多种急性中毒均有不同程度的神经症状出现，对一些中毒疾病具有重要诊断意义，例如有机磷农药中毒时的瞳孔显著缩小；消化道症状的主要表现为流涎，食欲与饮欲废绝或锐减，腹部疼痛和下痢等。大多数中毒有肺充血、水肿，呼吸困难。有的中毒病可表现出特有的示病症状，常常作为鉴别诊断时的主要指标。饲料中毒性疾病表现为青壮年、食欲旺盛的家兔发病多，症状严重、死亡多；停喂可疑饲料后，症状迅速缓解。

（3）病理变化　病理剖解在中毒的综合诊断中占有重要地位，有其独到之处，在临床上不能确诊的中毒，剖检后可以提供诊断依据。如皮肤、天然孔和可视黏膜，可能会表现出特殊的颜色变化，例如一氧化碳和氰化物中毒时，家兔黏膜呈现樱桃红色和淡粉红色。胃内容物的性质对中毒病的诊断也有重要意义，仔细检查有助于识别或查出毒物的痕迹，如在胃中发现叶片或嫩枝等，可能是有毒植物中毒的诊断依据。中毒时，脾脏通常不肿大，此点是与许多传染病的区别之处。

（4）实验室检验　很多中毒病例，根据发病经过，临床症状和病理变化，常可做出初步诊断，但确诊必须依据实验室检验，实验室检验最常用的是毒物检验和动物试验。毒物检验在诊断中毒病方面具有重要价值。采用剩余饲料、呕吐物或胃肠内容物进行毒物检验，化验出相关的毒物，是确诊中毒病的依据。动物试验在中毒病诊断中是一个很重要的手段。动物试验不仅可以缩小毒物的范围，而且具有毒理学研究的价值。

（5）治疗性诊断　家兔中毒性疾病往往发病急，发展迅速，死亡快。在临床实践中不可能允许对上述各项方法全面采用，可根据临床经验和可疑毒物的特性进行诊断性治疗，通过治疗效果进行诊断和验证诊断。如几乎所有抑菌消炎药物如抗生素、磺胺制剂与呋喃类药物在多数中毒性疾病时不显示效果，不能制止中毒发展和减轻临床症状，相反某些药物则能显示特效，如解磷定与阿托品用于有机磷中毒，美蓝和硫酸钠用于氰化物中毒等。

（6）综合分析和判断　　无论是进行流行病学调查以及对可疑饲料、植物及土壤、饮水、空气的分析测定，还是对动物临床表现、病理变化的观察，甚至做动物试验和治疗性试验等措施，其目的只是为了搜集证据、为建立诊断提供素材，临床工作者更重要的任务是将各种证据综合在一起，进行综合分析和判断，在分析判断基础上，再通过临床防治试验，在实践中对所产生的现象做出合乎逻辑的解释。为此，在分析过程中，必须注意下述一些问题。

① 在寻找"证据"时，应注意所获证据的可靠程度。在流行病学调查中，可能会出现许多错综复杂的情况，使我们的目标模糊，调查者必须抓住一些关键线索，扩大查证范围。另外，对临床检查结果也应考虑检查方法是否正确，检查部位、组织、器官是否适宜，检查者临诊经验是否丰富。有经验者一目了然的表现，而初学者不一定认识的事在临床上也是经常发生的。因此，在熟练地使用各种理学检查方法的同时，临床兽医应不断总结经验，仔细体会与体验，才能使诊断准确度提高。

② 对实验室检验和临床化验结果亦应做具体分析。化验结果的准确与否，不仅与采样品种、部位、方法是否正确，样品包装是否规范，样品保存方法、时间、保存条件等有关，而且与选用的测试方法是否恰当，所用仪器的检出限是否适宜，仪器的灵敏度、重复性及质量控制等有关；与样品前处理过程中曾否受沾污、污染或人为挥发、流失等有密切关系；与操作人员的熟练程度、所用器皿清洁度等也有关；检出结果还应与临床症状互为补充，有时检验结果可显假阳性或假阴性。只有当检验结果与临床现象吻合时，才能体现其诊断价值。因而，临床现象是依据，检验结果仅作补充证据。不可全信化验结果，也不可不信化验结果，有时还可在诊断、治疗中重新取样，重复检验，方可起到诊断作用。

③ 对因果关系的分析，临床现象是复杂的，需认真分析这些现象出现的因果关系。

④ 回顾性调查，这在慢性中毒病、微量元素缺乏症诊断中是经常用的。许多疾病可以通过回顾性调查而使真相大白或初露端倪。

⑤ 剂量与反应的关系，任何一种营养成分保持生理需要浓度时，

机体就处于平衡状态，如果这种元素在体内逐渐减少并达到一定限度时，则可出现亚临床缺乏症。反之，如果该种营养成分逐渐增加，在一定限度内，机体可以耐受，而细胞代谢、血液化学成分也许会发生一些变化，但临床上仍显健康，此称为耐受量，但当该营养物质过多，并超过一定限度后，就可出现中毒现象。如食盐的缺乏与中毒，硒的缺乏与中毒，铜缺乏与中毒都属这种现象。

总之，在前述取得各种证据时，必须遵守并按取证的各种规定和程序进行，以免产生伪证，当获得了这些真实证据后，还应根据临床现象，对所取证据做仔细分析、综合判断，提出方案并进行治疗，在治疗中不断验证自己的分析结论，以求尽快作出诊断。可见，临床表现是分析问题时的基本依托，一切结果都应和临床现象相结合、相印证，才能实现检验结果在疾病防治中的作用。

四、中毒性疾病的防治要点

1. 预防

"预防为主"是减少或消灭家兔中毒性疾病发生的基本方针。防止中毒主要是加强工作责任心，提高警惕，严防坏人破坏。饲养场的农药要健全保管和使用制度，合理使用，妥善调制，勿使饲料受到农药污染。对草场的植物及收割作饲料用的草料应经常进行调查了解，详细了解有无有毒植物生长，做到心中有数，防止兔吃到有毒的植物。不要到刚喷洒过农药不久的田野附近收割牧草与树叶。治疗药物应按规定剂量，特别对那些有效剂量与剂量范围很小的药物，注意使用量和用药方法。确切掌握中毒疾病的发生、发展动态以及规律，以便制订切实有效的防治方案，给予贯彻执行。

2. 中毒病的治疗

一旦发生中毒，特别是急性中毒，重症病兔多来不及抢救，因此要着眼于全群。在抢救重病例的同时，要特别对轻症病兔和尚未出现症状的可疑中毒兔，采取早期治疗与预防性治疗。只有这样才能争取时间，最大限度地减少损失。因此急救和治疗应该并重。中毒的治疗一般分为阻止毒物的继续吸收、应用特效解毒剂和进行对症和支持治疗三种途径。

（1）阻止毒物的继续吸收　首先除去可疑毒源，不使家兔继续接触或食入毒物，如果毒物的性质未定，应考虑更换场所、饮水、饲料和用具，直到确诊为止；其次，采取有效措施排除已摄入的毒物。主要有以下几种方法。

① 轻泻法　如有机汞、有机砷、有机磷等农药中毒时用盐类泻剂。有明显的出血性胃肠炎的病例，应用油类泻剂。

② 吸附法　把毒物分子自然地结合到一种不能被动物吸收的载体上，通过消化道向外排除。常用的有万能解毒药（活性炭 10g、轻质氧化镁 5g、高岭土 5g、鞣酸 5g），木炭，鞣酸和活性炭等。当发现疑似中毒病例而尚不知毒物性质时，可首先选用吸附法。

③ 其他疗法　如灌肠法，放血疗法，利尿，发汗等。

（2）特效解毒疗法　迅速准确地应用解毒剂是治疗毒物中毒的理想方法。针对具体病例，应根据毒物的结构、理化性质、中毒机制和病理变化，尽早施用特效解毒剂，从根本上解除毒物的毒性作用。特效解毒剂可以同毒物反应使之变为低毒或无毒，或拮抗毒物的作用途径。例如，亚硝酸盐的氧化作用所生成的高铁血红蛋白，可以用亚甲蓝还原为正常血红蛋白，使动物恢复健康。汞中毒时，肌内注射双硫代甘油解毒有良好的效果。砷中毒时肌内注射双硫代甘油也有特效。氢氰酸中毒，静脉注射亚硝酸钠或美蓝液，同时静脉注射 10%～20%的硫代硫酸钠。

（3）支持和对症疗法　目的在于维持机体生命活动和组织器官的机能，直到使用适当的解毒剂或机体发挥本身的解毒机能，同时针对治疗过程中出现的危症采取紧急措施。包括应用安定，氯丙嗪预防惊厥；应用尼可刹米、回苏灵、山梗菜碱维持呼吸机能；应用肾上腺素，地塞米松和维生素 C 抗休克；应用西地兰、樟脑磺酸钠和安钠咖增强心脏机能；应用葡萄糖、氯化钠、氯化钾输液等维持体温，调整电解质和体液。大量的补液对缓和症状，恢复健康，具有良好的效果。可以使毒物浓度降低，加速排出并调节机体生理解毒功能。

第二节　有机磷农药中毒

有机磷农药中毒是家兔接触、吸入或采食某种含有机磷制剂的物质时所引致的病理过程，以体内的胆碱酯酶活性受到抑制，从而导致神经机能紊乱为特征的中毒性疾病。特点是流涎，肌肉震颤和瞳孔缩小。

一、病因

有机磷农药是磷和有机化合物合成的一类杀虫药，是应用很广泛的一类杀虫剂，如敌百虫、乐果、甲基内吸磷、杀螟松和马拉硫磷等。家兔误食喷洒有机磷农药尚未超过危险期的田间牧草、农作物以及蔬菜等而发生中毒；或误用拌过有机磷农药的谷物种子造成中毒；或不按规定使用农药做驱除内外寄生虫等医用目的而发生中毒，如敌百虫外用治病时，如药液浓度过高，也会引起体表吸收中毒；人为的投毒活动。

二、发病机理

有机磷农药进入家兔体内后，主要是抑制胆碱酯酶的活性。正常情况下，胆碱能神经末梢所释放的乙酰胆碱，在胆碱酯酶的作用下被分解。有机磷化合物与胆碱酯酶结合，产生对位硝基酚和磷酰化胆碱酯酶。前者为除草剂，对机体具有毒性，但可转化成对氨基酚，并与葡萄糖醛酸相结合而经由泌尿道排除；而磷酰化胆碱酯酶则为较稳定的化合物，使胆碱酯酶失去分解乙酰胆碱的能力，导致体内大量乙酰胆碱积聚，引起神经传导功能紊乱，出现胆碱能神经的过度兴奋现象。

三、临床症状

家兔常在采食含有机磷农药的物质后不久出现症状，主要表现为各种腺体分泌增加，兴奋不安，瞳孔缩小和胃肠道症状，轻度中毒时，病兔不安，浑身无力，少动，食欲减退，流涎及流眼泪，呼吸加快，肠蠕动加快，排出稀粪。中等中毒时，上述症状加重，病兔食欲废绝，流涎，腹痛、腹泻，瞳孔缩小，肌肉跳动，呼吸加快，体温升高。严重中毒时，病兔全身肌肉痉挛，大小便失禁，瞳孔极度缩小，心跳急速，呼吸极度困难，眼结膜因缺氧而发绀，如果不及时抢救，则因呼吸中枢麻痹造成窒息死亡。

四、病理变化

最急性型一般无明显病变。病程稍长的则胃肠黏膜肿胀，易脱落，间或有出血斑块。急性中毒病例，剖开胃肠可闻到胃肠内容物有有机磷农药的特殊气味（大蒜味）；肝和脾轻度肿胀，胆汁滞留，肠系膜淋巴结出血。肺充血、水肿，气管及支气管内有大量泡沫样液体。肾肿大，质脆，呈土黄色。

五、诊断方法

根据发病情况和主要的临床症状，如中毒兔有与有机磷农药接触史，表现流涎、瞳孔缩小、肌肉震颤、呼吸困难及腹痛、腹泻等进行综合诊断。要确诊可进行胃内容物的化验检查。

六、误诊原因

目前有机磷农药种类繁多，使用比较广泛，引起家兔中毒的病例很多。有机磷农药中毒一般起病急剧，多汗、瞳孔缩小、肌肉震颤等具有一定特征性临床症状和体征，可作为诊断的依据，通常不难诊断。但对于非典型或慢性中毒极易误诊，救治失误造成严重后果者也较多见。常见的误诊原因如下。

① 因受接触有机磷农药的种类、剂型、剂量、方式和进入途径等因素的影响，中毒临床表现常不典型或出现非特异性症状是导致误诊的常见原因。尤其是经皮肤吸收中毒者，潜伏期较长，有长达10天之久才出现典型症状；混配农药中毒；慢性有机磷农药中毒；早期或轻症有机磷农药中毒病兔常出现非特异症状；无明确的接触史者常易引起误诊。

② 有机磷农药可造成多脏器损害，引起多种并发症，其临床表现复杂多样，而且不具特异性，类似多种疾病的表现，如医生询问病史不清，忽视了全面体查，只注意某些突出症状而忽视了其他表现，未获得可靠的接触史和胆碱酯酶活性检测结果等极易造成误诊。

③ 大夫对用有机磷农药喷洒消毒而致呼吸道吸收中毒病史了解不多，易导致误诊。查体中没有查瞳孔缩小；医务人员经验不足，对有机磷农药的毒作用表现认识不足；治疗上的判断错误，如将药物的

255

不良反应误认为有机磷农药中毒症状等。

④ 氨基甲酸酯类农药（呋喃丹、西维因等）中毒，其中毒机制和临床表现类似有机磷农药中毒，阿托品是救治氨基甲酸酯类农药中毒的首选药物，但因氨基甲酸酯与乙酰胆碱酯酶的结合是可逆的、疏松的，复合物可自行解离，释放出游离的有活性的乙酰胆碱酯酶，故轻度中毒者不必阿托品化；重度中毒者应尽快阿托品化，但总剂量远比有机磷中毒时为小。肟类复能剂因可增加氨基甲酸酯的毒性，并降低阿托品疗效，故单纯氨基甲酸酯杀虫剂中毒不宜用肟类复能剂；但氨基甲酸酯和有机磷混配农药中毒时，适量使用是有效的。因上述原因，在临床上氨基甲酸酯类农药中毒误诊误治现象时有发生。

七、误诊疾病

询问病史及体格检查不够全面细致，忽视询问发病前有无有机磷接触史，仅以临床症状作为依据，将有机磷农药中毒误诊为一般常见疾病，其中误诊为消化系统和呼吸系统疾病者居多，特别是通过皮肤、呼吸道吸收中毒，其毒物吸收相对缓慢，发病缓慢，且临床表现不典型，症状多样化的病兔。还可以误诊为神经系统疾患、心血管系统疾病、低血糖等疾病。

误诊为消化道疾病，是因为有机磷中毒时毒蕈碱样症状出现最早，因乙酰胆碱对节后胆碱能神经的作用，使平滑肌和腺体活动增加，出现恶心、呕吐、腹痛、腹泻等消化道症状。若畜主未意识到家兔中毒，不能主动提供接触农药史，而接诊医师缺乏警惕，片面考虑消化道疾患，满足已有诊断，不仔细问诊和查体，导致诊断错误。

误诊为呼吸系统疾病肺炎是由于急性中毒早期细支气管痉挛，分泌物增多，患兔可表现为咳嗽、气促、呼吸困难、双肺啰音。以此为就诊原因，由于接诊医师缺乏经验，把相应的出汗、流涎症状误认为呼吸困难所致，加上检查患兔瞳孔时不合格，导致误诊为呼吸道疾病。

在急性有机磷重度中毒，患兔可出现昏迷、抽搐，类似脑病症状，误诊为脑炎。但仔细检查，便可发现不同脑炎的体征，如中毒患兔多无发热，在昏迷早期即出现肺部啰音，双瞳缩小，四肢有肌颤，无病理反射，进一步查脑脊液和胆碱酯酶活性，可鉴别。误诊为低钙惊厥完全是因为接诊医师查体不仔细，把家兔四肢肌肉震颤误为低钙惊厥。

八、误诊防止

临床上遇有原因不明的突然不吃草，腹痛，腹泻，呼吸道分泌物增多，抽搐昏迷，同时伴有瞳孔缩小、多汗、黏膜苍白、肌颤、流涎等表现时，首先要作为有机磷农药中毒考虑。临床上强调观察瞳孔的大小，瞳孔缩小是有机磷中毒诊断和鉴别诊断的一项重要体征依据，在中毒早期，瞳孔缩小不一定出现，据文献报道，有机磷中毒患兔瞳孔缩小占87%，观察有机磷中毒的瞳孔必须综合分析。在临床工作中应仔细观察病情变化，详细询问病史，有针对性地追查直接及间接接触有机磷农药史，结合实验室及生化检查血清胆碱酯酶活力测定结果，综合分析，对诊断可疑者，在严密观察下采用诊断性阿托品试验治疗。

诊断中要注意以下问题。①对有机磷中毒应有足够警惕，尤其在农村喷洒农药打虫季节。②了解中毒途径，应知道有机磷农药可经胃肠道、呼吸道、皮肤和黏膜吸收，尤其对皮肤无刺激性，局部吸收不易察觉，且潜伏期较长，多在2～6h后才出现症状。③注意询问农药接触史。毒物接触史对诊断中毒是非常重要的。而目前农村有些人对农药中毒尚不了解。④仔细问诊。在有机磷中毒时，出汗、流涎等症状易被忽视，而此可成追查中毒的线索。⑤在接触史、症状不明显的情况下，全面系统检查也是减少误诊的重要措施。若有瞳孔缩小、流涎、肌颤、昏迷、肺部啰音等体征，均应注意与有机磷中毒鉴别。⑥配合必要的辅助检查，如测胆碱酯酶活性，可助明确诊断。⑦若遇不能测定胆碱酯酶，但症状和体征典型者，可插胃管抽胃液检查，及早用阿托品诊断性用药，以免延误抢救。⑧应提高对本症的警惕，医务人员要充分认识有机磷中毒的临床表现，了解有机磷中毒可引起全身多系统的病理改变，出现多系统症状的特点。

根据有机磷中毒症状出现的频率和诊断价值，如出现以下表现之一，又不能用其他疾病解释者，应高度怀疑本症：瞳孔明显缩小；呼气中有蒜臭味或芳香味；分泌物增多，如多汗、流涎，特别是口鼻涌出大量白沫；肌纤维颤动；总之，只要提高对有机磷中毒的警惕，全面学习中毒方面的知识，必能进一步减少误诊。

鉴别诊断：有机磷中毒需与急性胃肠炎、其他毒（药）物中毒等进行鉴别。其鉴别要点：①接触史；②多汗、瞳孔缩小、肌肉震颤等特征性临床症状和体征；③胆碱酯酶活性降低。

（1）氟乙酰胺中毒　氟乙酰胺进机体内后，经脱氨形成的氟乙酸可干扰三羧酸循环，引起代谢障碍。氟乙酰胺中毒的突出特点是经一定潜伏期，依吸收途径而定，一般为 $10\sim15h$，经口中毒兔多数为数十分钟至 12h 不等，后出现反复抽搐，阵发性强直性痉挛。氟乙酰胺中毒者除血氟、尿氟含量增高外，尚无特异性实验室诊断指标，接触史不明确时，易与有机磷农药中毒、食物中毒等相混淆而误诊。

（2）杀虫脒中毒　杀虫脒属甲脒类农药，是一种高效广谱有机氮杀虫剂。能有效杀灭对有机磷、有机氯和氨基甲酸类农药有抗药性的害虫，因对人有致癌作用，国内外早在 20 世纪已停止生产杀虫脒，但至今仍有因非法生产和使用杀虫脒而中毒者。杀虫脒（氯苯脒、杀螨脒）的主要代谢产物氯邻甲苯胺可引起高铁血红蛋白血症而出现发绀；或引起化学性膀胱炎而出现血尿等。因缺乏对杀虫脒的这些毒作用特点的认识或防治经验的积累，常将杀虫脒中毒误诊为有机磷农药中毒或其他疾病。

九、误治与纠误

有机磷中毒应视患兔不同情况采取综合性抢救措施，分别予以洗胃、导泻、利尿、促使已吸收毒物的排出，应用 20％甘露醇防治脑水肿，应用阿托品、解磷定、糖皮质激素、强心剂、抗生素防治感染、重视对症支持疗法、结合整体护理治疗效果良好。临床主要注意以下问题。

首先，临床上的误治主要和阿托品用量不足有关。

迅速注射足量阿托品，常用 $3\sim5mg$ 阿托品静脉推注，然后视病情间隔 $15\sim30min$ 静注 $1\sim3mg$，力求迅速达到阿托品化，逐渐减量并延长给药时间。在使用胆碱酯酶复能剂——解磷定时，缓慢静注 15mg/kg 体重，每日 $2\sim3$ 次，连用 $2\sim3$ 天。

应用阿托品的几个关键问题如下。

① 阿托品的应用原则早期、足量、静脉、间隔给药。以尽快达到阿托品化。

② 阿托品的用量取决于病情危重程度及个体差异，用量不一，以阿托品化为标准。首次可用 $5 \sim 10mg$ 静注，$10 \sim 15min$ 一次，反复应用，做到应用中观察，观察中应用，尽可能在入院后 1h 内达到阿托品化。对已出现并发症、脑水肿、肺水肿、呼吸衰竭、休克等病情十分危急的患兔，阿托品用量应特大，不要怕阿托品过量中毒，宁可过大，不可不足，才有抢救成功的可能，因阿托品的安全范围比较大，一般致死量比治疗量大得多，且重度有机磷中毒的患兔对阿托品的耐受性又特别大。

③ 阿托品化越早预后越好，一般中毒后 $4 \sim 6h$ 内达到阿托品化最为理想，超过 12h 预后较差，最长不超过 24h，超过 24h 仍不能达到阿托品化，说明中毒晚期并发症多，影响了阿托品的药物生物利用度和受体的反应性，而使病死率增高。

④ 阿托品化的标准是瞳孔散大不再回缩，肺部湿啰音消失或减少，意识障碍减轻，轻度躁动不安，心率加快。但不能强调所有指征，要综合分析，注意各种原因对阿托品化的影响，因重度中毒并发症的存在，往往掩盖了阿托品的临床效应，如脑水肿可使瞳孔忽大忽小，亦可反射性使心率减慢，因此较大剂量阿托品也难使瞳孔散大不回缩，心率加快。

⑤ 反跳现象："反跳"的原因有多方面，如洗胃不彻底，残留毒物继续吸收，复能剂停用过早及有机磷对心脏的毒性作用而致严重心律失常等。但最主要的原因是阿托品使用不当，如减量过早、间隔时间太长、同时减量和延长给药时间、保持阿托品化时间短、维持用药时间不足或过早停用。出现"反跳"应立即加大阿托品用量，重新阿托品化后，继续给予维持量 $3 \sim 5$ 天或更长时间。

另外，临床上的误治还和特效解毒剂使用不及时有关。在确定为有机磷中毒后，应该及时使用特效解毒剂解磷定等。使用越早，效果越明显。因为解磷定和有机磷是竞争性抑制关系，后期有机磷已经和受体结合了，而且是不可逆结合，治疗效果会明显降低。

第三节　氰化物中毒

氢氰酸中毒是家兔采食氰化物或富含氰苷的青饲料，经胃内酶和胃酸的作用下水解，释放出游离的氢氰酸，导致家兔发生以呼吸困难、震颤、惊厥等以组织性缺氧为特征的中毒病。

一、病因

氰化物中的氰化钠、氰化钾、氰化钙等属于剧毒。氢氰酸是一种熏蒸杀虫剂。氢氰酸的有机衍生物也有毒，以氰苷的形式存在于许多植物中，家兔采食或误食富含氰苷或可产生氰苷的草料也会中毒。富含氰苷的饲料主要包括木薯、高粱及玉米的新鲜幼苗、亚麻籽、亚麻籽饼、豆类（海南刀豆、狗爪豆等）和蔷薇科植物（桃、李、梅、杏、枇杷、樱桃）的叶和种子等。

二、发病机理

氰苷本身是无毒的。当含有氰苷的植物在家兔采食咀嚼时，在有水分和适宜温度的条件下，经植物的脂解酶作用，产生氢氰酸。进入机体的氰离子能抑制细胞内许多酶的活性，如细胞色素氧化酶、过氧化物酶、接触酶和乳酸脱氢酶等，其中最显著的是细胞色素氧化酶。氰离子能迅速与氧化型细胞色素氧化酶的三价铁结合，阻止组织对氧的吸收作用，导致机体缺氧症。由于组织细胞不能从血液中摄取氧，致使家兔静脉血液的颜色亦是鲜红色。

三、临床症状

家兔氢氰酸中毒后发病快，病程短，病兔初期兴奋不安，口腔流出白色或浅红色泡沫状唾液，呼出有苦杏仁味的气体，可视黏膜呈鲜红色，体温下降。心跳、呼吸加快，肌肉发抖、腹痛、下痢。后期全身衰弱、呼吸困难、走路不稳、体温下降、牙关紧闭、眼球震颤、瞳孔放大、强直痉挛、尿失禁，最后因全身极度衰弱无力，昏迷死亡。

四、病理变化

体腔有浆液性渗出液。胃肠道黏膜和浆膜有出血；实质器官变性。肺水肿，气管和支气管内有大量泡沫状、不易凝固的红色液体。胃内容物有苦杏仁味。血液凝固不良，急性中毒病例立即剖检可见静脉血呈鲜红色。

五、诊断方法

根据病史及发病原因，结合症状和剖检变化，可作初步诊断。如有采食含氰苷植物的病史；饲料中毒时，家兔吃得多者死亡也快；血液呈鲜红色，胃肠内容物有苦杏仁味。确诊需检查胃内容物，用苦味酸试纸法检验，试纸由黄色变成红色；用普鲁士蓝法检验，则试液变成蓝色。

六、误诊分析

氰化物中毒主要是家兔误食含氢氰酸的饲料或氰化物污染的饲料而中毒，对于急性病例通常来不及治疗就死亡了。典型病例根据呼吸困难，黏膜发红，呼出气体有苦杏仁味等也较容易诊断。但是对于慢性中毒病例，常容易和消化道疾病、呼吸道疾病等混淆，确诊需要通过实验室检验。

误诊病例主要是慢性中毒、轻度中毒时，家兔不具有典型的中毒症状，而容易被误诊为普通病。另外，医生对于中毒性疾病了解不详细，中毒知识掌握不牢固，将一种中毒病误认为另外一种中毒病。

七、误诊防止

为了防止误诊的发生，临床诊断中要注意以下问题：①有明确的氰化物接触史，特别是短时间内吸入较大量氰化氢气体或大面积皮肤沾染氰化物液体，误服含氰物质的病史。②氰化物中毒的临床表现，如呼出气带苦杏仁味，呼吸困难而黏膜发红、静脉血亦呈鲜红色，起病急骤且易出现强直性痉挛等。③及时采集血液标本可见血浆氰含量明显增高。④急性氰化物中毒须注意与其他急性窒息性气体中毒（硫化氢、一氧化碳等）、苯的硝基或氨基化合物急性中毒、急性有机溶剂中毒、急性有机磷中毒、癫痫、脑出血、有机氟中毒等鉴别。

鉴别诊断：氰化物中毒时皮肤、黏膜呈樱桃色是鉴别诊断的主要症状。但临床轻度中毒还见沉郁、下痢、腹痛、呕吐、呼吸脉搏增快等，需要与其他疾病进行鉴别诊断。

（1）CO中毒　一氧化碳中毒也可以表现出心悸、恶心、呕吐、四肢无力或短暂昏厥或虚脱，皮肤黏膜呈樱桃红色。严重时表现惊厥，并发脑水肿、肺水肿、心肌损害、心律失常等症状。临床诊断时，一氧化碳接触史是确诊的关键，通常多见于冬季取暖排气不良或煤气管道漏气。对于轻度中毒，呼入新鲜空气后症状迅速消失。

（2）有机磷中毒　有机磷中毒是因为吃了有机磷农药污染的饲草而发病。瞳孔缩小、眼球斜视、流泪、腹痛、腹泻、尿失禁、牙关紧闭、角弓反张、肌肉震颤、口吐白沫、呼出有大蒜味的气体、黏膜苍白或发绀（不呈鲜红色）是其特征症状。剖检：胃肠有浓烈大蒜味。

（3）其他饲料中毒　霉菌毒素中毒也表现为消化道和呼吸道症状，先便秘后腹泻，粪含黏液或血液，皮肤发紫，黄染，呼吸困难。剖检可见肺脏充血、水肿，表面有霉菌结节。菜籽饼中毒可视黏膜发绀，耳尖、四肢下端发凉，腹胀、腹痛、腹泻，粪中带血。硝酸盐和亚硝酸盐中毒见腹痛，磨牙，血液暗红。它们均没有黏膜发红的症状。

八、误治与纠误

误治主要是由于误诊，经典而有效的急救方法是"亚硝酸钠-硫代硫酸钠"法。其原理如下：亚硝酸钠为"高铁血红蛋白形成剂"，可使体内产生一定量的高铁血红蛋白（短期内达 10%～20%），其中 Fe^{3+} 和 CN^- 络合形成氰化高铁血红蛋白，夺取已与细胞色素氧化酶相结合的 CN^-，使失去活性的细胞呼吸酶恢复活性；而后投予供硫剂，使 CN^- 转变为硫氰酸盐，随尿排出。使用方法如下：缓慢静脉注射亚硝酸钠，每次每千克体重 3～5mL，10～15min 后再静脉注射硫代硫酸钠溶液，每千克体重 3～5mL。必要时，可在 1h 后，重复注射半量。轻症病例单用此药即可。

以往文献介绍用亚甲蓝治疗氰化物中毒，由于其作用微弱，而且在急救时又不易掌握其有效浓度，目前已很少应用。

经口摄入者，除采用上述措施外，首先应及早用硫代硫酸钠或0.02%～0.05%高锰酸钾溶液洗胃，以后每15min服1汤匙硫酸亚铁或氧化镁溶液，使之成为亚铁氰化物而解毒。

根据病情可进行对症疗法：10%安钠咖，0.5～1mL，肌内或静脉注射；回苏灵，1～2mg，配入适量的糖盐水中，静脉注射。

预防：不要到含有氰苷植物的地区采集牧草；用含有氰苷的饲料饲喂动物时，最好放于流水中浸渍24h或漂洗后加工利用。禁止饲喂幼嫩的高粱苗和玉米苗。以木薯作饲料时不能生喂，应先水浸4～6天，每天换水1次，然后不盖锅煮沸。亚麻籽饼也要经浸泡再煮沸10min才能饲喂。

第四节　亚硝酸盐中毒

亚硝酸盐中毒是家兔摄入过量含有亚硝酸盐的食物或水，引起高铁血红蛋白血症；临床上表现为皮肤、黏膜发绀及其他缺氧症状。

一、病因

家兔采食富含硝酸盐的饲料，如白菜、甜菜叶、玉米苗、牛皮菜、萝卜叶、灰菜等，可引起中毒。对家兔来说，硝酸盐是无毒或低毒的，而亚硝酸盐是高毒的。在自然条件下，亚硝酸盐是硝酸盐在硝化细菌的作用下还原为氨过程的中间产物。青菜、白菜、菠菜、萝卜、冬瓜及某些野草、野菜等含有硝酸盐，在一定条件下，如堆放时间过长，特别是经过雨淋或烈日暴晒者，不通风摊晾，或煮后缓慢冷却等，都可使饲料中的硝酸盐转化为大量亚硝酸盐。当兔子吃了这些含有亚硝酸盐的青饲料后就会引起中毒。另外，误饮施过化肥的水或浸泡过大量植物的池塘水，以及工业污染所致的含有硝酸盐或亚硝酸盐的水，都能致家兔中毒。

二、发病机理

亚硝酸盐毒性很大，主要是血液毒。当亚硝酸盐经过胃肠黏膜吸收进入血液后，使血中正常的氧合血红蛋白（二价铁血红蛋白）迅速地被氧化成高铁血红蛋白（变性血红蛋白），从而丧失了血红蛋白的正常携氧功能，造成家兔体内缺氧，导致呼吸中枢麻痹。亚硝酸盐也是血管舒张剂，可引起外周循环衰竭，由于严重缺氧而迅速死亡。

三、临床症状

亚硝酸盐中毒病兔大多数呈急性经过，一般表现为吐白沫，呼吸困难，鼻端、耳尖及可视黏膜呈紫蓝色。病兔快的在饱食后 30min 内死亡。病兔开始时发抖、痉挛、流涎和流白沫，走路摇摆不稳，可视黏膜蓝紫色，皮肤、嘴巴青紫色。肌肉震颤，口、鼻流出淡红色泡沫状液体。病兔体温低下，四肢痉挛或全身抽搐，最后昏迷窒息死亡。穿刺耳静脉或剪断尾尖流出酱油状血液，凝固不良。

四、病理变化

病死兔尸僵不全，尸体腹部膨满，口鼻呈乌紫色，流出淡红色泡沫状液体，血液暗褐如酱油状，凝固不良，暴露在空气中经久仍不变红；各脏器的血管淤血。胃底、幽门部和十二指肠黏膜充血、出血。病程稍长者，胃黏膜脱落或溃疡。气管及支气管有血样泡沫。肺有出血或气肿。心外膜常有点状出血。肝、肾呈蓝紫色。淋巴结轻度充血。

五、诊断方法

根据病史，结合饲料状况（青饲料的存放及加工调制方法）和血液缺氧为特征的临床症状，可作为诊断的重要依据。亦可在现场作变性血红蛋白检查和亚硝酸盐简易检验（取胃肠内容物或残余饲料的液汁 1 滴，滴在滤纸上，加 10％联苯胺液 1～2 滴，再加 10％冰醋酸液 1～2 滴，如有亚硝酸盐存在，滤纸即变为红棕色，否则颜色不变），以确定诊断。

六、误诊分析

有中毒史（即毒物采集史），且中毒程度深的病例，结合黏膜发绀缺氧的体征较易诊断，轻度亚硝酸盐中毒只有化验检测才能得知，患兔往往仅表现呕吐，腹泻和呼吸困难等普通症状，较易和消化道病混淆，特别是中毒史不清楚的病例。

亚硝酸盐中毒后表现为高铁血红蛋白症，如血中高铁血红蛋白含量增至 20%～50%，患兔表现无力、呼吸困难、心动过速、昏迷以及皮肤黏膜呈青紫色。可能和呼吸系统疾病或其他缺氧性疾病相混淆。如患兔最近有肺炎症状，会掩盖轻度亚硝酸盐中毒的判断。

发病初期中毒病史不清楚，医生问诊不够全面，缺乏综合分析，容易误诊。临床表现不典型，部分患兔合并其他慢性疾病导致误诊。临床医生对本病认识不足易误诊。

七、误诊防止

对临床出现流涎、呕吐、腹泻，呼吸促迫，可视黏膜、四肢、耳朵发紫，全身肌肉震颤的病兔要怀疑亚硝酸盐中毒。剖检发现病死兔血液呈酱油色，不凝固，胃肠黏膜充血、出血；肺充血性水肿，结合临床症状也应怀疑亚硝酸盐中毒。

亚硝酸盐中毒临床上以紫绀为主要体征，缺氧症状与呼吸困难不成正比的患兔，医生对病史的询问要全面，以免延误病情。

诊断时要注意以下情况：有误服或进食腐败变质的蔬菜、饮用苦井水史；临床上出现不能用心、肺疾病解释的皮肤、黏膜发绀；静脉血呈紫黑色，经定性分析，证实血中有高铁血红蛋白存在，定量测定高铁血红蛋白含量显著高于正常。要怀疑亚硝酸盐中毒。

鉴别诊断：主要和以下症状相似的疾病进行鉴别诊断。

(1) 氢氰酸中毒 可视黏膜发红而不是发绀，呼出的气体中有苦杏仁味，剖检可见血液鲜红，凝固不良，胃内有杏仁味。而亚硝酸盐的血液呈酱油色，没有苦杏仁味。

(2) 有机磷中毒 有机磷中毒表现为瞳孔缩小，肌肉震颤，口吐白沫、流涎，腹痛，呼吸困难和惊厥等症状。呼出的气体有大蒜味。在中毒的早期有机磷的呼吸困难没有亚硝酸盐严重，如黏膜发绀等症状不明显。

(3) 有机氟化物中毒 神经症状明显，如惊恐尖叫，不避障碍等。但没有缺氧症状。

(4) 硫化氢中毒 硫化血红蛋白血症的血液呈蓝褐色。在空气中振荡后颜色不变，硫化血红蛋白血症用美蓝治疗无效。接触毒物史是鉴别诊断的关键，病兔有接触硫化氢的病史。

（5）其他　当摄入史不明确时，需排除心、肺疾病所致发绀。此外，尚需注意排除某些药物引起的发绀。能引起高铁血红蛋白血症的药物有非那西汀，亚硝酸盐类、磺胺噻唑等。

八、误治与纠误

及早使用特异性解毒剂，纠正缺氧症状，是治疗疾病的关键。亚硝酸盐中毒时，因高铁血红蛋白大都能在 24~48h 内完全转变为血红蛋白之故，轻症患兔能自行恢复。呼吸肌麻痹是亚硝酸盐中毒死亡的主要原因，纠正缺氧是抢救成功的关键。

家兔发病后应立即停喂原饲料，并给病兔饮用 0.1% 高锰酸钾水溶液。用 1% 美蓝注射液按每千克体重 2mL，加适量 20% 葡萄糖 1 次静脉注射，或分点肌内注射。亚甲蓝进入机体后即被组织内的还原型辅酶Ⅰ脱氢酶还原为还原型亚甲蓝，起到还原剂的作用，使高铁血红蛋白还原为血红蛋白，从而改善缺氧状态。亚甲蓝注射时，不能速度太快，否则会出现恶心，呕吐和腹痛等副反应。应用时注意不要过量，随时检查结膜的颜色。

应用大剂量维生素 C 可使高铁血红蛋白还原为血红蛋白，而脱氢的维生素 C 又被谷胱甘肽还原，以后又作用于高铁血红蛋白，如此反复不已，使血液中高铁血红蛋白浓度降低；注射葡萄糖可利用其氧化作用。

美蓝在高浓度大剂量时，可使氧合血红蛋白变为变性血红蛋白，可使病情恶化，因此，要严格按量使用。甲苯胺蓝治疗高铁血红蛋白症较美蓝更好，还原变性血红蛋白的速度比美蓝快 37%。按 5mg/kg 制成 5% 的溶液，静脉注射，也可作肌内或腹腔注射。大剂量维生素 C 静脉注射，疗效确实，但奏效速度不及美蓝。

根据具体病情可选用葡萄糖注射液、强心剂等药进行对症治疗。

预防：改善青绿饲料的堆放和蒸煮过程。对可疑饲料，饮水，实行临用前的简易化验。已腐败、变质的饲料不能喂动物；饲喂青绿饲料时，要添加适量碳水化合物；用白菜叶等青饲料喂兔，一定要新鲜，不能放置过久；饲料需要煮熟时，一定要快速煮熟，不能焖得时间过长；凉后要当天饲喂、不能隔夜。

第五节　有机氯农药中毒

家兔有机氯农药中毒是由于家兔采食或误食了含有有机氯农药污染的饲草而引起的一种中毒性疾病，主要表现为胃肠道和中枢神经系统症状。

一、病因

有机氯农药是人工合成的杀虫剂，主要有滴滴涕、六六六、氯丹等。此类农药化学性质稳定，在环境中分解破坏缓慢，因此在自然界中广泛残留。国家对上述药品已限制使用或禁止使用，但国内各地因使用上述药品造成的家兔中毒事件仍时有发生。家兔误食有机氯农药（六六六或滴滴涕）污染的青草、蔬菜和谷物，由消化道吸收中毒；或由于驱除外寄生虫、兔舍灭蚊等从皮肤和呼吸道吸收而引起中毒。

二、临床症状和病变

有机氯农药进入兔体后，先直接刺激胃肠，侵害肝脏，然后毒害中枢神经系统，因而兔中毒后表现为多种形式的兴奋症状。急性病例：多于接触毒物后 24h 左右突然发病。表现为极度兴奋，惊恐不安，肌肉震颤或呈强直性收缩，四肢强拘，步态不稳，卧地不起，最后昏迷死亡。慢性病例：一般在毒物侵入机体内并贮存数周或更长时间后，缓慢发病。主要表现是食欲减少，口腔黏膜出现糜烂、溃疡。神经症状不明显。病兔逐渐消瘦，时发呕吐、腹泻、周期性肌肉痉挛。剖检见胃肠道黏膜充血、出血、黏膜易剥脱。肝、脾显著肿大，肾肿大，肾小管脂肪变性、出血、质脆。胆囊膨大，充满，胆汁浓稠。肺明显气肿。

三、诊断方法

根据病兔有与有机氯农药接触史、临床症状和病理变化可做出诊断。

四、误诊分析

有机氯中毒临床表现复杂多样，毒物摄入数量、毒物毒力及个体的反应不同，病变的程度不同，可出现复杂多样的临床表现，尤其是早期，疾病的特点处没有完全显现出来，很多表现都不是某个病例所唯一的。结我们诊断带来困难，容易发生误诊。有机氯化合物对脂肪及类脂质具有特殊亲和力，在体内的分布与蓄积取决于各器官组织中脂肪及类脂含量，故主要损害中枢神经系统、肝、肾等。各种有机氯杀虫剂毒作用和中毒表现基本相似。急性中毒主要累及神经系统，表现恶心、呕吐、共济失调、肌肉抽动及多汗等。严重者可出现昏迷及呼吸衰退。慢性中毒导致神经衰弱及肝、肾功能异常，有时出现周围神经系统症状。可见有机氯中毒没有特征性的临床症状和固定的靶器官，毒物引起的全身器官病变。毒物与器官组织相互作用，导致各器官不同程度的功能紊乱和明显的组织破坏。它的病情进展迅速，病变不局限于某个固定的靶器官，多脏器损害程度差别很大。对于一个没有经验的医师来说，很容易发生误诊。

五、误诊防止

对于任何疾病，只有对它有一定的认识，才能做出该疾病的诊断，否则容易误诊。因此防范有机氯中毒病误诊的关键是加强对该病的认识，详细问诊，如果能了解到毒物接触史，就比较容易诊断。可以从以下几点考虑。

① 为了防范农药中毒的误诊误治，临床医生，尤其是农村社区医生，应及时掌握当地常用农药品种名称（商品名、化学名等）、农药的组分及其毒作用特点、中毒的临床表现和诊治方法。

② 临床表现符合农药中毒，但接触史不明确者应详细追问接触史。应特别注意经皮肤接触、隐匿性接触等。

③ 患兔出现原因不明的昏迷、肌肉震颤、抽搐、烦躁、周围神经病、呼吸异常、胃肠炎、肝损害、肾损害等临床表现时，应追问农药接触史，并作农药中毒的相关检测分析。

④ 急性农药中毒一般发病较急，但经皮肤吸收中毒者，潜伏期往往较长，典型中毒症状出现较晚。诊断时应注意动态观察病情的变

化，除进一步询问接触史外，可做试验性治疗和农药中毒的相关检测分析而明确诊断。

⑤ 农药中毒诊断明确，但治疗效果不满意者，应考虑用药量是否不足或过量；检查皮肤、胃内是否尚有残留农药继续吸收，并作相应处理。即使是同一类农药，不同品种其毒作用性质不同，对解毒药物的疗效亦存在较大差别。因此，当农药中毒治疗效果不满意时，还应仔细核对接触农药的品种，以防对疗效的错误判定而导致误治。

类症鉴别：对于急性病例应注意和有机磷农药中毒进行鉴别。

有机磷中毒：因采食或饮用有机磷农药污染的饲料或饮水而发病，眼球突出，震颤，瞳孔缩小，出汗，拉稀，胃内容物和呼出气体有大蒜味。

六、误治与纠误

有机氯农药中毒没有特效解毒药，只能及时去除毒物，接触中毒用肥皂水冲洗皮肤，用清水冲洗眼，再以 2%碳酸氢钠液冲洗。口服中毒用 2%碳酸氢钠溶液洗胃，并用硫酸镁（每次 1～5g，用 50mL 温开水溶解后服下）导泻。对症治疗：10%水合氯醛 15～20mL 保留灌肠，必要时用安定肌注等控制抽搐。肺水肿的给氨茶碱、阿托品、肾上腺皮质激素等。支持疗法：葡萄糖溶液静脉滴注，配合维生素 C、复合维生素 B、细胞色素 C、ATP 等。

禁用油类泻剂：油类泻剂能够增加有机氯的溶解度，使饲料中的有机氯析出，会增加病兔肠道对有机氯的吸收，加重中毒。同样在有机磷中毒中也禁用油类泻剂，因为油类泻剂也可以增加有机磷的溶解和吸收。

预防：遵守农药安全使用和管理制度，禁用被有机氯农药污染的饲料和饮水。有机氯农药喷洒过的蔬菜、青草、谷物，应在喷药后 1 个月才能饲用。用有机氯农药治疗体外寄生虫病时，应按规定剂量、浓度使用，避免舔食，防止发生中毒。

第六节　棉籽饼中毒

棉籽饼中毒是家兔长期或大量摄入生棉籽饼，引起以出血性胃肠炎、全身水肿、血红蛋白尿和实质器官变性为特征的中毒性疾病。

一、病因

家兔大量采食含有棉酚的棉籽饼引起中毒。棉籽饼中的主要有毒成分是棉酚，在棉籽和棉籽饼中含有 15 种以上的棉酚类色素，其中含量最高的是棉酚。在棉酚类色素中，游离棉酚、棉紫酚、棉绿酚、二氨基棉酚等对动物均有毒性。棉酚的毒性虽然不是最强，但因其含量远比其他几种色素高，所以，棉籽及棉籽饼的毒性主要取决于棉酚的含量。

二、发病机理

兔对棉酚很敏感，大量棉酚进入消化道后，可刺激胃肠黏膜，引起胃肠炎。吸收入血后，能损害心、肝、肾等实质器官。棉酚能增强血管壁的通透性，促进血浆或血细胞渗入周围组织。棉酚可与许多功能蛋白质和一些重要的酶结合。如棉酚与铁离子结合，从而干扰血红蛋白的合成，引起缺铁性贫血。

三、临床症状

棉籽饼毒是一种细胞毒和神经毒，对胃肠黏膜有强烈的刺激性，并能溶解红细胞。该病的发生多为慢性，严重中毒时也会很快死亡。病兔初期食欲减退，精神沉郁，肌肉有轻度震颤。之后出现明显的胃肠功能紊乱，食欲废绝，先便秘后腹泻，粪便中混有黏液或血液。后期出现体温升高，可视黏膜发绀，磨牙，全身发抖，心跳加快，呼吸迫促，鼻孔流浆液性鼻液。尿频，有时排尿带痛，尿液呈黄红色，眼结膜暗红色，有黏稠分泌物，视力减弱，甚至失明。引起孕兔死胎，死胎发育正常，但四肢及腹部皮肤呈青褐色。

四、病理变化

胃肠道呈出血性炎症变化，胃肠道黏膜充血、出血和水肿，甚至肠壁溃烂。心内外膜出血，心肌变性。肝实质变性，肾脏水肿，有出血点，肺充血、水肿，气管与支气管内充满大量血样泡沫，黏膜有出血点。皮肤发紫并有紫红斑疹。血液呈黑紫色，不易凝固。胸膜腔有红黄色液体。

五、诊断方法

根据动物采食棉籽饼的历史、临床症状、棉酚含量测定以及动物的敏感性，可以做出确诊。

六、误诊分析

棉籽饼中毒病症状表现较为复杂，早期、中期和晚期的临床表现均差异较大，兔年龄、性别和品种的不同，临床可有各种不同的表现。与众多的疾病表现相似，给临床医师的诊断带来了一定的难度，尤其是饲料中毒病接触少的医师。棉籽饼中毒没有典型的特征症状，极易和消化道及呼吸道疾病相混淆，经常是按消化道或呼吸道疾病治疗无效后，才怀疑到饲料的因素。这种情况在轻度中毒时更普遍，确诊需要实验室检验。

七、误诊防止

棉籽饼中毒在临床上很难诊断，特别是轻度中毒时，在按其他疾病治疗无效时，应怀疑中毒性疾病。在怀疑中毒性疾病时，问诊很关键，首先要询问是否有饲喂棉籽饼的历史。同时要做好类症鉴别。

（1）霉菌毒素中毒　因吃霉菌毒素而发病。主要表现为肝脏毒性和黄疸，剖检可见肝脏肿大，淡黄色，有出血点。肺充血、出血，有霉菌结节。

（2）敌鼠钠中毒　因误吃敌鼠钠盐而病。病兔呕吐，鼻、齿龈出血。皮肤发紫，关节肿大。剖检可见尸僵不全，天然孔出血，皮下出血，胃黏膜脱落，底部有溃疡。血液凝固不良，肠管后段充满血液，化验饲料有红色悬浮物。通常表现为急性。

八、误治与纠误

目前尚无特效疗法，应停止饲喂含毒棉籽饼，加速毒物的排出。可用1：（3000～4000）的高锰酸钾溶液或5％小苏打洗胃；磺胺脒1～2g，鞣酸蛋白1～2g内服；25％的葡萄糖溶液50～100mL，10％安钠咖1mL，10％氯化钙溶液5mL，维生素C 5mL，一次静注。

预防：控制棉籽饼的饲用量，棉籽饼的去毒处理。去毒处理后的棉籽饼粕，也应根据其棉酚含量，小心使用；改进棉籽加工工艺与技术；提高饲料的营养水平，增加饲料的蛋白质、维生素、矿物质和青绿饲料，可增强机体对棉酚的耐受性和解毒能力。

第七节　菜籽饼中毒

菜籽饼中毒是家兔长期或大量摄入油菜籽榨油后的副产品，由于含有硫葡萄糖苷的分解产物，引起肺、肝、肾及甲状腺等器官损伤，临床上以急性胃肠炎、肺气肿、肺水肿和肾炎为特征的中毒病。

一、病因

菜籽饼是油菜籽榨油后剩余的副产品，是富含蛋白质等营养的饲料，我国广泛用以饲喂各种动物。菜籽饼中毒是由于兔日粮中菜籽饼用量过大而引起的中毒病，菜籽饼蛋白质含量高达 32%～39%，是重要的蛋白质资源，但因含有有毒物质，一般日粮添加量不能超过5%，否则会引起中毒。

二、发病机理

菜籽饼含有多种有毒物质。如异硫氰酸酯的辛辣味严重影响菜籽饼的适口性，高浓度时对黏膜有强烈的刺激作用，长期或大量饲喂菜籽饼可引起胃肠炎、肾炎及支气管炎，甚至肺水肿。噁唑烷硫酮的主要毒害作用是抑制甲状腺内过氧化物酶的活性，进而阻碍甲状腺素的合成，引起垂体促甲状腺素的分泌增加，导致甲状腺肿大，故被称为甲状腺肿因子或致甲状腺肿素。腈的毒性作用与氢氰酸相似，可引起细胞内窒息，但症状发展缓慢，腈可抑制动物生长，被称为菜籽饼中的生长抑制剂。菜籽饼中还含有 2%～5% 的植酸，以植酸盐的形式存在，在消化道中能与二价和三价的金属离子结合，主要影响钙、磷的吸收和利用。

三、临床症状

菜籽饼中毒时，病兔精神沉郁，食欲减退至废绝，呼吸急促，鼻镜干燥，四肢发凉，腹痛，尿频，有时排血尿，尿液落地溅起多量泡沫，站立不稳，粪便干燥，可视黏膜发绀，口鼻及四肢末梢发凉，两鼻孔流出粉色泡沫液，心率加快，瞳孔散大，呈明显的神经症状，有的病兔狂躁不安，长期视觉障碍。孕兔可能发生流产。

四、病理变化

剖检病兔肠黏膜充血、出血，有点状或小片状出血。心内外膜出血，肾出血，肺气肿或肺水肿，肝肿大色黄、质脆。胸、腹腔有浆液性、出血性渗出物。有时膀胱积有血尿。甲状腺肿大。

五、诊断方法

根据家兔采食菜籽饼的历史、临床症状可以初步做出确诊。

六、误诊分析

菜籽饼中毒没有典型的特征症状，极易和消化、呼吸和泌尿系统疾病相混淆，经常是按消化、呼吸和泌尿疾病治疗无效后，才怀疑到饲料的因素。这种情况在轻度中毒时更普遍，确诊需要实验室检验。

七、误诊防止

菜籽饼中毒在临床上很难诊断，特别是轻度中毒时，在按其他疾病治疗无效时，应怀疑中毒性疾病。首先要调查是否有饲喂菜籽饼历史。实验室化验是确诊本病的好方法。如毒物定性检查，取菜籽饼20g，加等量蒸馏水混合搅拌，静止过夜，取上清液5mL，加浓硝酸3～4滴，若迅速显示红色反应，证明有异硫氰酸盐存在。另外要做好类症鉴别诊断。

（1）氰化物中毒　多在采食高粱、玉米幼苗或再生苗后发病。病兔表现为厌食，呕吐，流涎，站立不稳，可视黏膜鲜红，呼吸困难。根据采食饲料原因不难确诊。

（2）有机磷中毒　神经症状比较明显，如瞳孔缩小，肌肉震颤，流涎，呕吐等；表现有呼吸道症状，如呼吸迫促，黏膜发绀。剖检可见胃、肠黏膜充血、出血，黏膜易脱落，内容物有大蒜味。

八、误治与纠误

治疗无特效解毒药。可用 1：(4000～5000) 的双氧水或高锰酸钾溶液洗胃或灌肠，保肝和强心可用 25％葡萄糖溶液，10％氯化钙溶液静脉注射。并结合使用维生素 A、维生素 C、维生素 D 进行治疗。

预防：喂饲前，对菜籽饼要进行去毒处理，最简便的方法是浸泡煮沸法，即将菜籽饼粉碎后用热水浸泡 12～24h，弃掉浸泡液再加水煮沸 1～2h，使毒素蒸发掉后再饲喂家兔。

第八节　黄曲霉毒素中毒

黄曲霉毒素中毒是家兔采食了发霉的饲料如糠麸、豆饼、玉米等引起的中毒性疾病。临床上以消化障碍和肝脏损害为特征。

一、病因

黄曲霉素主要是黄曲霉菌或寄生曲霉菌在代谢过程中产生的有毒物质，是目前人们发现的致癌性最强的化学物质之一。目前饲喂的花生饼、豆饼、玉米和山芋等都易受以上细菌污染而含有黄曲霉毒素。尤其是气温较高，湿度较大的地区，黄曲霉污染更严重。最适宜这两种霉菌繁殖的温度是 24～30℃，相对湿度为 80％。当饲料含水量为 30％时繁殖最快，而含水量低于 12％时，则不能繁殖。黄曲霉毒素耐热，一般的加工温度很少破坏，易溶于油，在水中的溶解度低。黄曲霉菌能产生毒性比氰化钾还高的毒素，兔每公斤体重吃 1mg 即可引起半数兔死亡，还有致癌性。仔兔、体弱兔发病率高，死亡率高。

二、临床症状

病兔食欲下降，流涎，精神委靡，对周围无反应。全身衰弱无力，喜卧。呼吸促迫，心跳加快。先便秘后拉稀，粪便带血或黏液。尿黄混浊、浓稠，后期眼结膜黄染，皮肤有紫红色斑点或斑块，痉挛，角弓反张，后肢瘫痪，全身麻痹而死亡。妊娠母兔发生流产，不孕，公兔不配种。

三、病理变化

病兔肝肿大呈棕黄色，质稍硬，上有粟粒至绿豆大的淡黄色坏死灶。切面呈干酪样变化。肾呈急性损伤；肺充血、淤血，局部肝样病变。

四、诊断方法

霉菌中毒是家兔养殖中最常见的一种疾病。主要是家兔采食了发霉的饲料后引起。常在新换料时发生。新料喂后不久，不论哪个年龄段的兔子，也不管在哪个栋舍，只要吃了这种新料的兔子普遍出现腹泻死亡，或者粪便带有黏液、血痢样稀便。如果兔群中兼有走路不稳或瘫痪、后肢麻痹等现象，基本上可以确诊。

五、误诊分析

黄曲霉毒素中毒没有典型的特征症状，主要表现为消化障碍，易和消化系统疾病相混淆，这种情况在轻度中毒时更普遍，确诊需要实验室检验。

六、误诊防止

黄曲霉毒素中毒在临床上很难诊断，特别是轻度中毒时，在按其他疾病治疗无效时，应怀疑中毒性疾病。首先要调查是否有饲喂霉变饲料的病史。结合本病多发于高温高湿的夏季，饲料中没有加脱霉剂等特点进行确诊。本病多以慢性的形式出现，后期多有黄疸症状。类症鉴别如下。

（1）有机磷中毒　神经症状比较明显，如瞳孔缩小，肌肉震颤，流涎，呕吐等；表现有呼吸道症状，如呼吸迫促，黏膜发绀。剖检可见胃、肠黏膜充血、出血，黏膜易脱落，内容物有大蒜味，气管、支气管有黏液。

（2）棉籽饼中毒　主要变现为消化道症状，如便秘、腹泻，粪中带有黏液和血，但是兼有肾脏和生殖系统病变，如尿频、尿血、排尿时带痛，孕兔流产和母兔不孕等表现。饲喂棉籽饼的历史对疾病诊断很关键，没有明显的季节性。

（3）氰化物中毒　以呼吸道症状为主，如可视黏膜鲜红，瞳孔散大，最后呼吸麻痹死亡。

七、误治与纠误

误治主要是用药不当造成的，黄曲霉中毒后，要禁止用对肝脏损害大的药物，特别是抗生素要限制使用。发现中毒后，立即停喂霉变饲料。目前尚无特效药，可进行保肝治疗，用氯化胆碱 70mg，维生素 B_{12} 5mg 对症治疗。如静脉注射 25％葡萄糖溶液 5mL，维生素 C 注射液 2mL，也可用 40％蔗糖 6～12mL 内服或灌肠。近年来证实黄曲霉毒素使血管壁的通透性增高，和维生素 K 有拮抗作用，抑制凝血酶原的合成，所以可用维生素 K 来治疗本病，剂量以每天、每次 1～2mg 为宜，剂量过高会引起流产。

预防：预防黄曲霉毒素中毒的方法，关键是贮藏保管好饲料，防止发霉。严禁用霉变饲料喂兔。饲料添加脱霉剂。还可用化学熏蒸剂，如环氧乙烷、溴化乙烷等。对霉变较轻的饲料，可用 0.1％漂白粉水溶液浸泡至少 24h，或用饮水多次烫泡，直到浸泡的水至无色为止。这样处理的饲料每次喂要限量，不能多。霉变严重的饲料，予以剔除。

<hr>

第九节　食盐中毒

食盐是家兔体内不可缺少的矿物质成分，适量添加可促进食欲，改善消化，但添加过量，可引起中毒，甚至死亡。临床表现以神经症状和消化机能障碍为特征。

一、病因

在家兔的日粮配给中，食盐占 0.25％～0.5％，如果含量过高，或拌料时搅拌不匀，并饮水不足，易发生食盐中毒。喂给家兔过多含盐量高的食品如腌制食品等，易发生食盐中毒；对长期缺盐饲养的家兔突然加喂食盐或含盐饮水，而未加限制，家兔易大量饮食而致中毒；长期大量使用含盐高的鱼粉等饲料也可引起食盐中毒；有的地区不得不用咸水作家兔的饮用水，也易使兔致病。

二、临床症状

家兔发病后，食欲减退或拒食，精神沉郁，眼结膜潮红，口渴增加，尿量减少，有的下痢。接着兴奋不安，头部震颤，步态不稳。严重的病兔呈癫痫样痉挛，角弓反张，呼吸困难，最后卧地不起而死亡。

三、病理变化

患兔胃黏膜有广泛性出血，小肠黏膜有不同程度出血。肠系膜淋巴结水肿、出血。脑膜血管充血、淤血，脑组织有大小不一的出血点。

四、诊断方法

根据有采食过量食盐的病史，体温无变化，有突出的神经症状等特点，渴欲强，饮水量增加，可建立诊断。

五、误诊防止

通常家兔很少发生食盐中毒，因而，在分析病例时就没有考虑到该病。本病以消化道炎症和脑组织的水肿、变性为其病理基础，临床上以神经症状和消化紊乱为特征。本病经常被误诊为消化系统和神经系统的相关疾病。误诊的原因是医师仅考虑常见病，将其归为普通消化系统疾病，给以消炎治疗，而对于后期的神经症状会诊断为其他中毒性疾病。通常食盐中毒很少发生，一旦发生，肯定是和饮食有关，问诊不详细也是诊断失误的关键，是否最近换料了，是否喂给其他食物了等。体温不升高，口渴，胃肠黏膜出血和神经症状是本病诊断的关键点，但也注意要和其他神经性疾病相区别。

肠炎：普通肠炎也会表现出下痢和胃肠黏膜出血，体温一般不升高等相似症状，但兔子一般不会出现口渴症状，多表现散发，发病兔子多是弱兔。而食盐中毒会大群发生，特别是强壮的兔子多发，多在换料或喂给其他食物的情况下发生，兔子口渴明显。而传染性肠炎的病兔不会突然发生，一般能观察到潜伏期，病兔逐渐发病，体温一般会升高。

神经症状：突然的出现神经症状，并死亡，多数会和中毒性疾病或营养缺乏性疾病相关。所以，都会考虑到饲料和饮水问题，通过详细的问诊，不难区分本病。

六、误治与纠误

多是由于误诊发生误治，所以，正确诊断是治疗本病的关键。一旦确诊本病后，不难治疗。应立即停喂含盐饲料，多量饮水，促进食盐排除，恢复阳离子平衡及对症疗法。内服油类泻剂5~10mL，促进消化道毒物的排除，因为消化道有出血，所以不要使用盐类泻剂，以免加重对消化道的刺激，轻度中毒时，大量饮水是最好的方法；对症治疗对病兔的快速康复也很关键，如静脉注射5％葡萄糖酸钙溶液或10％氯化钙溶液适量，恢复血液中一价和二价阳离子平衡。为缓和脑水肿，降低颅内压，可用高渗甘露醇、山梨醇等脱水剂和利尿药静脉注射，能迅速提高血液渗透压，使组织脱水、脑脊髓压力下降而缓解症状；为缓解兴奋和肌肉痉挛，可用硫酸镁、溴化钾等镇静剂。

参 考 文 献

[1] 鲍国连. 兔病鉴别诊断与防治. 北京：金盾出版社，2005.

[2] 蔡宝祥. 家畜传染病学. 第4版. 北京：中国农业出版社，2007.

[3] 郑世民. 兽医病理诊断技术. 北京：中国农业出版社，2007.

[4] 张曹民等. 兔病防治诀窍. 上海：上海科学技术文献出版社，2002.

[5] 李春昌等. 点击临床思维——误诊60病例分析. 北京：人民军医出版社，2006.

[6] 徐晋佑等. 常见兔病的防治，增订本. 广州：广东科技出版社，1993.

[7] 耿永鑫. 常见兔病防治. 北京：中国农业出版社，1999.

[8] 郑星道. 兔病. 长春：吉林大学出版社，1985.

[9] 晋爱兰. 兔病防治指南. 北京：中国农业出版社，2005.

[10] 张宝庆. 养兔与兔病防治. 北京：中国农业大学出版社，2000.

[11] 陶岳荣. 科学养兔指南. 北京：金盾出版社，2001.

[12] 谷子林. 獭兔养殖解疑300问. 北京：中国农业出版社，2006.

[13] 谷子林等. 现代养兔实用百科全书. 北京：中国农业出版社，2007.

[14] 杨光友. 动物寄生虫病学. 成都：四川科学技术出版社，2005.

[15] 渔讯. 新法养兔. 北京：金盾出版社，2008.

[16] 范伟兴等. 兔病防治技巧. 济南：山东科学技术出版社，1997.

[17] 王永坤. 兔病诊断与防治手册. 上海：上海科学技术出版社，2002.

[18] 万遂如. 兔病防治手册. 北京：金盾出版社，2004.

[19] 董彝. 实用兔病临床类症鉴别. 北京：中国农业出版社，2005.

[20] 刘治西，吴延功，刁有祥. 畜禽常见病临床诊疗纠误. 济南：山东科学技术出版社，2009.

[21] 邹敦铎. 兽医临床诊疗及失误实例. 北京：中国农业出版社，1999.

[22] 于文景. 最新诊疗失误与防范处理实务全书. 北京：金版电子出版公司，2010.

[23] 李东红，李存，赵三元. 兔病诊治关键技术一点通. 石家庄：河北科学技术出版社，2009.

[24] 孙效彪，郑明学. 兔病防控与治疗技术. 北京：中国农业出版社，2004.